粤港澳美丽湾区生态文明建设

张修玉　李朝晖　庄长伟　钟如仕　王明旭　等/著

中国环境出版集团・北京

图书在版编目（CIP）数据

粤港澳美丽湾区生态文明建设/张修玉等著. —北京：中国环境出版集团，2022.8
ISBN 978-7-5111-5300-5

Ⅰ. ①粤…　Ⅱ. ①张…　Ⅲ. ①生态环境建设—研究—广东、香港、澳门　Ⅳ. ①X321.265

中国版本图书馆 CIP 数据核字（2022）第 172501 号

出 版 人　武德凯
责任编辑　林双双
责任校对　薄军霞
封面设计　彭　杉

出版发行　中国环境出版集团
（100062　北京市东城区广渠门内大街 16 号）
网　　址：http://www.cesp.com.cn
电子邮箱：bjgl@cesp.com.cn
联系电话：010-67112765（编辑管理部）
发行热线：010-67125803，010-67113405（传真）

印　　刷　北京市联华印刷厂
经　　销　各地新华书店
版　　次　2022 年 8 月第 1 版
印　　次　2022 年 8 月第 1 次印刷
开　　本　787×960　1/16
印　　张　19
字　　数　450 千字
定　　价　78.00 元

参编人员

张修玉　李朝晖　庄长伟　钟如仕　王明旭　郑子琪　滕飞达

韩　瑜　胡习邦　马秀玲　曹　君　关晓彤　孔玲玲　谢紫霞

侯青青　田岱雯　杨斌彬　代血娇　姚一博　陈星宇

目　录

第 1 章　生态文明最新形势与战略部署

1.1　生态文明战略背景

1.1.1　全球发展模式呼唤环境新秩序

18 世纪从英国发起的工业革命使人类迅速进入利用矿物制造系列工业产品的时代。工业产品使世界经济的分布格局发生了根本性的改变，财富迅速聚集到英国等几个工业大国手中。20 世纪上半叶，连续爆发了两次世界大战，20 世纪下半叶，意识形态的竞争出现了美苏两大阵营的冷战，一百多年来除了美国替代英国成为世界首富并将结算货币由英镑换为美元外，工业与财富集中在少数人手中的世界经济格局从未改变。现实经验证明，实现工业化的过程中很难幸免环境污染，发达国家依靠转移低端产业才根治了污染，之后的发展中国家低端产业已无处转移。全球生态环境已不足以支撑传统模式的经济社会发展，伴随 21 世纪新冠肺炎疫情，我们必须以新的视角建立生态环境新秩序，才能支撑人类社会的永续发展。

1.1.2　全球生态系统急需恢复重建

21 世纪初，联合国发布的《千年生态系统评估报告》指出："近数十年来，人类对自然生态系统进行了前所未有的改造，使赖以生存的自然生态系统发生了前所未有的变化，60%的生态系统正处于不断退化的状态之中。"当前，全球主要存在八大生态危机：森林大面积消失、土地沙漠化扩展、湿地不断退化、物种加速灭绝、水土严重流失、干旱缺水普遍、洪涝灾害频发、全球气候变暖。这些生态危机都是自然生态系统被破坏的结果，评估报告特别强调，由地球上的各种动植物以及生物所组成的各种复杂多样的生态系统，对人类的福祉起着至关重要的作用。评估报告特别警告，我们再也不能对生态系统维持子孙后代生存能力的状况漠不关心了；世界上每一个角落的每一个人的选择，都将决定人类的未来。正是基于对自然生态系统重要性认识的不断深化，在联合国的倡导和推动下，国际社会已经形成了一些全球性的生态治理机制，采取了重建森林、防治荒漠化、保护湿地、拯救物种、应对气候变化等一系列重大行动。同时，促进可持续发展和绿色增长成为全世界关注的焦点。

1.2 牢固树立社会主义生态文明观

1.2.1 三种分区管理

在生态文明建设过程中，要根据不同地区的经济与生态环境状况，因地制宜分区管理。基于区域差异性原则，生态文明推进模式可分为生态优势区、经济优势区与均衡发展区。

“生态优势区”主要是指生态环境良好的地区，同时这些地区构成国家最重要的生态屏障，如西藏、云南等地是我国大江大河的源头，其环境优劣直接决定了全国总体生态环境状况，因此，这类地区开发的重中之重是生态环境的保护与建设，即“绿水青山就是金山银山”。

“经济优势区”主要是指改革开放以来经济增长迅速的地区，如长三角与珠三角地区，对这些地区来说，生态文明建设的重点是推进产业升级，提高资源利用效率，逐步提高服务业在三产中的比重，为产业发展增添活力和创新能力。同时，要强化污染防治，持续改善环境质量。

“均衡发展区”则要搞好基础设施建设，改善投资环境，优化经济环境，完善服务体系，并做好生态化转型，走又好又快的发展道路。在生态文明建设过程中，要注重完善区域“山水林田湖草”一体化的生态系统；建设绿色城镇设施，提高公共服务水平。

1.2.2　四大系统任务

党的十九大部署了生态文明建设四大任务，其中，“全面推进绿色发展，建设绿色中国”是生态文明建设的规划图，“解决突出环境问题，建设健康中国”是生态文明建设的施工图，“保护自然生态系统，建设宜居中国”是生态文明建设的运行图，“深化改革监管体制，建设法治中国”是生态文明建设的保障图。

1.2.2.1　全面推进绿色发展，建设绿色中国

加快建立绿色生产和消费的法律制度和政策导向，建立健全绿色低碳循环发展的经济体系。构建市场导向的绿色技术创新体系，发展绿色金融，壮大节能环保产业、清洁生产产业、清洁能源产业。最大限度地为服务业发展提供便利条件，重点支持生态产业、文化创意产业、绿色物流业、绿色生活服务业以及新兴绿色服务业发展，逐步提高服务业在三产中的比重，提高行业生态文明意识和节能减排水平，为产业发展增添活力和创新能力。

推进能源生产和消费革命，构建清洁低碳、安全高效的能源体系。推进资源全面节约和循环利用，实施国家节水行动，降低能耗、物耗，实现生产系统和生活系统循环连接。综合运用经济、法律、行政手段，引导项目向产业园区集中，规范园区环境管理，完善高耗能、高污染企业的退出机制；大力推进循环经济和企业清洁生产，走科技含量高、经济效益好、资源消耗低、环境污染少、人力资源优势得到充分发挥的新型工业化道路。

倡导简约适度、绿色低碳的生活方式，反对奢侈浪费和不合理消费，开展创建节约型机关、绿色家庭、绿色学校、绿色社区和绿色出行等活动。以政府、企业、公众为主线，全方位培育生态道德意识，通过绿色机关创建、引导培育企业生态文化、倡导公众绿色消费意识等手段措施，普及生态文明理念，进一步提高各级政府、企业、社区和公众的生态道德、环境责任和生态环境保护意识。

1.2.2.2　解决突出环境问题，建设健康中国

持续实施大气污染防治行动，坚持全民共治、源头防治。加强二氧化硫、氮氧化物和烟尘的排放管控；加强扬尘控制，从机动车尾气排放、优先发展公共交通、推广清洁燃料汽车和电动汽车等方面提出控制交通污染措施。

加快水污染防治，实施流域环境和近岸海域综合治理。认真落实流域发展布

局和环境功能区规划的要求，确保水质达到功能目标要求。对于排水集中、污染负荷高的河流，需要通过深度处理实现排水再净化。最后，通过人工湿地等技术强化水体净化能力，修复受污染水体，实现排水自然回归，保持水体质量稳定。

强化土壤污染管控和修复，加强农业面源污染防治。加强工业固废处理与土壤重金属管控，推广清洁生产，从源头减少工业固体废物的产生量；针对工业园区及周边地区，固体废物集中填埋、堆放场地及周边地区等土壤污染高风险地区，从加强土壤污染监测监控能力建设、开展污染土壤修复试点示范等方面提出对策措施。

全面建设美丽乡村。结合各地区农村生态环境连片整治工作基础以及农村生态环境存在的主要问题，进一步深化实施“以奖促治”政策，深入推进农村生态环境连片整治。同时，在巩固成果的基础上，实施农村生态环境质量提升工程；在有条件的地方，推行全覆盖、拉网式的农村生态环境综合整治模式。

提高污染排放标准，强化排污者责任，健全环保信用评价、信息强制性披露、严惩重罚等制度。构建以政府为主导、企业为主体、社会组织和公众共同参与的环境治理体系。以资源节约、环境友好为特色的现代产业发展体系，进一步提高资源利用效率，最大限度地减少污染物排放。积极参与全球环境治理，落实减排承诺。

1.2.2.3 保护自然生态系统，建设宜居中国

实施重要生态系统保护和修复重大工程。优化生态安全屏障体系，构建生态廊道和生物多样性保护网络，提升生态系统质量和稳定性。优化和强化城市森林生态系统，重点建设绿地公园，扩大和提升湿地生态系统，恢复生物多样性，塑造水陆相拥、陆岛相望的风貌，打造有地方特色的污水处理与污水资源利用的多种组合类型的人工湿地模式。保护和恢复河岸生态系统，以维持河流健康，保持水流畅通的状态特征，全面恢复水—陆复合生态系统。

打造生态景观，营造优美宜居家园。建立“绿网+绿块”的生态网络，构筑以生态廊道为骨架，块状绿地为基质的生态格局。注重自然生态系统和城市绿化景观的有机融合，完善区域“林、水、山、城”的生态系统，构建多层次、多功能、立体化、网络式的生态景观结构，彰显城市特色和自然灵气。把有利于生态的理念应用到居住区规划建设管理之中，建设生态型居住区，逐步普及生态住宅。促进资源节约和循环利用，美化居住区环境，建设节能、高效、美观的人居环境。

完成生态保护红线、永久基本农田、城镇开发边界三条控制线的划定工作，对重点生态功能区、生态环境敏感区和脆弱区等生态保护红线区域，有效推进红线区的生态保护与整治修复，构建国家生态红线安全格局。开展国土绿化行动，推进荒漠化、石漠化、水土流失综合治理，强化湿地保护和恢复，加强地质灾害防治。完善天然林保护制度，扩大退耕还林还草。严格保护耕地，健全耕地、草原、森林、河流、湖泊的休养生息制度，建立市场化、多元化生态补偿机制。

1.2.2.4　深化改革监管体制，建设法治中国

加强对生态文明建设的总体设计和组织领导，把资源消耗、环境损害、生态效益等体现生态文明建设状况的指标纳入经济社会发展评价体系当中，探索建立“绿色 GDP”考核制度，使之成为推进生态文明建设的重要导向和约束。建立健全生态文明建设长效考核机制，实现生态文明建设规划的长效、动态监管与责任追究。设立国有自然资源资产管理和自然生态监管机构，完善生态环境管理制度，统一行使全民所有的自然资源资产所有者职责，统一行使所有国土空间用途管制和生态保护修复职责，统一行使监管城乡各类污染排放和行政执法职责。

实施主体功能区战略，构建国土空间开发保护制度，完善主体功能区配套政策，建立以国家公园为主体的自然保护地体系。按照国家主体功能定位的要求，合理控制开发强度，调整优化空间结构，落实科学合理的空间发展格局，坚决制止和惩处破坏生态环境的行为。有针对性地制定各环境功能区主体环境功能目标，建立“分区管理、分类指导”的环境管理体系，确定水、气、土等专项环境质量目标、指标和管理要求。

1.2.3　五条建设路径

党的十八届五中全会提出“创新、协调、绿色、开放、共享”的五大发展理念，是“一带一路”倡议下全球思维的发展理念，五大发展理念不但进一步丰富了社会主义发展理论体系，同时也开辟了新时期生态文明建设的五大路径。

“创新”是生态文明建设的内在驱动。在经济新常态下，经济增速换挡、发展动力转换、发展方式转变，污染型、高碳型的粗放经济模式已难以为继，转变发展方式、推进生态文明建设必须以创新为内在驱动，才能牵住加快生态文明建设的“牛鼻子”，补齐生态文明建设的短板。通过创新理论、制度与科技管理，开

辟生态文明建设的创新路径。

“协调”是生态文明建设的科学机制。生态文明建设是一项复杂的系统工程，必须以经济与社会、人与自然的协调发展为基本要求，加强生态文明建设各个领域、各个部门、各个行业的统筹协调，加强统筹协调城乡发展、经济社会发展、多种所有制经济共同发展，才能全面推进。做好不同改革措施的相互配套与衔接，开辟生态文明建设的协调路径。

“绿色”是生态文明建设的规划格局。“绿水青山就是金山银山”，美丽中国是生态文明建设的终极目标。生态文明建设必须坚持推进主体功能区划全面建设绿色城市、绿色建筑、绿色交通、绿色社区。全面节约和高效利用资源，转变发展方式，淘汰落后产能，实行清洁生产，推进绿色消费，建立低碳、循环发展的产业体系，开辟生态文明建设的绿色路径。

“开放”是生态文明建设的国际战略。“一带一路”倡议实施以来，“开放”已经成为生态文明建设的强大支撑。全球治理必须建立健全开放机制，携手解决全球性环境问题，包括积极支持和参与国际生态环境合作，在环境保护、气候变化、能源资源等领域形成制度化合作机制，增加国际话语权，提升生态文明的全球竞争力，开辟生态文明建设的开放路径。

“共享”是生态文明建设的成果保障。以共享发展理念推进生态文明建设，就要坚持生态文明建设成果由人民共享。同时，通过完善生态文明公众参与制度，调动人民群众建设生态文明的积极性和创造性，群策群力，共同打造人民福祉与社会福祉，使全体人民在生态文明建设和经济社会发展中获得更多的幸福感，实现社会福祉广覆盖、生态文明共享受，开辟生态文明建设的共享路径。

1.2.4 六大建设体系

1.2.4.1 坚持格局优化，构建科学合理集约的生态空间体系

（1）划定并严守生态保护红线。对重点生态功能区、生态环境敏感区和脆弱区划定生态保护红线，有效推进红线区生态保护与整治修复，构建国家生态红线安全格局。

（2）实施主体功能区战略。按照国家主体功能定位的要求，将国土空间按照开发方式分为重点开发区域、限制开发区域和禁止开发区域 3 类主体功能区。合

理控制开发强度，调整优化空间结构，落实科学合理的空间发展格局。

（3）逐步实施环境分区管理。为保障各区环境功能，有针对性地制定各环境功能区主体环境功能目标，建立“分区管理、分类指导”的环境管理体系，确定水、气、土等专项环境质量目标、指标和管理要求。

1.2.4.2　坚持产业升级，发展绿色低碳循环的生态经济体系

（1）推进产业升级，实现发展转型。必须创新经济的发展模式，着力构建以两型产业为主导，以其他产业为支撑，以资源节约、环境友好为特色的现代产业发展体系，进一步提高资源利用效率，最大限度地减少污染物排放，推动绿色发展、低碳发展、循环发展。

（2）规范企业管理，实现节能减排。综合运用经济、法律、行政手段，引导项目向产业园区集中，规范工业园区建设项目环境管理，积极推进生态工业园区建设；进一步完善高耗能、高污染的企业退出机制；大力推进循环经济和企业清洁生产，走科技含量高、经济效益好、资源消耗低、环境污染少、人力资源优势得到充分发挥的新型工业化道路。

（3）发展特色产业，注重科技创新。最大限度地为服务业发展提供便利条件，重点支持生态产业、文化创意产业、绿色物流业、绿色生活服务业以及新兴绿色服务业发展，逐步提高服务业在三产中的比重，提高行业生态文明意识和节能减排水平，为产业发展增添活力和创新能力。

1.2.4.3　坚持标本兼治，构建清洁安全稳定的生态环境体系

（1）提升生态功能，加强生态保护与修复。优化和强化城市森林生态系统，重点建设绿地公园，有计划地对现有行道林进行林分改造和提升。同时，扩大和提升湿地生态系统，恢复生物多样性，塑造水陆相拥、陆岛相望的风貌，打造有地方特色的污水处理与污水资源利用的多种组合类型的人工湿地模式。

保护和恢复河岸生态系统。优化各水系的地表径流，构成“树枝状”连续的网络结构，以维持河流健康，保持水流畅通的状态特征，保持其自然河岸，沿岸地区要留足绿化带空间，采取河道清淤疏浚、河堤加固、生物湿地处理与生态修复相结合等方式，全面恢复水—陆复合生态系统。

绿化和美化生态系统，重点建设提升一批社区公园，提升建成区公共绿地、道路绿化、居住区绿化、河道亲水绿化品质与面积，推动建设多树种、多层次、

多色彩、多效益的城市森林生态系统。

（2）强化污染防治，持续改善环境质量。保障饮用水安全，确定水源保护区等级和界限，设立规范标志，制定清拆、整治和总量控制方案；建立健全饮用水水源安全应急预警制度，提出保障饮用水安全的应急预案。

强化大气污染治理，加强二氧化硫、氮氧化物和烟尘的排放监管；加强扬尘控制，从控制机动车尾气排放、优先发展公共交通、推广清洁燃料汽车和电动汽车等方面提出控制交通污染措施。

加强噪声源头控制，主要包括：工业设备应选用通过国家相关机构认证的低噪声产品，推广使用低噪路面材料降低交通噪声、限制市区娱乐场所营业时间及音响器材的音量等。

加强工业固体废物处理与土壤重金属管控，推广清洁生产，从源头减少工业固体废物的产生量；针对工业园区及周边地区，固体废物集中填埋、堆放场地及周边地区等土壤污染高风险地区，从加强土壤污染监测监控能力建设、开展污染土壤修复试点示范等方面提出对策措施。

（3）综合整治农村，全面建设美丽乡村。结合各地区农村环境连片整治工作基础以及农村环境存在的主要问题，进一步深化实施“以奖促治”政策，深入推进农村环境连片整治。同时，实施农村环境质量提升工程；在有条件的地方，推行全覆盖、拉网式的农村环境综合整治模式。在开展村镇人居环境综合整治、强化畜禽养殖污染防治、积极推进种植业污染防治等方面提出农村环境连片整治的措施，建设美丽乡村。

1.2.4.4 坚持规划先行，建设优美舒适宜居的生态人居体系

（1）构建绿色空间，打造优美生态景观。建立“绿网+绿块”的生态网络，构筑以生态廊道为骨架、块状绿地为基质的生态格局。注重有机融合自然生态系统和城市绿化景观，完善区域“林、水、山、城”的生态系统，构建多层次、多功能、立体化、网络式的生态景观结构，彰显城市特色和自然灵气。

（2）建设公共设施，提高公共服务水平。重点针对给排水设施、能源通信设施、垃圾处理设施和公共服务设施，建设绿色市政设施。统筹城乡市政设施的分布，按照服务半径和人口规模的等级配置市政设施，增加市政设施覆盖的广度和密度，提高市政设施质量，满足广大居民日常生活需求。

（3）推进社区建设，营造健康宜居家园。把有利于生态的理念应用到居住区规划建设管理之中，建设生态型居住区，逐步普及生态住宅。促进资源节约和循环利用，美化居住区环境，建设节能、高效、美观的人居环境。

1.2.4.5　坚持以文化人，培育和谐文明多元的生态文化体系

（1）传承特色文化，推动文化创意产业发展。立足本土文化根基，重点保护、传承和发扬历史文化和特色文化中符合生态文明建设要求的独特基因，加强乡土文化资源与文化创意产业的深度融合，推动文化创意产业大发展，努力打造独具乡土文化特色的生态文化品牌。

（2）培育生态意识，普及生态文明理念。以政府、企业、公众为主线，全方位培育生态道德意识，通过绿色机关创建、引导培育企业生态文化、倡导公众绿色消费意识等手段措施，普及生态文明理念，进一步提高各级政府、企业、社区和公众的生态道德、环境责任和生态环境保护意识。

（3）深化生态创建，夯实生态文明基础。按照生态文明建设阶段目标要求，深入开展国家生态文明建设示范区等创建活动和绿色细胞工程建设，不断巩固和深化建设成果，为完成生态文明建设的阶段目标打下坚实的基础。

（4）加强宣传教育，营造全民参与的氛围。通过构建多层次、全范围的生态文明宣教体系，深入开展生态文明建设宣传教育活动，推动生态文明理念进机关、进企业、进学校、进农村，引导公众积极参与生态文明建设，不断提升生态文明理念的认知水平，营造全民参与生态文明建设的良好氛围。

1.2.4.6　坚持城乡统筹，健全高效民主完善的生态制度体系

（1）推进绿色政府建设，健全绿色政策体系。健全政府采购制度，建立政府绿色采购程序和管理办法，制定绿色采购标准，优先选择列入国家、省、市“环境标志产品政府采购清单”和“节能产品政府采购清单”的产品。将政府绿色采购与绩效考评制度挂钩，建立配套的监督机制，综合运用多种经济手段，扶植和严格落实绿色采购制度。积极推动实施“绿色信贷”“绿色贸易”“绿色保险”等绿色经济政策，巩固环境资源交易所平台，完善排污权交易、生态税收制度，探索建立生态核算制度，健全退出企业环境资源收购市场机制等，推动建立符合生态文明要求的绿色行政体系。

（2）建立长效考核机制，健全责任追究制度。完善经济社会发展考核评价体

系，把资源消耗、环境损害、生态效益等体现生态文明建设状况的指标纳入经济社会发展评价体系，探索建立符合中国特色的“绿色 GDP”考核制度，使之成为推进生态文明建设的重要导向和约束；建立健全生态文明建设长效考核机制，实现生态文明建设规划的长效、动态监管与责任追究。

（3）创新环境管理机制，确保区域共建共享。建立环境决策会议的信息公开、听证会制度以及专家协助公众参与制度，建立环境保护和资源利用的统筹协调机制，实现统一规划、统一建设和统一标准，优化区域环境资源配置。推动环境保护区域统筹合作，统筹信息互动，开展生态环境保护、生态产业发展、大型基础设施建设区域统筹的全方面合作。

（4）加快环保能力建设，提升环境监管水平。推进环保基础设施工程建设，完善环境质量自动监测网络和在线视频监控系统，加强重点污染源监控体系建设，提升环境常规监测和应急保障能力。强化辐射安全监督管理，建立突发环境事件和灾害预警体系。建立天地一体化环境监管体系，从环境管理机构和队伍建设、环境管理信息化、环境监测能力建设、环境监察执法、环境宣教、环境科研等方面打造法制型、文明型执法队伍。

1.2.5 七大系统保障

（1）组织保障：建设生态文明，是一项全社会参与的系统工程，必须切实加强领导，建立明确的组织机构，加强统筹与组织协调，实现环境与发展综合决策，定期研究解决生态文明建设中的重大问题，并明确责任目标，加强考核。

（2）制度保障：建立健全国土空间开发保护制度，实行最严格的耕地保护制度、水资源管理制度、环境保护制度。按照生态文明建设的要求全面清理和修订规范性文件，建立有利于推进生态文明建设的制度体系。

（3）机制保障：一是完善生态文明建设的公众参与和民主监督机制，充分发挥民主监督作用，进一步加大新闻媒体、社会各界及群众的监督力度，让更多的社会公众通过法定程序和渠道参与决策和监督；二是探索生态文明建设的区域合作机制，包括加快健全生态文明建设的对外交流机制，学习借鉴国外环境保护的先进理念、经验和模式，避免走西方国家先污染后治理的老路，不断探索适合国情的生态文明建设道路。

（4）资金保障：一是要加大财政投入力度，把生态文明建设资金纳入年度财政预算，保证逐年有所增长；二是要建立多元化融资渠道，发挥市场机制配置资源的基础性作用，支持生态项目进行设备融资，发行企业债券、福利彩票和上市融资等；三是要推进生态建设市场化、产业化进程，充分发挥市场机制在生态资源配置中的作用。

（5）科技保障：一是要推广先进适用的科技成果，在清洁生产、生态环境保护、资源综合利用与废弃物资源化、生态产业等方面，积极开发、引进和推广应用各类新技术、新工艺、新产品；二是要建立生态环境信息网络，完善生态环境动态监测网络，开展环境现状普查，建设环境资源数据库，实现信息资源共享和监测资料综合集成；三是推进环境科技创新，发展技术先导型、资源节约型、环境保护型的产业和产品，加速科研成果的生产力转化。

（6）人才保障：一是完善生态文明建设选人用人机制，不断深化党政领导干部制度改革，建立健全科学的干部考核评价机制、领导干部职务优化配置机制、干部发现择优机制以及干部监督机制；二是加强生态文明建设人才培养，制定生态文明人才能力建设评价指标体系，推行教育培训档案制度和登记制度；三是加强生态文明人才引进，建立区域人才需求信息系统，创新区域人才开发与管理机制，提高人才引进的服务水平，优化生态文明人才发展环境。

（7）舆论保障：一是充分利用广播、电视、报刊和网络等媒体，拓宽思想，创新载体，多渠道、多层次、多形式地开展生态文明建设的舆论宣传，实现生态文明建设的良性互动和可持续发展；二是应进行多种形式的生态环境教育和科普宣传教育，建立生态环境教育中心，开展“环境宣传教育下乡”活动，使生态文明建设理念家喻户晓，深入人心。

1.2.6　八个牢固树立

1.2.6.1　牢固树立“生态兴则文明兴，生态衰则文明衰”的深邃历史观

一部人与自然关系的演变史，就是一部人类文明的兴衰史。人类文明发展经历了四个阶段，一是始于两百多万年前原始和谐的采猎文明，即文明 1.0——蓝色文明；二是始于一万年前掠夺自然的农耕文明，即文明 2.0——黄色文明；三是始于三百多年前征服自然的工业文明，即文明 3.0——黑色文明；四是由中国提出、

实践并引领的生态文明，即文明4.0——绿色文明。

生态文明建设是关系中华民族永续发展的根本大计，功在当代、利在千秋。生态文明建设关系人民福祉，关乎民族未来，事关“两个一百年”奋斗目标和中华民族伟大复兴中国梦的实现。“生态治国 文明理政”已成为当今中国特色社会主义伟大事业的主旋律。在新时代背景下，习近平生态文明思想是美丽中国永续发展的必然选择，也是实现伟大中国梦的必由之路，必须尽快形成“生态兴文明兴”的新格局。

1.2.6.2 牢固树立“人与自然和谐共生”的科学自然观

习近平生态文明思想的提出，是中国共产党人以马列主义、毛泽东思想为指导，以历史唯物论全面深入剖析人类发展历史的基本规律，以唯物辩证法剖析人类发展新阶段的特征，坚持实事求是，坚持与时俱进，以理论创新解决发展中的环境短板、突出难题的重大决策。习近平生态文明思想作为人类文明理念发展的新阶段，需要全面推进国土空间布局、国际合作、生产方式、生活方式与价值观念以及制度完善等方面的变革。

习近平生态文明思想通过多种渠道对人类社会的生存和发展进行全面的引导和调整，从而不断充实与完善我国社会主义特色的科学发展道路。保护自然就是保护人类，建设生态文明就是造福人类。必须尊重自然、顺应自然、保护自然，像保护眼睛一样保护生态环境，像对待生命一样对待生态环境。我们重建森林、防治荒漠化、保护湿地、拯救物种、应对气候变化，还自然以宁静、和谐、美丽。

1.2.6.3 牢固树立“绿水青山就是金山银山”的绿色发展观

2005年8月15日，时任浙江省委书记的习近平同志在安吉余村考察时，首次提出了“绿水青山就是金山银山”的科学论断，这一科学论断揭示了“绿水青山”与“金山银山”之间三个发展阶段的问题，体现了马克思主义的辩证观点，剖析了经济与生态在演进过程中的相互关系，深刻揭示了经济社会发展的基本规律。经过十多年的实践，“绿水青山就是金山银山”科学论断引发的生态红利和生态理念在神州大地裂变出强大正能量。联合国环境规划署发布的由中国政府牵头编写的《绿水青山就是金山银山：中国生态文明战略与行动》报告，受到各国政府的高度评价，一致认为中国生态文明理念将走向世界，中国的生态文明建设是对可持续发展理念的有益探索，将为其他国家应对类似的经济、环境和社会挑战提供经验借鉴。

“绿水青山就是金山银山”理论与科学发展观是一脉相承的理论体系，保护环境就是保护生产力，改善环境就是发展生产力。“绿水青山”指的是良好的生态环境与自然资源资产，“金山银山”指的是经济发展与物质财富，“绿水青山就是金山银山”理论的本质就是指环境与经济的协调发展，为绿色发展提供了方针原则，做出了战略决策，明确了顶层设计，厘清了发展思路，指明了前进方向，体现了对人类发展意义的深刻思考，彰显了当代中国共产党人高度的文明自觉和生态自觉。

如何让“绿水青山”带来“金山银山”？基本思路就是实现循环经济与生态经济的统一协调发展，一是在粗放式工业化走在前头的发达地区大力发展“减量化、再利用、资源化”的循环经济，有效减少消耗、降低污染、治理环境，努力创建资源节约型和环境友好型社会，恢复“绿水青山”，又不失“金山银山”。二是对具有“绿水青山”的欠发达地区，大力发展主要由生态农业、生态工业和生态旅游业构成的生态经济体系，把生态环境优势转化为经济优势，那么“绿水青山”也就会变成“金山银山”。

1.2.6.4　牢固树立“良好生态环境是最普惠民生福祉”的基本民生观

习近平生态文明思想力求创造“绿色低碳的生活环境、健康祥和的社会环境与自由持续的发展环境”，环境就是民生，青山就是美丽，蓝天就是幸福。必须坚持以人民为中心，重点解决损害群众健康的突出环境问题，提供更多优质生态产品。良好生态环境是最普惠的民生福祉，要提供良好的生态产品，必须做好以下重点工作：一是提升生态功能，加强生态保护与修复；二是强化污染防治，持续改善环境质量；三是综合整治农村环境，全面建设美丽乡村。

1.2.6.5　牢固树立“山水林田湖草统筹治理”的整体系统观

习近平生态文明思想高度重视生态保护与修复工作，开展山水林田湖草生态保护修复是生态文明建设的重要内容，关系生态文明建设和美丽中国建设进程，关系国家生态安全和中华民族永续发展。开展山水林田湖草生态保护修复是贯彻绿色发展理念的有力举措，是破解生态环境难题的必然要求。习近平总书记就开展山水林田湖草生态保护修复多次进行明确部署，要求加快山水林田湖草生态保护修复，实现格局优化、系统稳定、功能提升。

一是全面摸清生态环境突出问题，从“山水林田湖草生命共同体”的理念着手，真正摸清生态系统状况与变化趋势，为生态保护修复和管理提供可靠的支撑。二是划定生态保护与修复部署片区，依据区域突出生态环境问题与主要生态功能定位，确定生态保护与修复工程部署区域。三是制定生态保护与修复工程，统筹山水林田湖草各种生态要素，对工程全面部署。四是从组织领导、干部绩效考核、资金筹措与投入等方面建立健全工程实施保障制度措施。

1.2.6.6 牢固树立“最严格制度与法治保护生态环境”的严密法治观

保护生态环境需要完善生态文明制度体系，健全生态文明制度是生态文明治理体系的系统保障。习近平总书记强调，要深化生态文明体制改革，尽快把生态文明制度的“四梁八柱”建立起来，把生态文明建设纳入制度化、法治化轨道。包括自然资源资产产权制度、国土空间开发保护制度、空间规划体系、资源总量管理和全面节约制度、资源有偿使用和生态补偿制度、环境治理制度、环境治理与生态保护市场体系、生态文明绩效评价考核和责任追究制度八大制度体系。

同时，新时代必须持续纵深推进《中华人民共和国环境保护法》（2014 修订，2015 年开始实施）（以下简称新《环境保护法》）。新《环境保护法》明确提出和规定了环境保护的基本制度，遵循的基本原则，规定了地方政府、企业事业单位、公民环境保护的权利、责任与义务。新《环境保护法》在环境保护的法律法规体系中处于最重要的基础地位，相当于环境保护领域的“母法”，即上位法，其他环境保护的单项法律在修订和执行中都应遵循并服从于新《环境保护法》。因此，新《环境保护法》是环境法律体系的龙头和“纲”，必须“纲举目张”。新《环境保护法》为建设生态文明提供了坚实的法律基础，也是重要的法制保障。

1.2.6.7 牢固树立“美丽中国全民行动”的全民行动观

建设美丽中国是人民群众共同参与、共同建设、共同享有的事业。一是深化生态创建，夯实生态文明基础。按照生态文明建设阶段目标的要求，积极开展国家生态文明建设示范区等系列创建活动，巩固和深化建设成果，为完成生态文明建设的阶段目标打下坚实的基础。二是加强宣传教育，营造全民参与氛围。通过构建多层次、全范围的生态文明宣教体系，深入开展生态文明建设宣传教育活动，不断提升全民生态文明理念的认知水平，营造全民参与生态文明建设的良好氛围。

建设美丽中国还要更好地发挥群众和社会组织的作用，充分体现政府、公民、企业和其他社会组织共同参与生态文明建设的过程。要大力宣传生态文明理念和环境保护知识，提高全民的环境意识。强化环境信息公开，保障公众环境知情权、参与权和监督权。加强环境标志认证，倡导绿色消费。畅通环保信访、环保热线、各级环保政府网络邮箱等信访投诉渠道，实行有奖举报，鼓励环境公益诉讼。建立政府相关部门协作机制，完善政府、企业和社团组织的生态文明参与互动机制。

1.2.6.8　牢固树立“命运共同体引领全球生态文明建设”的共赢全球观

中国人历来主张“世界大同，天下一家”，中国人民不仅希望自己过得好，也希望各国人民过得好。当前，战乱和贫困依然困扰着部分国家和地区，疾病和灾害也时时侵袭着众多的人。国际社会应该携起手来，秉持人类命运共同体的理念，把我们这个世界建设得更加和平、更加繁荣。习近平总书记在《共同构建人类命运共同体》的主旨演讲中讲到，“让和平的薪火代代相传，让发展的动力源源不断，让文明的光芒熠熠生辉，是各国人民的期待，也是我们这一代政治家应有的担当。中国方案是：构建人类命运共同体，实现共赢共享。”

生态文明作为人类文明发展的一个新阶段，是现代工业文明之后的后现代文明形态，它是人类遵循人、自然、社会和谐发展这一客观规律而取得的物质与精神成果的总和，它是以人与自然、人与人、人与社会和谐共生、良性循环、全面发展、持续繁荣为基本宗旨的人类社会与自然环境集成的伦理形态。“建设生态文明”是中国共产党领导的中国人民向全人类所做出的郑重承诺，中华民族将努力探索出一条实现物质丰富、社会稳定、政治平等、文化繁荣、生态文明的中国特色社会主义新型文明之路。

1.2.7　九大工作重点

（1）区域生态文明工作重点：创建生态文明建设示范区、生态文明先行示范区，打造海洋生态文明与流域梯度生态文明试验区等。

（2）行业生态文明工作重点：建设农业生态文明、工业生态文明与第三产业生态文明等。

（3）发达地区生态文明工作重点：主要是长三角、珠三角与环渤海经济圈的生态文明创建机制研究。

（4）少数民族生态文明工作重点：主要是新疆、西藏、内蒙古等地的生态文明试验区与维稳机制研究。

（5）港澳台生态文明工作重点：主要是港澳台生态文明建设与“一国两制”的研究。

（6）生态文明数据管理工作重点：主要是构建全国生态文明建设数据库与系统平台。

（7）生态文明工程实践工作重点：编制国家与地方生态文明建设规划。

（8）生态文明政府施政工作重点：制订“美丽中国”与“中国梦”行动计划。

（9）生态文明国家战略工作重点：将生态文明理念融入“一带一路”倡议布局。

1.2.8 九大关键关系

1.2.8.1 生态文明与社会主义现代化建设的关系

党的十八大报告创造性地提出了“五位一体”总体布局（图 1-1），将生态文明建设作为以人为本、执政为民的重要内容贯穿到经济、社会、政治与文化各方面与全过程，明确生态文明在“五位一体”中的突出地位，坚持不懈地加以推进，是新时代“治国理政”道路上的战略选择。

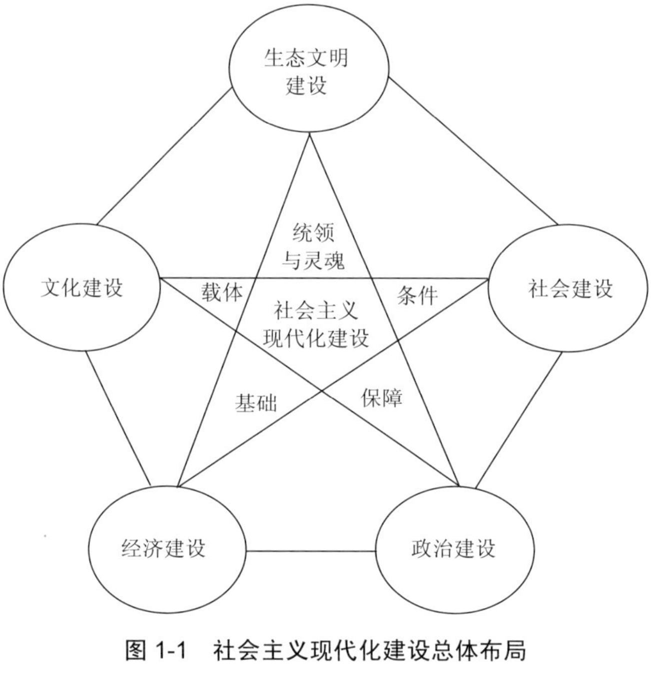

图 1-1 社会主义现代化建设总体布局

在“五位一体”总体战略布局中，生态文明建设是社会主义现代化建设的统领与灵魂，经济建设是社会主义现代化建设的基础，政治建设是社会主义现代化建设的保障，文化建设是社会主义现代化建设的载体，社会建设是社会主义现代化建设的条件，这五大建设相互作用、相互镶嵌、相互影响。

1.2.8.2　生态文明与四大任务之间的关系

在系统分析资源禀赋、经济社会发展与生态环境压力的基础上，党的十九大部署了全面推进绿色发展、解决突出环境问题、保护自然生态系统与深化改革监管体制生态文明建设四大任务（图 1-2）。其中，“全面推进绿色发展”是生态文明建设的规划图，“解决突出环境问题”是生态文明建设的施工图，“保护自然生态系统”是生态文明建设的运行图，“深化改革监管体制”是生态文明建设的保障图。

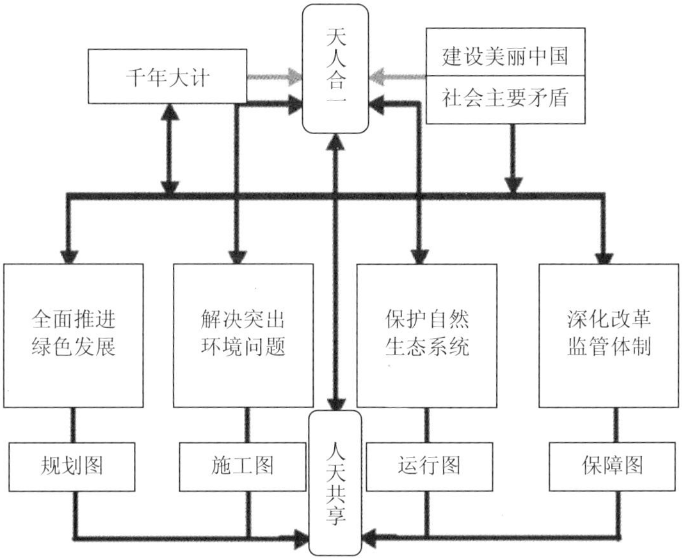

图 1-2　生态文明四大任务的关系

1.2.8.3　生态文明与美丽中国的关系

中共中央、国务院发布的《深入打好污染防治攻坚战的意见》明确提出，到 2035 年美丽中国目标建设基本实现。结合生态文明四大任务，全面推进绿色发展，建设绿色中国，解决突出环境问题，建设健康中国，保护自然生态系统，建设宜居中国，深化改革监管体制，建设法治中国（图 1-3）。绿色中国、健康中国、宜居中国与法治中国共同构成美丽中国。

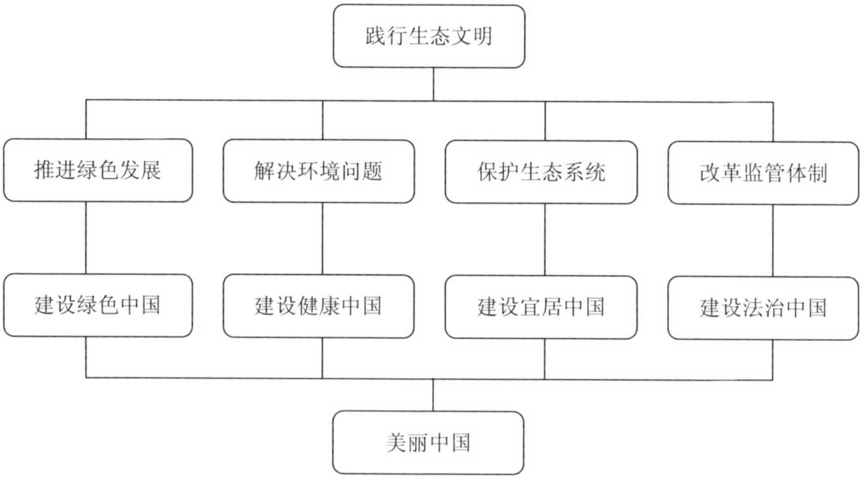

图 1-3 美丽中国路线

1.2.8.4 生态文明与“一个空间+五大体系”的关系

生态文明建设领域主要包括生态空间、生态经济、生态环境、生态人居、生态文化与生态制度六大体系（图 1-4）。围绕生态空间，通过产业升级，发展绿色低碳循环的生态经济体系；通过标本兼治，构建清洁安全稳定的生态环境体系；通过规划先行，建设优美舒适宜居的生态人居体系；通过以文化人，培育和谐文明多元的生态文化体系；通过城乡统筹，健全高效民主完善的生态制度体系。“生态经济体系、生态环境体系、生态人居体系、生态文化体系与生态制度体系”与生态空间相互支撑，其中，生态空间是“局”——优化布局；生态经济是“基”——实现基础；生态环境是“目”——实质目标；生态文化是“常”——道德载体；生态人居是“用”——人天共享；生态制度是“纲”——行为规范。

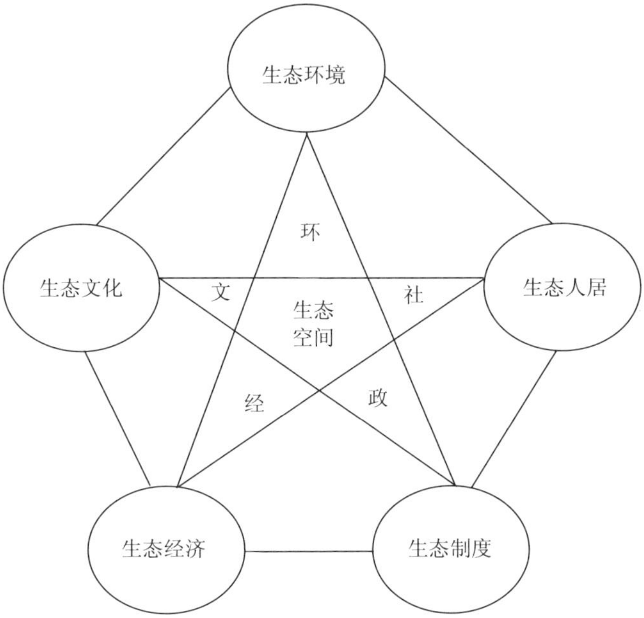

图 1-4　生态文明六大建设领域的关系

1.2.8.5　生态文明与科学发展的关系

人类只有科学发展，才能顺应自然、尊重自然、保护自然，主动和谐回归于自然。生态文明建设与科学发展观是一脉相承的理论体系，环境也是生产力，破坏环境就是破坏生产力，保护环境就是保护生产力，改善环境就是发展生产力。从这个角度出发，科学发展包括：优化产业结构，转变发展方式，实现绿色发展；促进资源节约，创新消费模式，实现低碳发展；加强政府主导，保护生态环境，实现永续发展；健全生态制度，树立核心价值，实现幸福发展；普及全民参与，促进科学决策，实现民主发展（图 1-5）。

1.2.8.6　生态文明与现代环境治理体系的关系

中共中央办公厅、国务院办公厅印发的《关于构建现代环境治理体系的指导意见》（以下简称《意见》），旨在构建党委领导、政府主导、企业主体、社会组织和公众共同参与的现代环境治理体系，为建设生态文明解决突出环境问题（图 1-6）。《意见》明确提出，三个实施主体分别为政府、企业与公众，其中，强化政府主导作用是关键，深化企业主体作用是根本，动员社会组织和公众共同

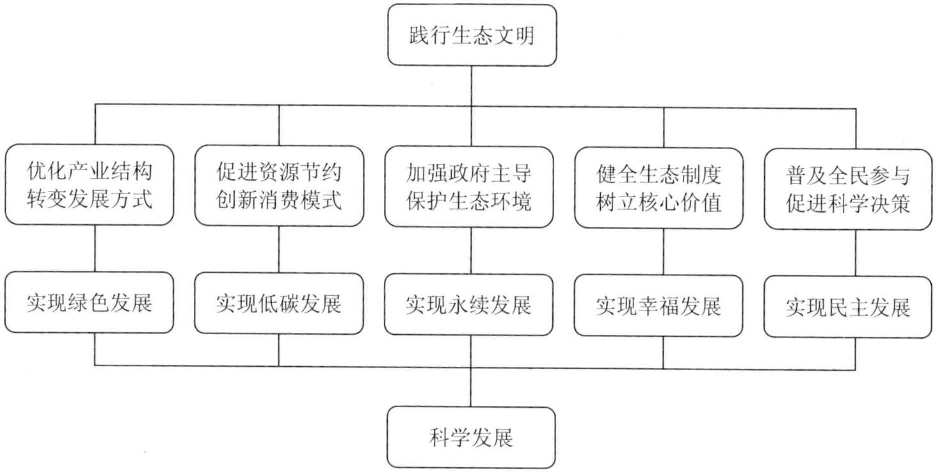

图 1-5　生态文明与科学发展的关系

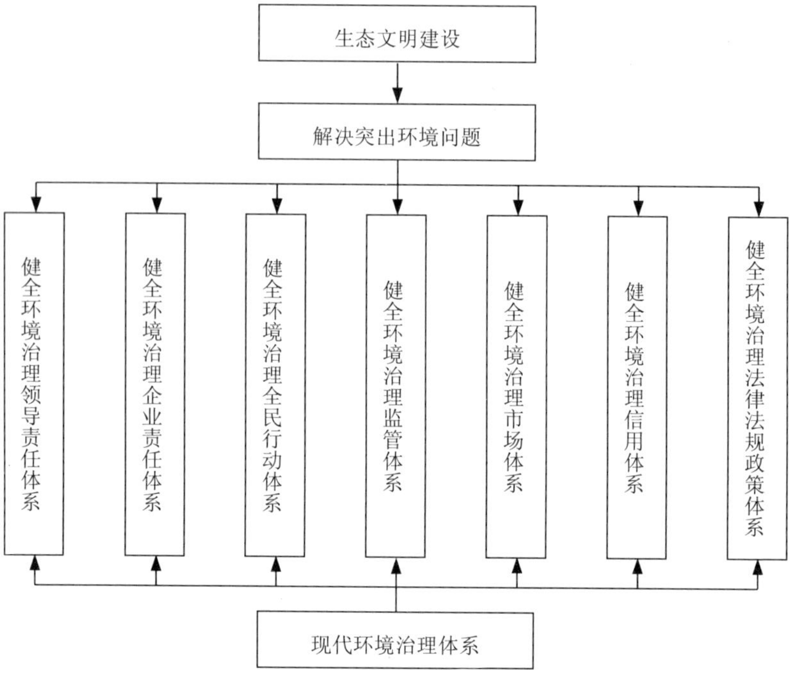

图 1-6　生态文明与现代环境治理体系的关系

参与是支撑。三者相辅相成，缺一不可。《意见》要求到 2025 年，建立健全环境治理的领导责任体系、企业责任体系、全民行动体系、监管体系、市场体系、信用体系、法律法规政策体系，落实各类主体责任，提高市场主体和公众参与的积极性，形成导向清晰、决策科学、执行有力、激励有效、多元参与、良性互动的现代环境治理体系。

1.2.8.7　生态文明与新《环境保护法》的关系

习近平总书记强调，要正确处理好经济发展同生态环境保护的关系，牢固树立保护生态环境就是保护生产力、改善生态环境就是发展生产力的理念，更加自觉地推动绿色发展、循环发展、低碳发展，决不以牺牲环境为代价去换取一时的经济增长。只有实行最严格的制度、最严密的法治，才能为生态文明建设提供可靠保障。党的十八届四中全会也明确提出依法治国，用最严格的法律制度保护生态环境，促进生态文明建设。

健全生态制度作为生态文明建设的系统保障，包括机制创新、体制改革与法治完善，其中，新《环境保护法》的修订与实施，是法治完善的基础（图 1-7）。目前我国已有 30 余部涉及环境保护方面的法律，90 余部行政法规，初步形成了环境保护的法律法规体系。2015 年 1 月 1 日，新《环境保护法》作为中国环境领域的基本法，正式施行。新《环境保护法》的颁布实施对我国加强环境保护，驱动制度创新，推进科学发展，构建资源节约型、环境友好型社会，建设生态文明和“美丽中国”提供了坚实的法律基础，也是重要的法制保障。

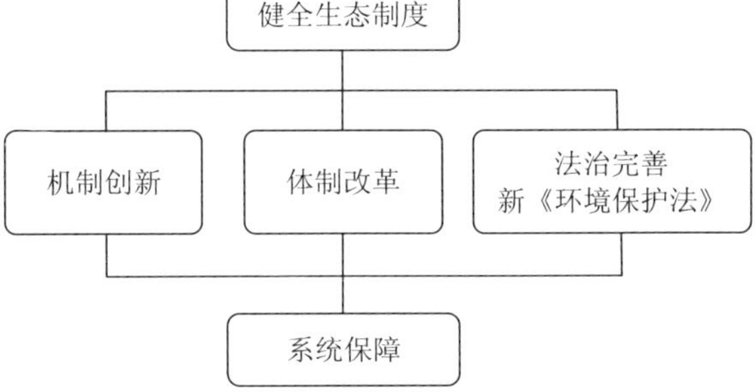

图 1-7　新《环境保护法》与健全生态制度的关系

新《环境保护法》主要有如下十大创新亮点：（1）新理念：在总则中首次明确提出立法目的是围绕推进生态文明促进经济社会可持续发展采取多种措施保护和改善环境。（2）新举措：明确建立环境污染公共监测预警机制，有针对性地建立健全环境与健康监测、调查和风险评估制度。（3）新模式：要求建立重点区域、流域联防联控协调机制。（4）新职责：明确了县级以上政府对环境保护的监督管理职责。（5）新手段：规定环保部门和其他负有监管职责的部门可以查封、扣押企业排放污染物的设施、设备。（6）新标准：在“法律责任”中引入“按日连续处罚”新规定，并且“上不封顶”。（7）新主体：凡依法在设区的市级以上人民政府民政部门登记的，专门从事环境保护公益活动连续五年以上且信誉良好的社会组织，都可以诉讼主体直接向人民法院提起诉讼。（8）新规制：新规定了重点污染物排放总量控制制度、建立健全生态保护补偿措施与明确划定生态保护红线。（9）更民主：让群众参与环境保护，监督环境保护工作，依法确保群众真正有参与和监督保护环境的权利。（10）最严厉：新《环境保护法》被称为“史上最严的环保法”，法律责任更严厉。

虽然新《环境保护法》已成为保护生态环境的重器、建设生态文明的基石，但生态环境部门更要准确定位，不越位，不缺位，不失位。

1.2.8.8 生态文明与人类福祉的关系

自然生态系统服务功能主要包括支持服务、供给服务、调节服务与文化服务（图 1-8）。其中，支持服务主要包括形成土壤、养分循环、初级生产与孕育生命；供给服务主要包括供给食物、供给水分、供给空气与供给阳光；调节服务主要包括调节气候、均化洪水、调控疾病与生物多样性；文化服务主要包括美学价值、精神价值、教育功能与休憩功能。支持服务主要影响生命、资源、健康与发展安全等保护安全的人类福祉；供给服务主要影响生计、营养、住所与商品获取等保证生存的人类福祉；调节服务主要影响空气、饮水、健康与精力等保障健康的人类福祉；文化服务主要影响美学、精神、教育与尊重等社会关系的人类福祉。相反，各种人类福祉也会对自然生态功能服务产生效应，两者之间是反馈与负反馈作用。

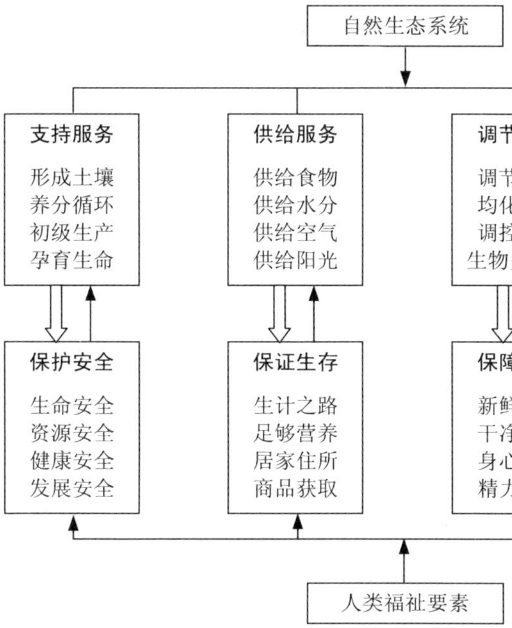

图 1-8　自然生态系统服务与人类福祉的关系

随着自然驱动力与社会驱动力的干扰，人类福祉是不断发展与完善的（图 1-9）。其中，自然驱动力主要表现为气候变化、生物多样性与土壤利用变化等外在干扰，社会驱动力主要表现为物质文明、精神文明、社会文明、政治文明与生态文明等内在干扰形态。具体来说，通过构建生态经济体系来消除贫困，通过构建生态人居体系来实现优质生活，通过构建生态环境体系来保障安全健康，通过构建生态文化体系来维持良好的社会关系，通过构建生态制度体系来达到行动自由的目的。

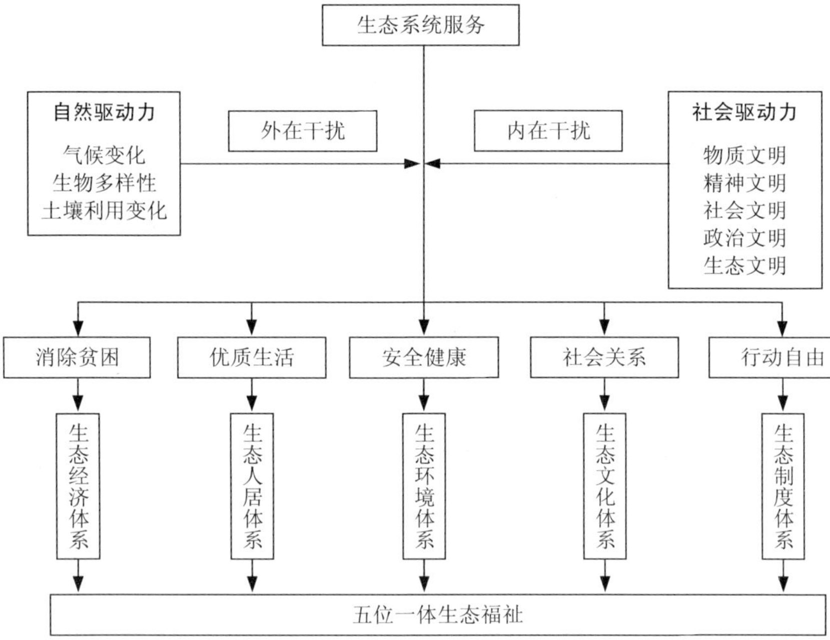

图 1-9 生态系统服务与人类福祉的关系

1.2.8.9 生态文明与后现代主义的关系

后现代主义是 20 世纪 60 年代以来在西方出现的具有反西方近现代体系哲学倾向的思潮，怀特海过程哲学第三代传人小约翰·柯布等哲学家将“生态文明”归为后现代主义，正是出于对西方现代社会“工业革命”的反思。众所周知，在过去的 300 年间，由西方世界主导的以极度崇尚物质享受为特征的现代工业文明在给人类带来了空前的物质繁荣、创造了史无前例的物质文明的同时，对我们这个美丽星球的巨大破坏也是史无前例的，生态上如此，社会上如此，精神上也如此。越来越多的科学和哲学研究表明，现代工业文明和西式现代化正在把人类带上一条自我毁灭的不归路。“超越现代工业文明，走向后现代生态文明”正是后现代主义所追求的终极目标。

美国后现代主义学者保罗·瑞恩在“乐活”（LOHAS，life styles of health and sustainability）理念中提出，创造绿色低碳的生活环境、健康祥和的社会环境、自由持续的发展环境，这与我们建设生态文明崇尚的“天人合一”道德观、“人与自然和谐平等”价值观、“以资源为基础适度消费”发展观不谋而合。加强生态文明理念的宣传，使生态文明成为新常态社会的信仰与追求，这是后现代人类对于心灵家园和自然母体以及自己真实生命的回归，更是实现人类福祉的美好愿景。

美国著名生态后现代主义思想家斯普瑞特奈克认为，中国走向生态文明新时代征程中，不仅面对着一系列问题，而且还深藏着解决问题的智慧。小约翰·柯布博士曾预言“生态文明的希望在中国”，随着习近平生态文明思想的广泛实践与习近平总书记“构建人类命运共同体”理念的提出，中国如火如荼的生态文明建设正引起国际社会的广泛关注。小约翰·柯布博士明确指出，“今天我们的使命就是在世界范围推广我们向中国所学的生态文明理念，这个术语和它所代表的思想在西方日益普及，我们已经受益于中国思想，我们真诚希望中国在生态文明建设中走在前列，以便我们今后继续受益。”

第 2 章　粤港澳大湾区社会经济概况

本书所述的粤港澳大湾区是指由珠三角地区广州、深圳、珠海、佛山、惠州、东莞、中山、江门、肇庆 9 个市与香港特别行政区和澳门特别行政区共 11 个城市组成，位于 21.57°N～24.39°N，111.36°E～115.41°E 之间，粤港澳大湾区面积达 5.6 万 km^2 左右（图 2-1），2020 年总人口为 8 632 万，社会生产总值为 11.28 万亿元，是全国经济较活跃的地区之一。

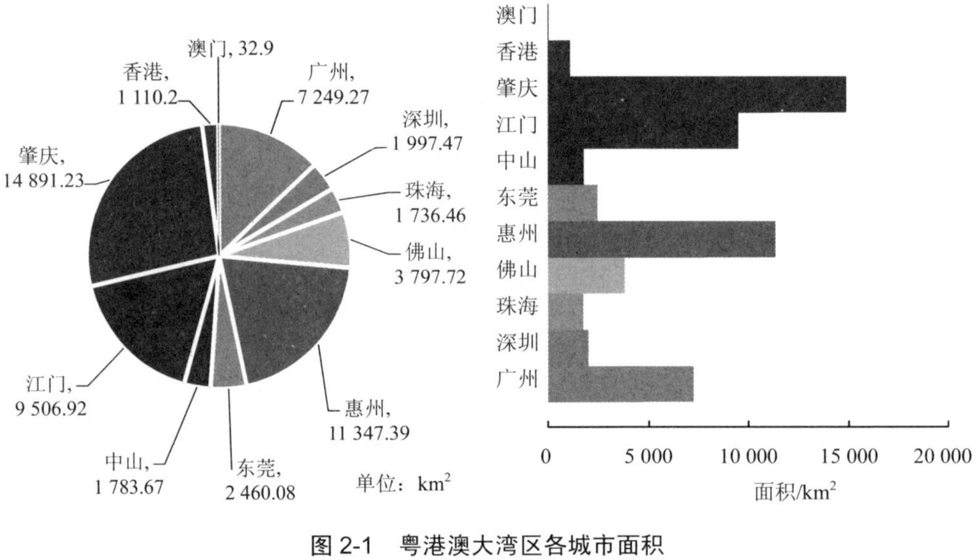

图 2-1　粤港澳大湾区各城市面积

改革开放 40 多年来，粤港澳大湾区社会经济全面快速发展，已成为与美国纽约湾区、旧金山湾区和日本东京湾区比肩的世界四大湾区之一。目前，粤港澳大湾区社会经济高度发达，生态系统类型多样，文化氛围包容开放，科技教育资源丰富，已经成为我国经济发展的重要引领极。粤港澳大湾区是国家建设世界级都市带和参与全球竞争的重要空间载体。

2.1　区域空间经济发展特征

2.1.1　经济总量媲美发达经济体

截至 2020 年年底，粤港澳大湾区经济活动为全球较活跃的区域之一，实现生产总值为 11.28 万亿元（香港、澳门按照 2021 年 12 月汇率计算）（图 2-2），折合 1.77 万亿美元，可以排在全世界第九大经济体加拿大（1.64 万亿美元）之前。珠三角地区为 8.95 万亿元，较 2015 年的 7.28 万亿元增长了 22.94%，第一、第二、第三产业结构不断优化，从 1990 年的三次产业之比 15.3∶43.9∶40.9 调整为 2015 年的 1.7∶44.9∶53.4（图 2-3），2020 年优化为 1.8∶40.0∶58.3，第三产业占比较 2015 年提高了约 5 个百分点，第三产业对 GDP 增长贡献率超过 58%，呈现服务业主导经济增长的发展格局。

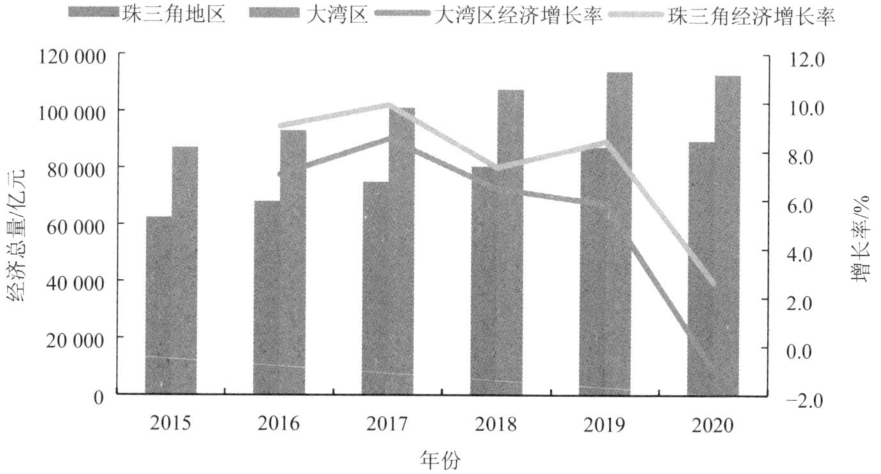

注：香港、澳门按照 2021 年 12 月汇率折算。

图 2-2　粤港澳大湾区经济总量及增长率

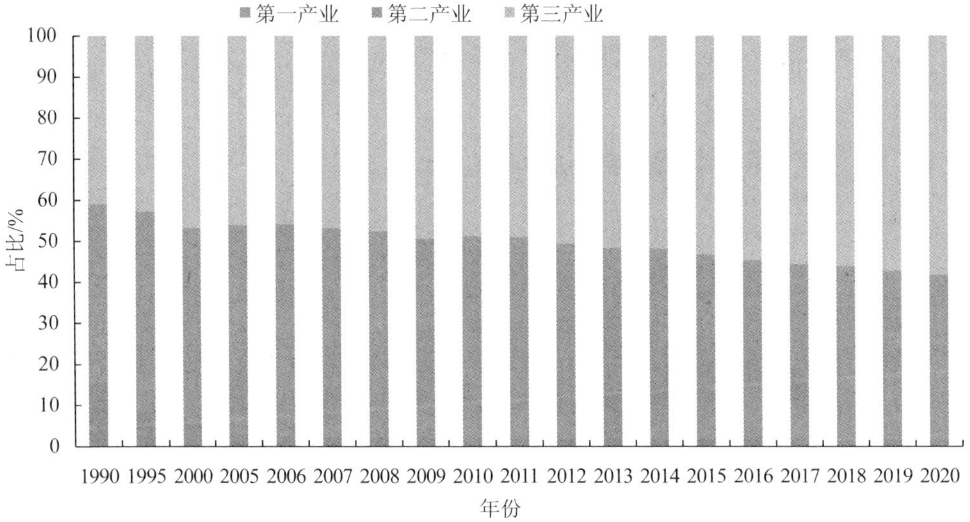

图 2-3 珠三角地区产业结构演变

2.1.2 现代产业体系初步形成

深入推进供给侧结构性改革，珠三角地区产业继续向中高端水平迈进，初步形成以先进制造业为支撑、现代服务业为主导的现代化产业体系。支柱产业不断壮大，形成电子信息、绿色石化、智能家电等 7 个万亿级产业集群。战略性新兴产业发展迅猛，5G 产业、数字经济规模均居全国首位。现代物流业、电子商务业、健康服务业快速发展，新兴服务产业和跨境电商、市场采购贸易等新业态、新模式蓬勃发展。2020 年，珠三角地区三次产业比重调整为 1.8∶40.0∶58.3，先进制造业增加值占规模以上工业增加值比重达 55%，现代服务业增加值占服务业增加值比重达 60%，新经济增加值占地区生产总值比重近 25%。

2.1.3 全面开放的新格局加快形成

粤港澳大湾区建设上升为国家战略。广东自贸试验区累计形成 527 项制度创新成果，其中 41 项为全国首创。外贸格局持续优化，一般贸易进出口超过加工贸易，民营企业出口总额比重超过 50%，成为第一大贸易主体；贸易新业态、新模式蓬勃发展，跨境电商进出口和市场采购出口实现快速增长。

2.2　区域发展人口时空特征

2.2.1　常住人口总量庞大，增速相对放缓

“十三五”时期，粤港澳大湾区总量增长相对放缓，但受庞大人口基数和人口再生产周期的影响以及随着新政策实施，珠三角地区常住人口继续保持惯性增长。2020 年年底，粤港澳大湾区常住人口为 8 632 万人，其中珠三角地区为 7 824 万人，分别占全国人口总量的 6.12%与 5.55%。粤港澳大湾区和珠三角地区人口增长率从 2015 年到 2020 年分别由 2.89%和 3.05%下降为 1.61%和 1.81%，增长率呈下降趋势（图 2-4）。“十三五”时期，粤港澳大湾区人口总量仍保持着惯性增长态势，但人口呈下降趋势以及低生育水平（图 2-4 和图 2-5）。

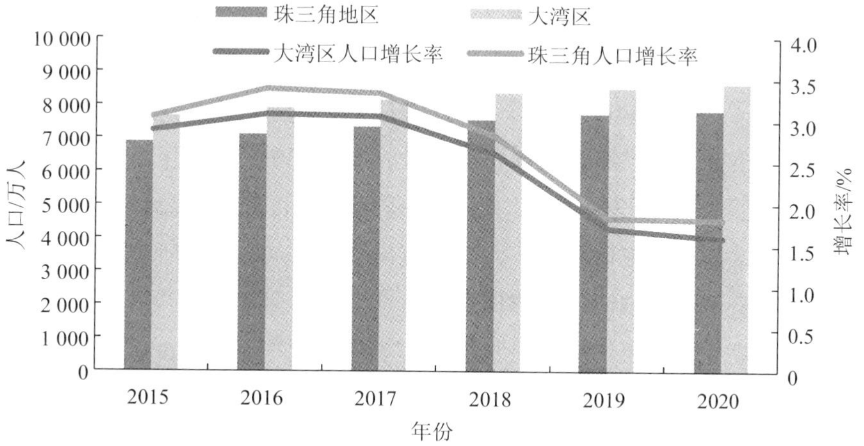

图 2-4　粤港澳大湾区人口变化

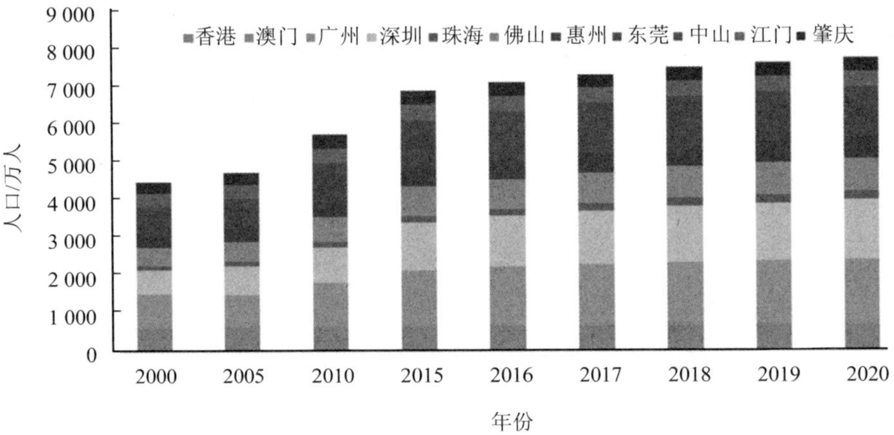

图 2-5　粤港澳大湾区各城市人口

2.2.2　城镇化率快速增长，整体进入城市化后期

2020 年粤港澳大湾区城镇化率为 88.44%，珠三角地区城镇化率为 87.24%，分别高于广东省城镇化水平（74.15%）约 14 个百分点、13 个百分点（图 2-6 和图 2-7）；比全国（63.89%）分别高出约 24 个百分点和 23 个百分点；粤港澳大湾区城镇化率略低于上海 2 个百分点、低于北京 0.3 个百分点。2000—2020 年，珠三角地区城镇人口比重上升了 15 个百分点，平均每年提高 0.75 个百分点。参照美国城市地理学家诺瑟姆对世界各国城市化后期（人口城镇化 70%～90%）的研究理论，目前粤港澳大湾区、珠三角地区城镇化已整体进入后期发展阶段，按照 2014 年国务院印发的《关于调整城市规模划分标准的通知》，粤港澳大湾区超过 500 万人口的特大城市有 6 个，超过 1 000 万人口的超大城市有 3 个，分别为广州、深圳、东莞。珠三角地区除肇庆、江门之外 7 个城市进入城市化后期阶段，其中城镇化水平最高的深圳为 99.54%，最低的为肇庆，城镇化率为 51.02%，其次为江门 67.63%。

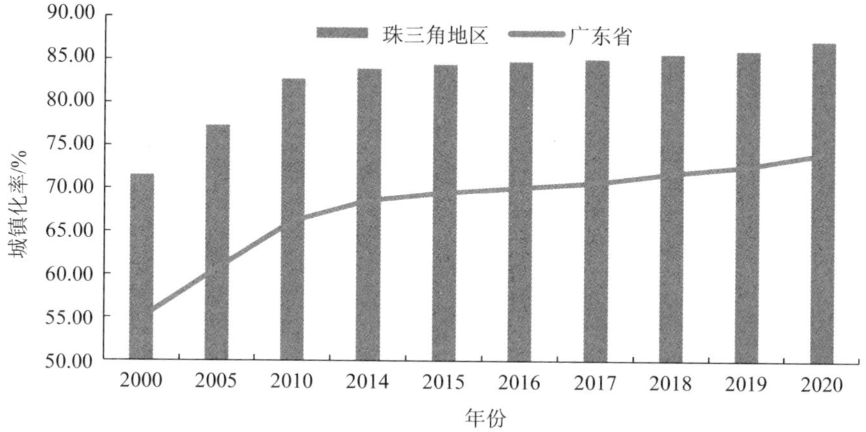

图 2-6　珠三角地区城镇化率

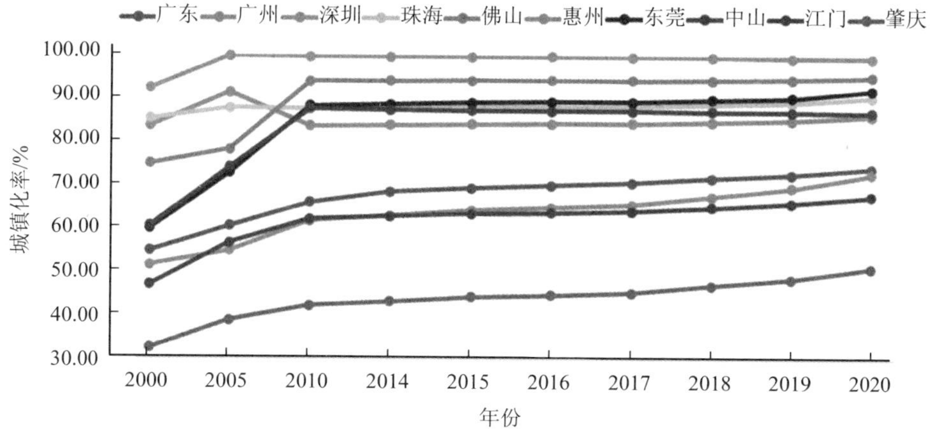

图 2-7　珠三角地区各城市城镇化率

2.2.3　人口集聚程度显著，城镇空间格局持续优化

“十三五”时期，粤港澳大湾区人口高度聚集（图 2-8），常住人口区域分布的基本格局没有改变，超过 62%的人口仍集聚在珠三角地区，区域内拥有广州、深圳、东莞 3 个超大城市（常住人口 1 000 万以上）以及佛山、惠州 2 个特大城

市。珠三角地区人口增长速度最快，广州、深圳、东莞 3 个超大城市的常住人口增加数量全省最多，反映出人口向超大城市集聚的趋势仍然十分明显。2020 年全国十大人口净流入城市，珠三角地区的深圳、东莞、广州、佛山 4 个城市位列其中。2020 年年底，深圳常住人口达到 1 763.38 万人，同期户籍人口达到 584.58 万人，净流入人口为 1 178.8 万人，广州净流入人口为 888.92 万人，东莞净流入人口为 784.48 万人，佛山净流入人口为 478.11 万人，珠海净流入人口为 105.74 万人。

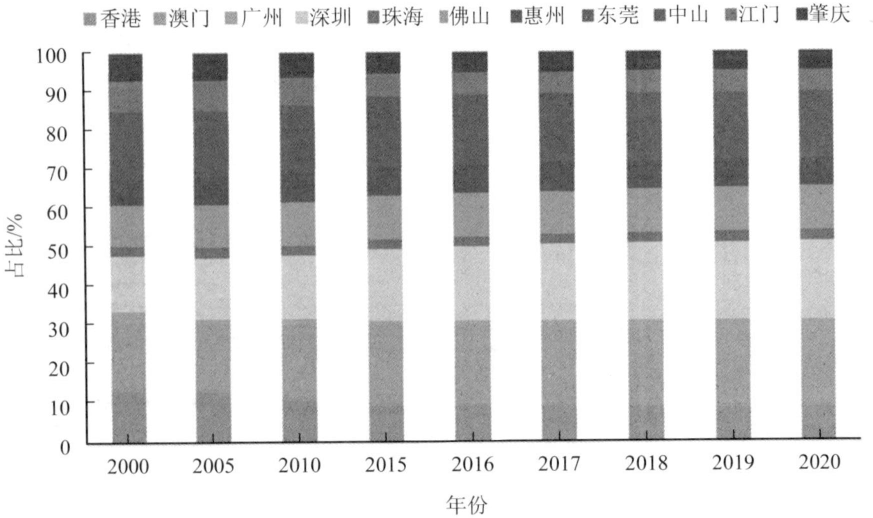

图 2-8 粤港澳大湾区各城市人口占比

粤港澳大湾区是全国人口密度最高的区域（图 2-9 和图 2-10），是全国平均人口密度的 10 倍之高，澳门、深圳、香港为全国最高人口密度区域，其中澳门是全球人口密度最高的国家摩纳哥人口密度的 0.95 倍。广州、佛山、东莞、中山 4 市人口密度高于北京和天津，而深圳则已超过了上海、香港，成为全国人口密度最高的超大城市。

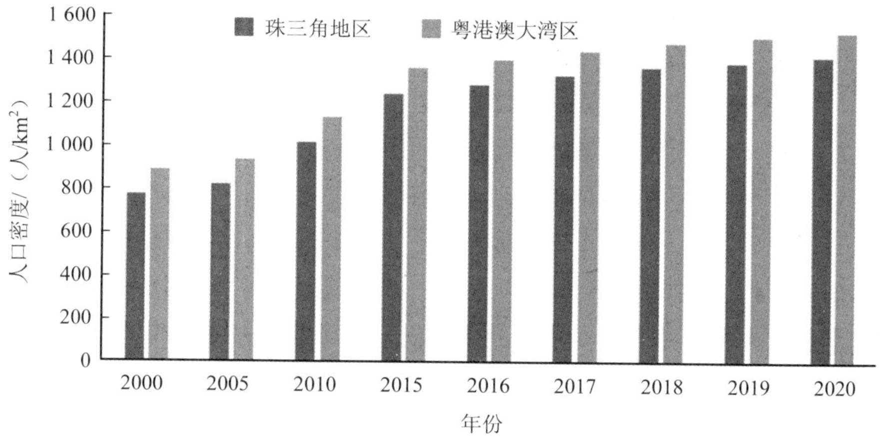

图 2-9　粤港澳大湾区人口密度

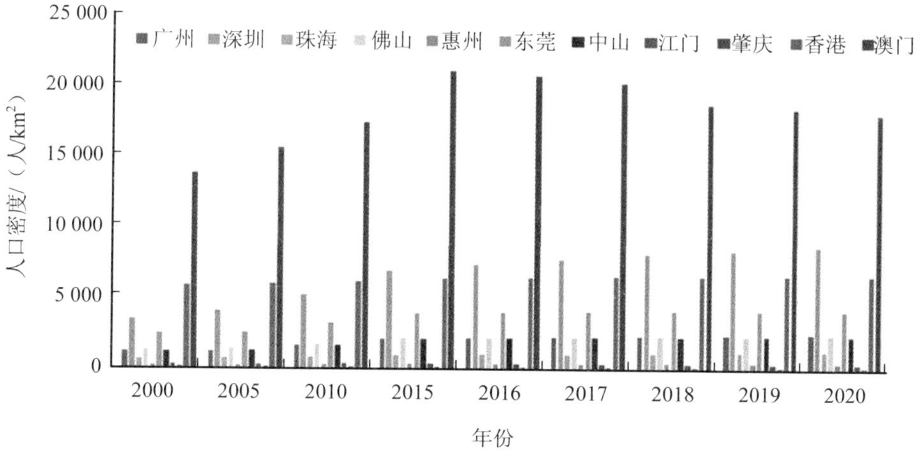

图 2-10　粤港澳大湾区各城市人口密度

2.2.4　城镇空间趋“多元化、网络化”格局

粤港澳大湾区正逐渐在“双区驱动”下，形成多中心的网络化空间格局，已经是全球化格局中不可替代的联络点，但大湾区在朝着一体化的道路上发展，城

镇化空间结构逐步由“双中心”向组团式、多中心、网络化转变。

粤港澳大湾区发展空间格局不断优化，城镇空间体系呈“多元化、网络化”格局。粤港澳大湾区空间格局演变进程中呈突破自然边界、珠江口两岸联系紧密、拓展空间纵深的趋势，粤港澳大湾区以香港、澳门、广州、深圳四大中心城市作为区域发展的核心引擎，扩散方向呈现多元格局。广深港、广珠澳科技创新走廊和深港河套、粤澳横琴科技创新极点“两廊两点”架构体系，沟通边界地区增长的蜘蛛网状空间结构，并以命运共同体的方式参与到全球的市场竞争中。

粤港澳跨境跨城合作，共建、共治、共享一体化发展。大湾区内创新要素正围绕都市圈组织，城市之间应保持各自的制度特征，但在空间上应相互渗透，使制度势能在更广阔的区域内释放，制度创新优势转化为制度合力。

2.3 区域资源环境利用特征

2.3.1 区域经济发展、城镇化发展水平极不均衡

从城镇化、工业化发展水平来看，粤港澳大湾区总体进入后工业化时期。但粤港澳大湾区、珠三角地区的工业化进程差异较大，主导产业特征各异。大湾区整体进入工业化后期，而肇庆、中山、江门尚处于工业化中后期发展阶段。粤港澳大湾区发展极不均衡，尽管珠三角地区发展差距呈现逐渐收窄趋势，但湾区内人均 GDP 差距仍巨大（图 2-11）。2020 年，粤港澳大湾区人均 GDP 为 13.06 万元，其中澳门、香港、深圳人均生产总值分别为 28 万元、30.5 万元、15.7 万元，而肇庆仅为 5.6 万元，约为香港的 18.4%。

粤港澳大湾区整体进入城镇化后期阶段，城镇化发展水平区域差距明显。2020 年，粤港澳大湾区城镇化率平均为 88.44%，而肇庆等个别城市目前尚处于城镇化发展的中期阶段，城镇化率为 51.02%，其次为江门 67.63%，分别低约 37.4 个百分点、21 个百分点。从人均 GDP 和城镇化率的关系来看，粤港澳大湾区中的香港、澳门、深圳、广州、佛山、东莞、珠海等市基本占据第一、第二梯队，体现出“高城市化、高效率”的特征，而肇庆、江门则处于第三梯队，呈现“中城镇化水平、低效率”的特征，城镇化水平虽有所发展，但人均效益和劳动力素质仍

有较大提升空间。

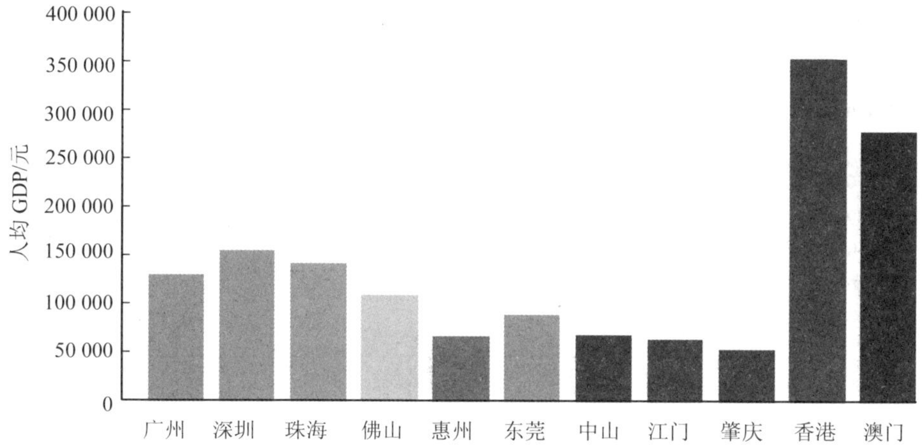

图 2-11　2020 年度粤港澳大湾区人均 GDP

2.3.2　核心地区开发强度过高，土地集约利用效率偏低

土地资源约束趋紧，核心区人均用地稀缺。区域人口总量持续增长，人均土地资源占有量不断下降，2020 年粤港澳大湾区人均土地资源占有量仅为 649 m^2，远低于全国平均水平。截至 2020 年，粤港澳大湾区建设用地中香港、澳门、深圳、东莞、中山、佛山的国土开发强度已超过国际警戒线（30%），其中澳门、香港、深圳的国土开发强度最高，珠海、广州也已逼近该强度。

土地利用集约程度有待提高。2020 年粤港澳大湾区单位国土面积 GDP 产出为 2.2 亿元/km^2（图 2-12），与北京市单位国土面积 GDP（2.02 亿元/km^2）产出相当。澳门单位国土面积产出水平最高，为 57 亿元/km^2，其次为香港 24.5 亿元/km^2，2020 年深圳达到 13.8 亿元/km^2，为上海市单位国土面积 GDP 产出的 2 倍之多；东莞、广州、佛山单位国土面积 GDP 分别为 3.9 亿元/km^2、3.45 亿元/km^2、2.8 亿元/km^2，分别为北京市单位国土面积 GDP 的 1.93 倍、1.71 倍、1.39 倍；珠海与中山依次为 2.0 亿元/km^2、1.76 亿元/km^2。惠州、江门、肇庆的单位国土面积 GDP 产出水平不足 0.4 亿元/km^2。区域之间土地利用效率存在显著差距。

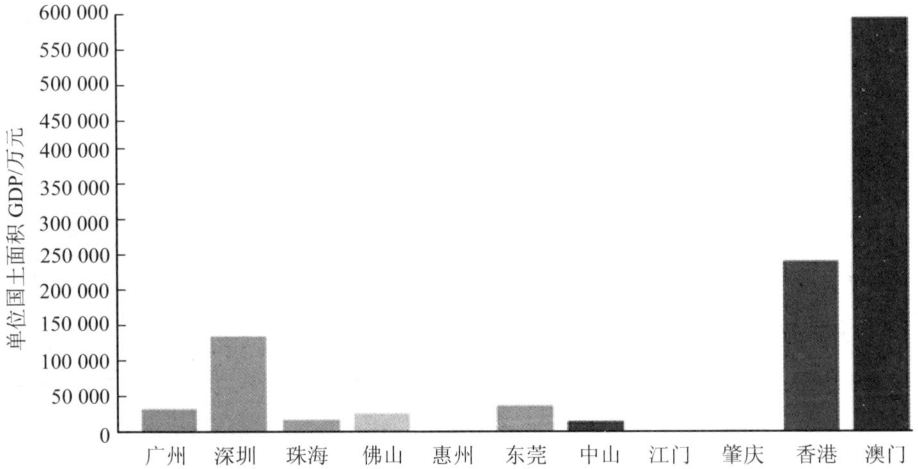

图 2-12　2020 年粤港澳大湾区单位国土面积生产总值 GDP

2.3.3　用水效率全国领先，但水资源开发格局不均衡

2015—2020 年粤港澳大湾区年用水量在 224 亿～235 亿 m^3 之间波动（图 2-13），2017 年达到峰值后逐年下降，从 2017 年的 235 亿 m^3 稳步下降至 2020 年 225 亿 m^3。水耗总量总体呈现广州、佛山、江门、深圳、肇庆、惠州、东莞、中山、珠海、香港依次降低的特征（图 2-14）。根据用水总量控制指标，珠三角地区均在总量控制限值内，但深圳、惠州、肇庆等市的用水总量已接近总量控制限值。

粤港澳大湾区用水效率不均衡。粤港澳大湾区万元 GDP 用水量水平为 19.95 m^3，珠三角地区万元 GDP 用水量水平为 23.9 m^3，远低于全省的 36.6 m^3，大湾区用水量水平为全国 57.2 m^3 的 34.9%（图 2-15）。粤港澳大湾区各城市间用水效率差异巨大，香港、澳门、深圳、珠海万元 GDP 用水量明显优于其他城市，江门、肇庆、惠州、中山万元 GDP 用水效率分别为粤港澳大湾区万元 GDP 平均用水效率的 4.01 倍、3.94 倍、2.37 倍、2.34 倍。

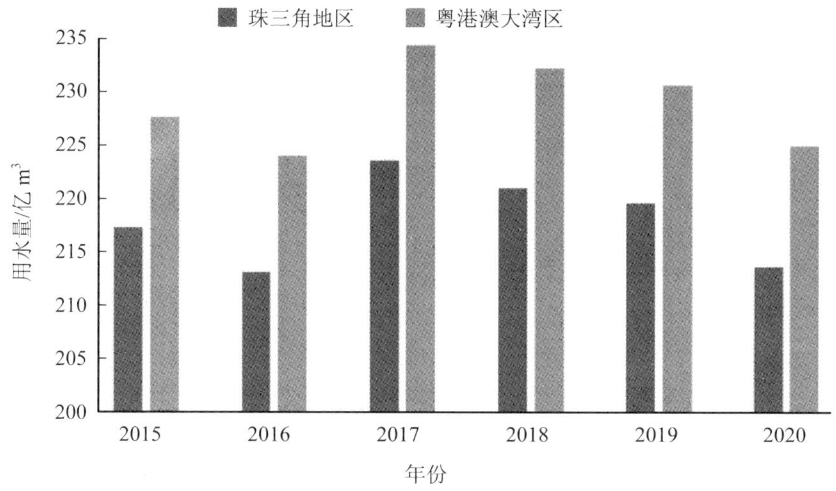

图 2-13　粤港澳大湾区用水总量

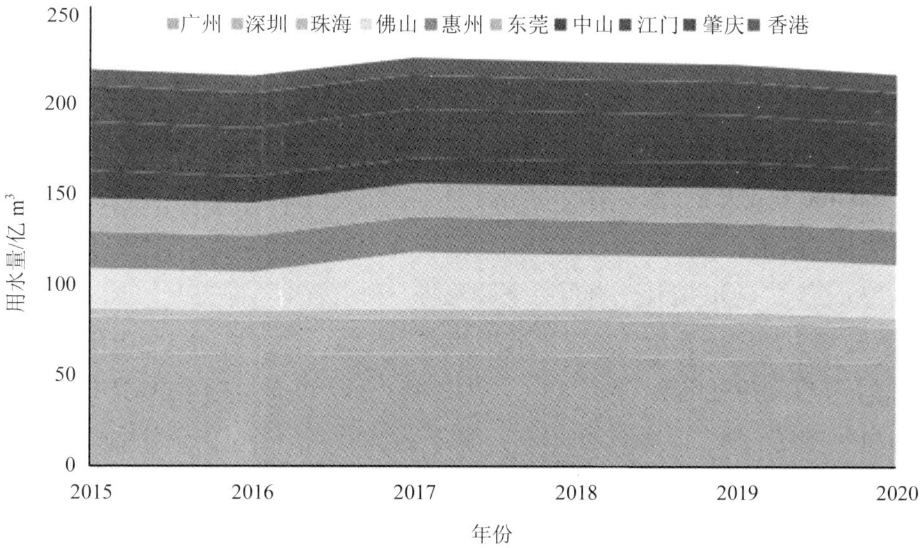

图 2-14　粤港澳大湾区各城市用水量

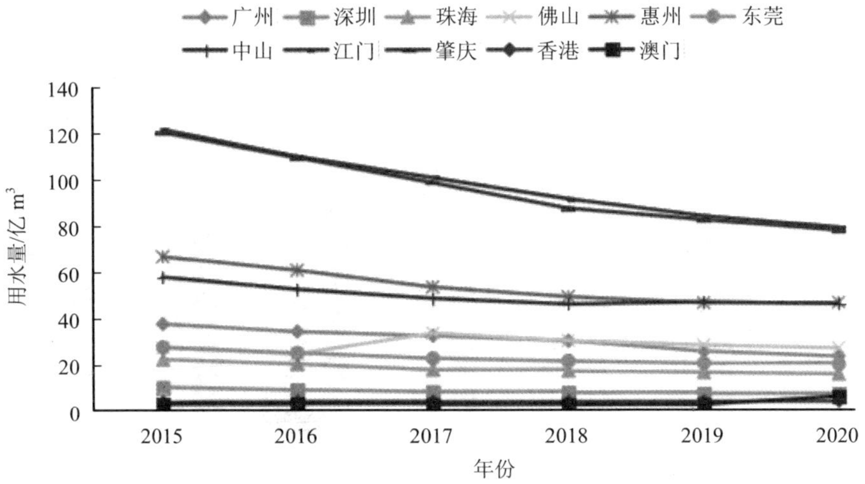

图 2-15 粤港澳大湾区各城市万元 GDP 用水量

2.3.4 能源消耗总量增速放缓，效率提升明显

2000 年以来，粤港澳大湾区能耗总量持续增长，在 2015 年之后增速明显放缓。粤港澳大湾区 2000 年的电力消耗总量约为 1 373 亿 kW·h，2015 年的电力消耗总量约为 4 400 亿 kW·h（图 2-16 和图 2-17），增长 2.2 倍，年均增速接近 GDP 增速一半；2020 年粤港澳大湾区电力消耗总量为 5 508 亿 kW·h，较 2015 年增长了约 25.2%。单位 GDP 能耗一直保持下降趋势，利用效率不断提升。珠三角地区基本与粤港澳大湾区能源消耗总量呈同步趋势。能效提升大致分成两个阶段，2015 年之前下降幅度相对缓慢（图 2-18），2020 年，珠三角地区的单位 GDP 能耗达到了 0.33 t 标准煤/万元。从各市能效来看，最高为佛山，单位 GDP 能耗达 0.160 t 标准煤/万元，深圳单位 GDP 能耗达 0.165 t 标准煤/万元，其次为广州，单位 GDP 能耗达 0.266 t 标准煤/万元；最低为惠州，2020 年单位 GDP 能耗达 0.698 t 标准煤/万元，远高于全省同期的平均水平 0.56 t 标准煤/万元。

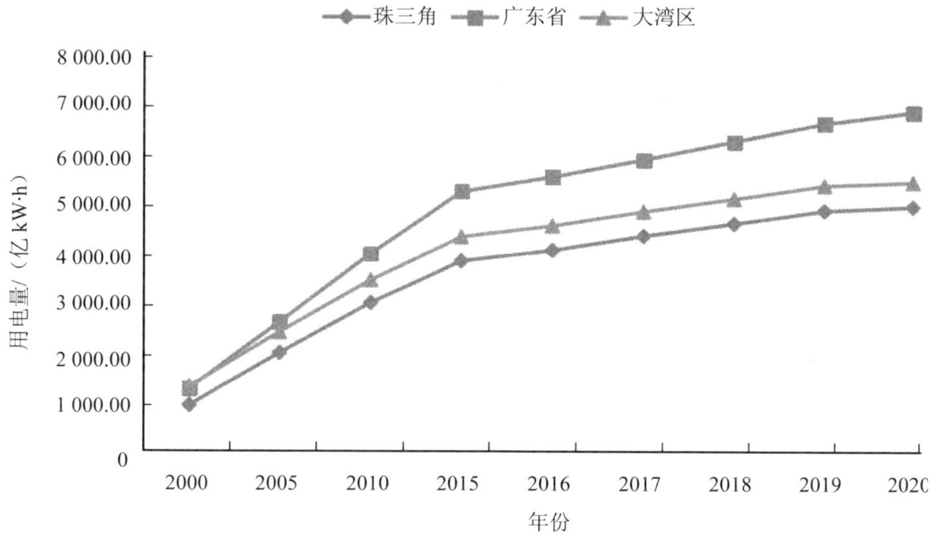

图 2-16　粤港澳大湾区总用电量

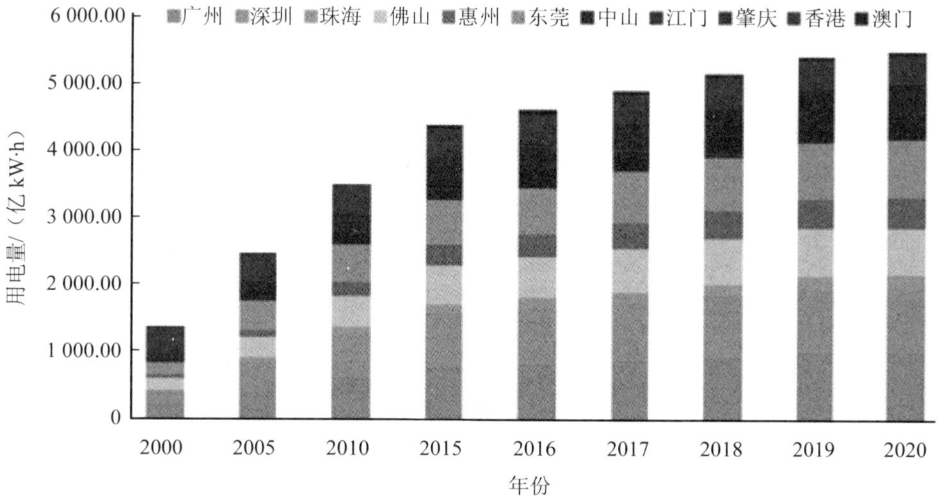

图 2-17　粤港澳大湾区各城市用电量

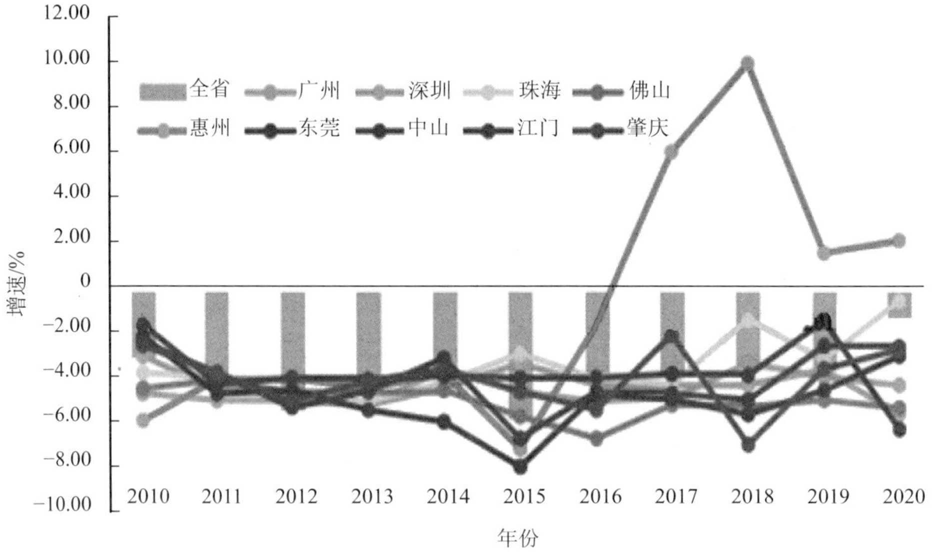

图 2-18 珠三角地区各城市单位 GDP 能耗增长速度

2.3.5 碳排放总量增长趋缓

2010 年以来，粤港澳大湾区碳排放总量增长速度趋于缓和（图 2-19），由 2015 年的 43 899.2 万 t 增长到 2019 年的 44 365.4 万 t，仅增长了 1.06%。2019 年，粤港澳大湾区碳排放量最高的为广州 10 329 万 t，约为排在第二位的东莞碳排放总量的 1.9 倍。除深圳、惠州、珠海排放总量增加外，其他城市均有不同程度下降，深圳、惠州分别由 4 510 万 t 增长到 5 072 万 t，3 647 万 t 增长到 5 008 万 t。从碳排放强度来看（图 2-20），2010—2019 年粤港澳大湾区碳排放强度呈下降趋势。2019 年度珠三角地区碳排放强度为 0.49 tCO_2/万元，低于全省均值 0.57 tCO_2/万元，其中香港为 0.17 tCO_2/万元、深圳为 0.2 tCO_2/万元、广州为 0.46 tCO_2/万元、佛山为 0.52 tCO_2/万元。

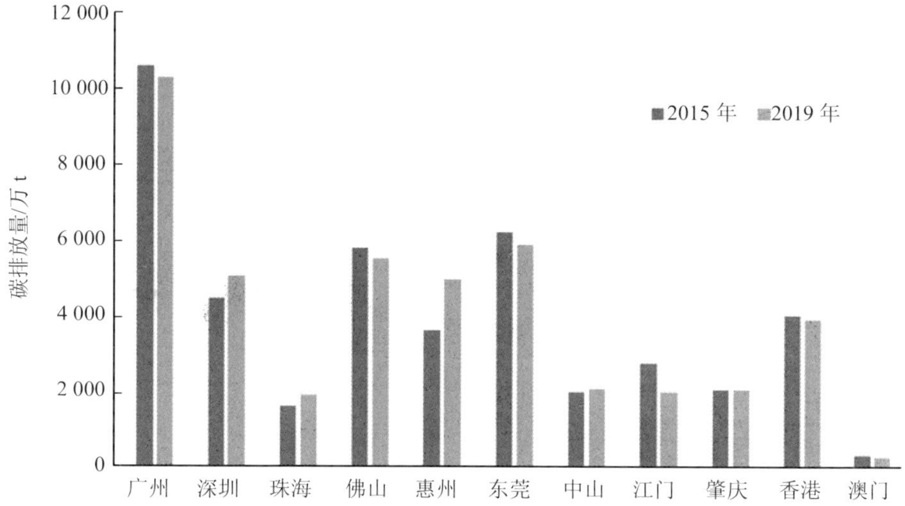

图 2-19 粤港澳大湾区碳排放量

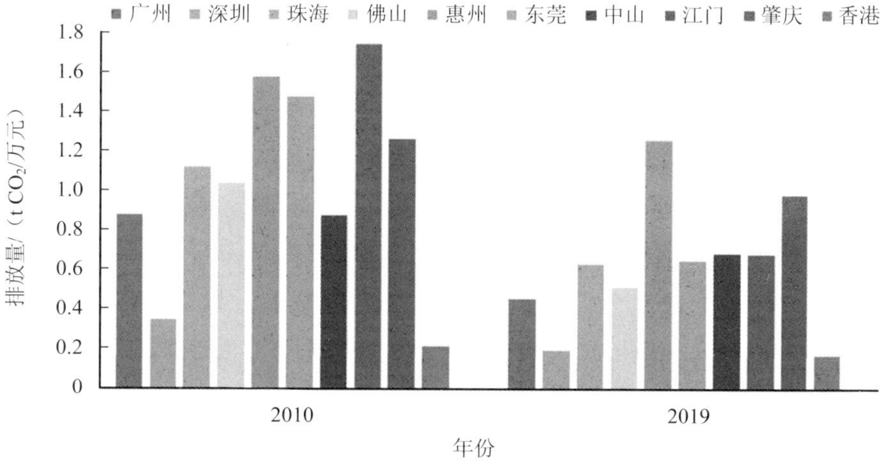

图 2-20 粤港澳大湾区万元生产总值碳排放量

第 3 章　粤港澳大湾区生态演变特征

3.1　生态系统格局及其变化

粤港澳大湾区生态系统构成以森林、耕地、建设用地为主，森林主要分布在肇庆、惠州、江门等山地、丘陵地区，草地、灌丛分布较少。2019 年，森林生态系统面积约为 29 069.80 km^2，占大湾区总面积的 52.94%，森林主要分布在肇庆鼎湖山、惠州莲花山山脉、江门古兜山等山地，在平原地区分布较少。农田生态系统约占 23.73%，主要分布在冲积平原地区，以及西江、北江、东江沿岸地势较为平坦区域。建设用地主要分布在各市的主城区，2019 年面积达 8 227.51 km^2，面积比例为 14.98%。大湾区湿地生态系统也占较大面积，2019 年面积为 2 621.12 km^2。除了三角洲地区河流水系发达外，佛山南海与顺德、江门新会、中山、珠海斗门等地区分布有大量的鱼塘。草地、灌丛生态系统与裸地地类分布较少，其中草地、灌丛到 2019 年面积比例低于 2%。

2015—2019 年，大湾区森林和建设用地面积增加，其他类型生态系统面积均减少（图 3-1 和图 3-2）。大湾区建设用地面积增加最大，5 年增长了 853.18 km^2，变化率为 11.57%。森林增长了 166.14 km^2，但由于森林为大湾区面积最大的生态系统，森林 5 年变化率仅为 0.57%。耕地面积减少最多，5 年减少 675.81 km^2，变化率为 4.93%。湿地和草地减少面积相近，分别为 178.17 km^2 和 133.56 km^2。灌丛、裸地面积减少较小。

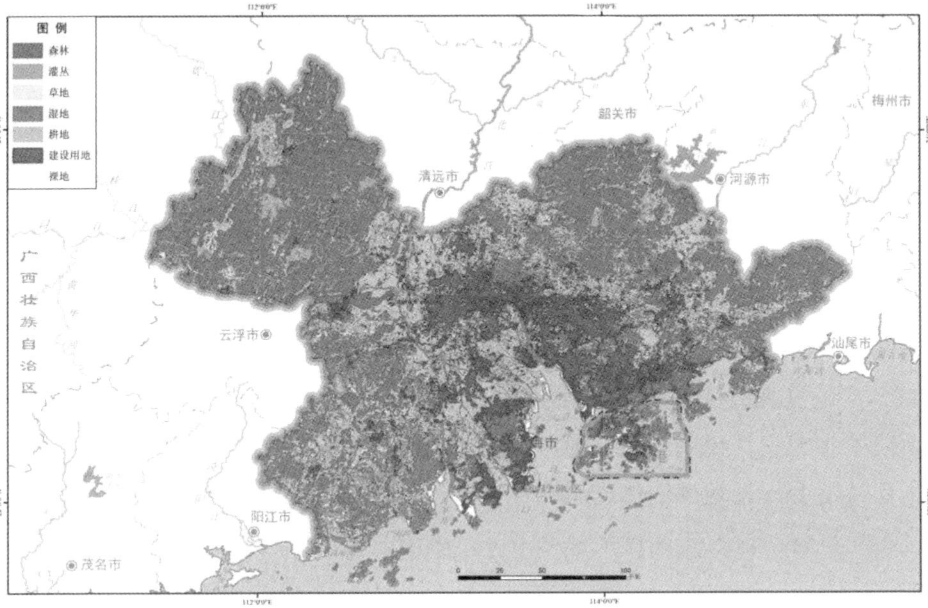

图 3-1　粤港澳大湾区生态系统类型分布（2019 年）

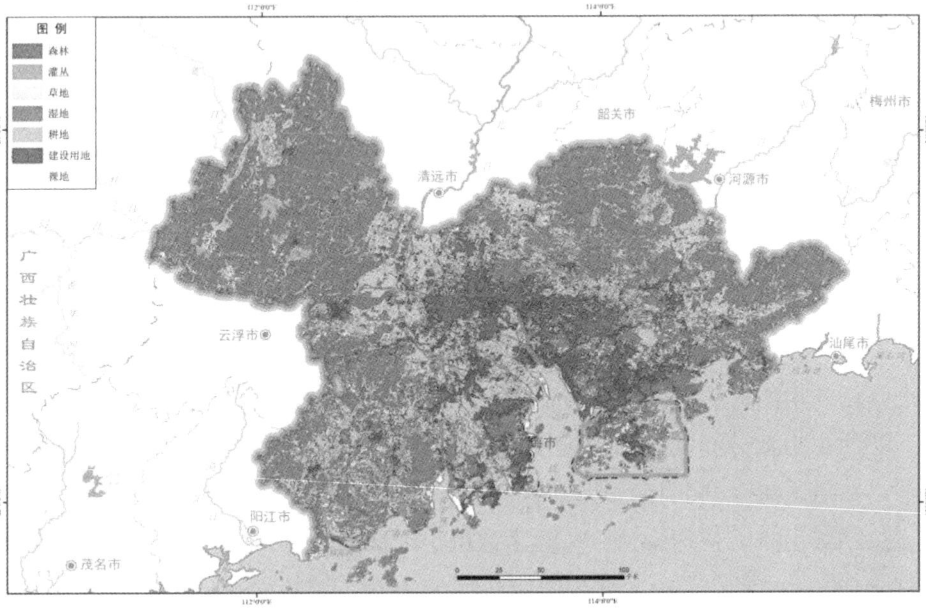

图 3-2　粤港澳大湾区生态系统类型分布（2015 年）

2015—2019 年，粤港澳大湾区以建设用地扩张侵占森林、耕地、湿地等为主要变化特征。大湾区的生态系统转换以建设用地生态系统为最大，流入方向以农田为主，并侵占湿地、森林及其他各类生态系统。其次是耕地，除向城镇大幅转换之外还伴随与森林较强烈的相互转换。湿地是转换为建设用地的第二大来源，同时，湿地转换为森林也较多。森林主要向建设用地流出，近 5 年间不少耕地、草地、建设用地转换为森林。

大湾区生态系统完整性保持良好，景观破碎化程度有所降低。2015—2019 年，大湾区景观斑块数从 4.50 万个下降到 3.53 万个，平均斑块面积较 2015 年增加了 27.33%，可见大湾区景观完整性保持相对良好，边界密度呈减少趋势，较 2015 年下降了 6.59%，说明自然生境成片连接，斑块边缘变得相对规则。聚集度指数基本保持不变，景观镶嵌体连通性不变，景观分布特征未发生改变，生态系统稳定性相对良好。近 5 年间斑块密度下降，表明大湾区景观斑块破碎化程度下降。

3.2 生态系统质量及其变化

2015—2019 年，粤港澳大湾区植被覆盖度（FVC）、叶面积指数（LAI）以及总初级生产力（GPP）的空间分布如图 3-3～图 3-5 所示。大湾区植被覆盖度、叶面积指数以及总初级生产力三种指数的时空变化具有一致性，三者高值区域主要分布在珠三角莲花山、七目嶂—乌禽嶂山地、罗浮山、大帽山等山脉，珠江口平原区、港澳城区三个植被指标较低。三个植被指标在 2015 年初始数值都较低，2016—2018 年上升到高值，2019 年数值有所下降。

植被覆盖度在空间上差异较大，珠三角平原地区的数值在 0.5 以下，主要由于平原地区多为城镇和农田。大湾区西南、西北及东部的植被覆盖度主要在 0.5 以上。近 5 年间，大湾区植被覆盖度格局保持稳定。

叶面积指数分布趋势与植被覆盖度相同，珠三角平原地区叶面积指数在 0.5 以下，高值区域在西北和东部地区，最高在 4 以上。

总初级生产力在珠三角平原地区数值小于 20 gC/m^2，其他地区的数值分布在 20～60 gC/m^2 之间。

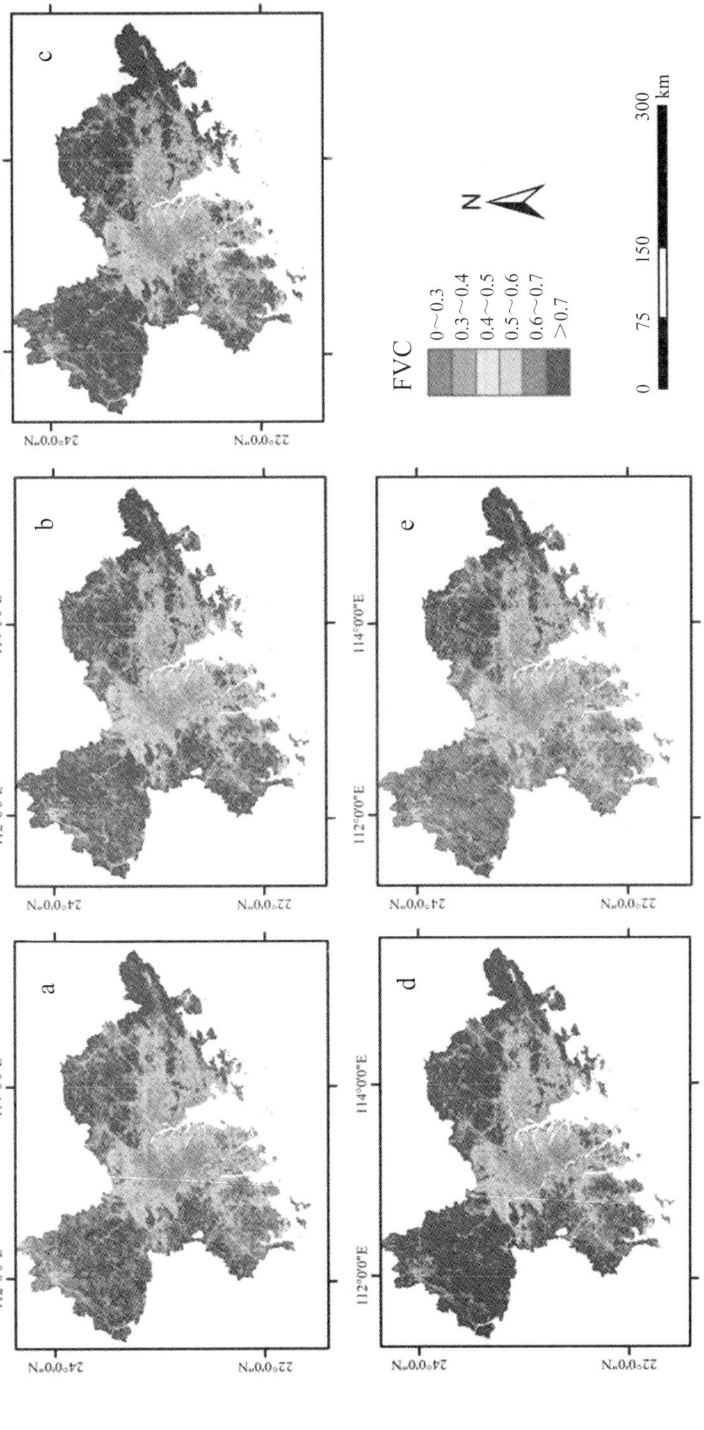

图 3-3　粤港澳大湾区年平均植被覆盖度分布

（a-2015 年，b-2016 年，c-2017 年，d-2018 年，e-2019 年）

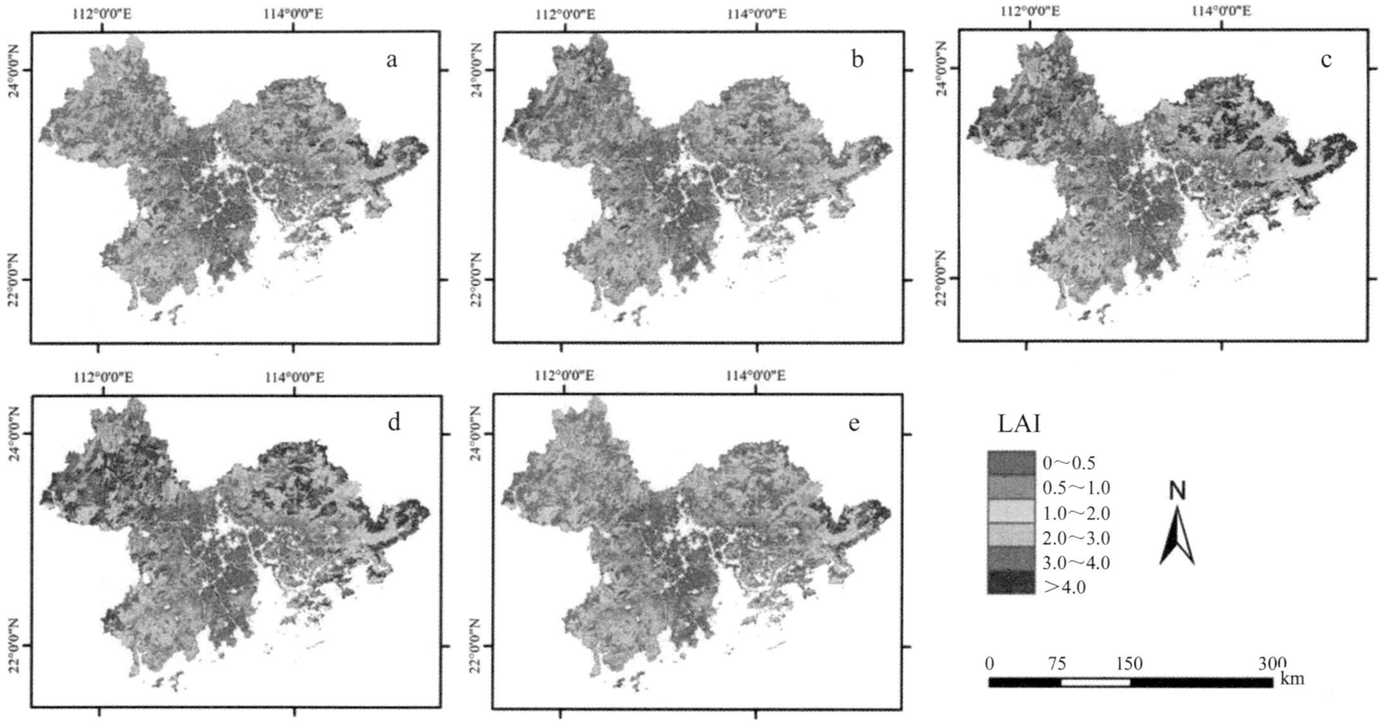

图 3-4 粤港澳大湾区年平均叶面积指数分布

（a-2015 年，b-2016 年，c-2017 年，d-2018 年，e-2019 年）

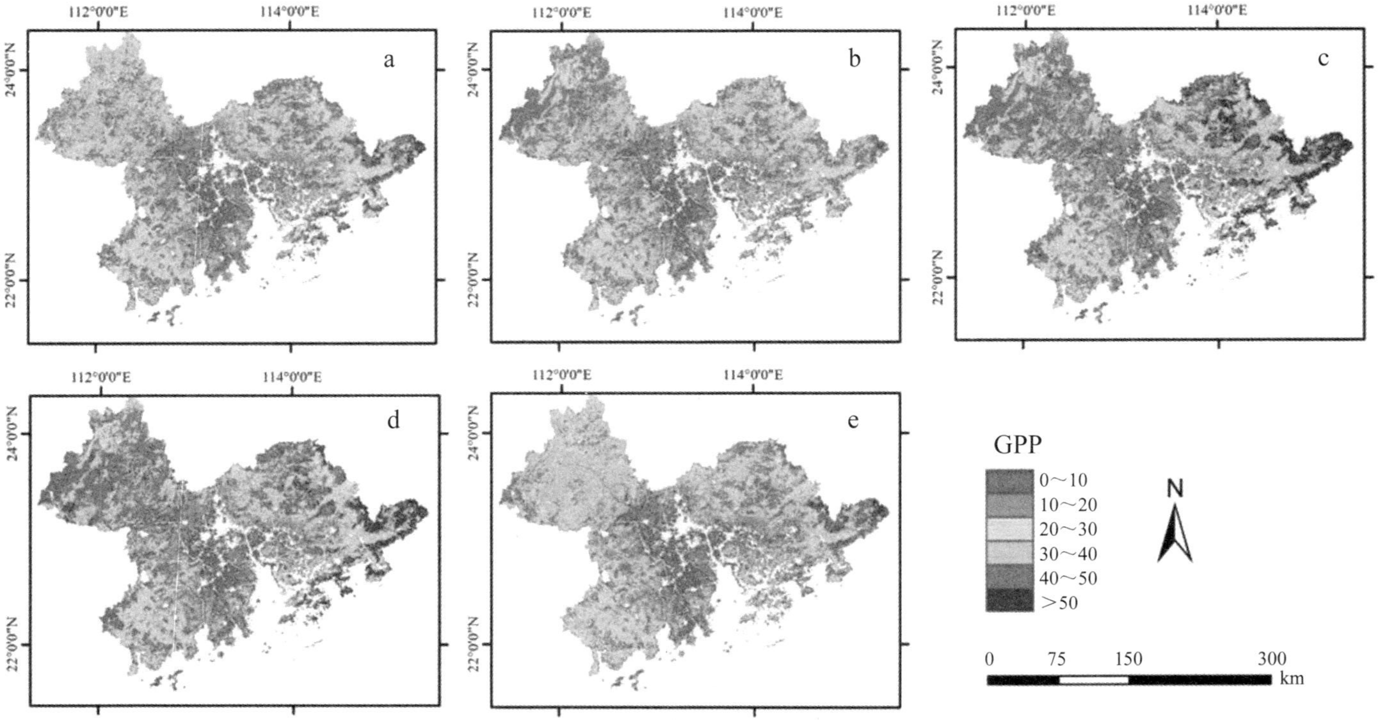

图 3-5　粤港澳大湾区年平均总初级生产力分布

（a-2015 年，b-2016 年，c-2017 年，d-2018 年，e-2019 年）

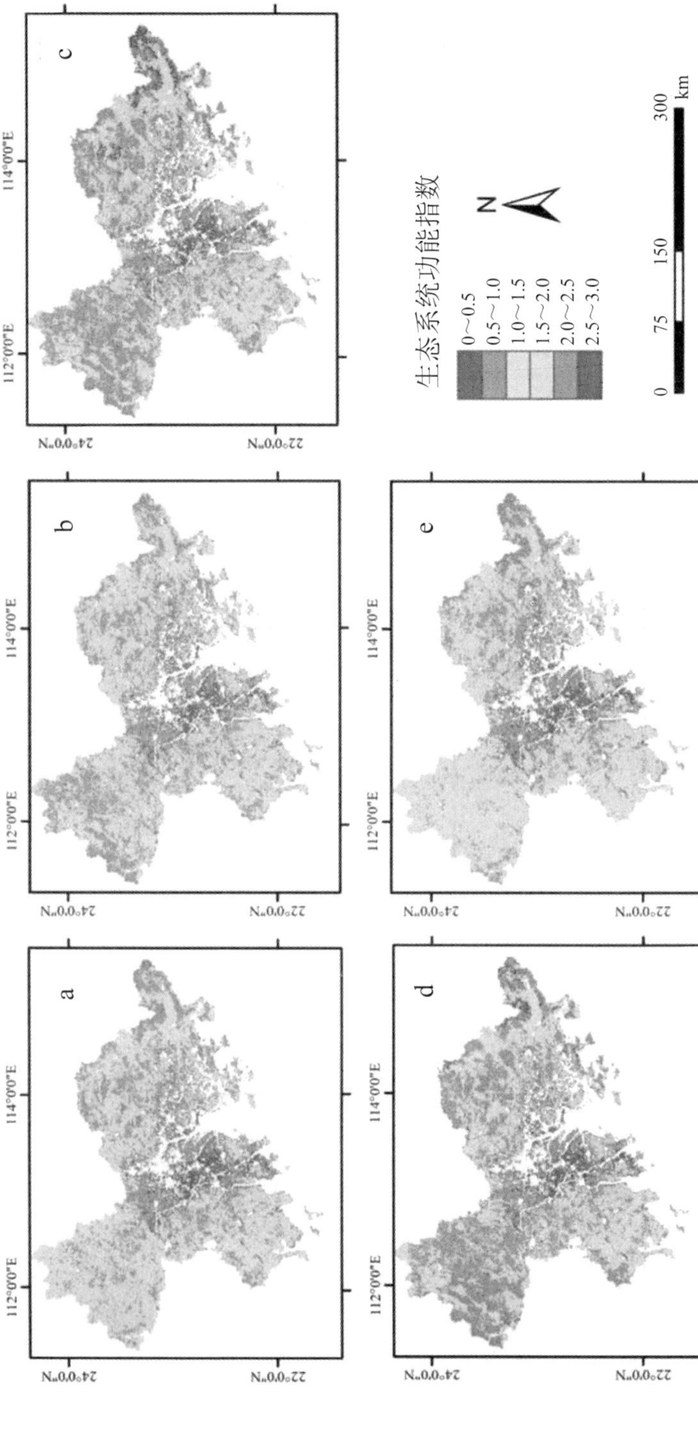

图 3-6 粤港澳大湾区年生态系统功能指数分布

（a-2015 年，b-2016 年，c-2017 年，d-2018 年，e-2019 年）

2015—2019 年，大湾区生态系统功能平均指数呈现先上升后下降趋势。2015—2017 年生态功能指数整体大幅上升，2017—2018 年生态系统功能指数趋于平缓，而 2019 年有所下降。从空间范围来看，大湾区在东部、西北和西南部山脉的生态功能指数较高，生态质量较好。从地形上看，这些地区主要是难以利用的山地丘陵和山间盆地，从生态系统类型来看，森林占大部分，其次是耕地。从 2015—2019 年平均生态系统功能指数空间分布来看，大湾区中惠州北部、深圳西部、肇庆东部、江门东北部等区域的生态系统功能指数较高，植被生态质量较好。近 5 年间，大湾区东部植被的生态质量优于西部。

3.3　生态系统服务功能评估

3.3.1　产水功能评估

2015 年大湾区产水量统计结果和空间分布如图 3-7 和图 3-8 所示。大湾区产水量的空间差异性较大，大湾区的中部地区产水量相对较高，而西北部肇庆和东南部深圳、香港等地相对较低。

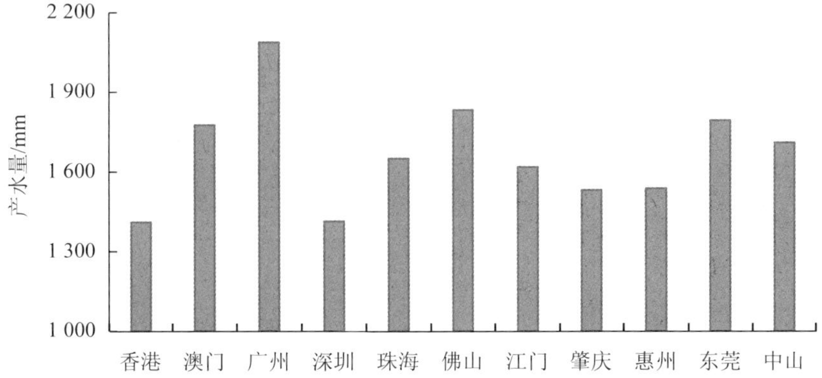

图 3-7　粤港澳大湾区产水量统计（2015 年）

广州的产水量最高，大于 2 000 mm，其次是佛山、澳门、东莞、中山等地，而香港、深圳、惠州南部、肇庆等地都相对偏低（介于 1 000～1 500 mm）。

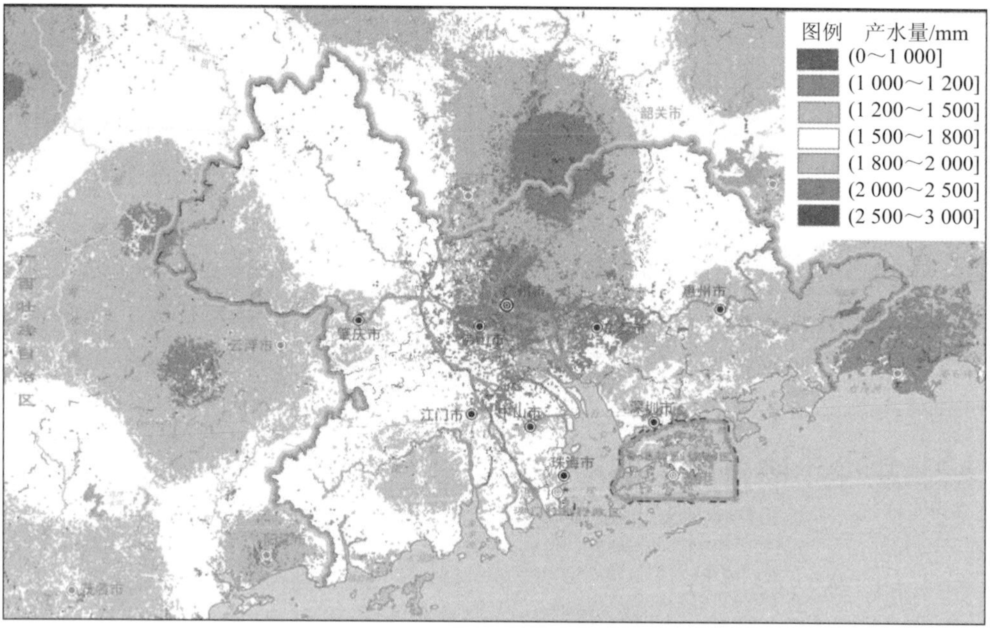

图 3-8 粤港澳大湾区产水量空间分布（2015 年）

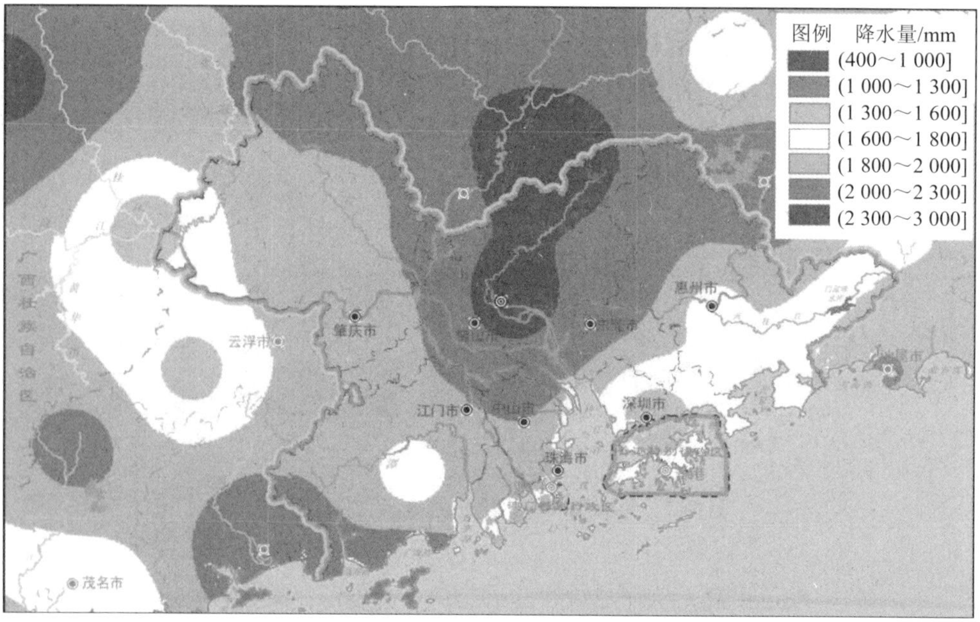

图 3-9 粤港澳大湾区降水量空间分布（2015 年）

产水量的空间分布格局与降水基本一致，在大湾区尺度上，宏观降水格局是产水量空间分布的主导因素（图 3-9）。除了气候因素之外，佛山、东莞等地在过去的几十年间土地利用/覆被类型转换较为剧烈，大量耕地和湿地/水体转换为城市建设用地，不透水层的增多导致产水量大幅增加。而深圳的城市化进程也非常迅速，但该地区当年降水量偏少，因此其产水量低于其他快速城镇化地区。

3.3.2　土壤保持功能评估

2015 年土壤保持量的空间分布格局和统计结果如图 3-10 所示。土壤保持量的空间分布与地形因子（LS 因子）和植被覆盖状况（C 因子）较为一致，地形起伏和坡度较大的地区土壤保持量高，反之则较低；植被覆盖状况好的地区土壤保持量较高，反之则低。

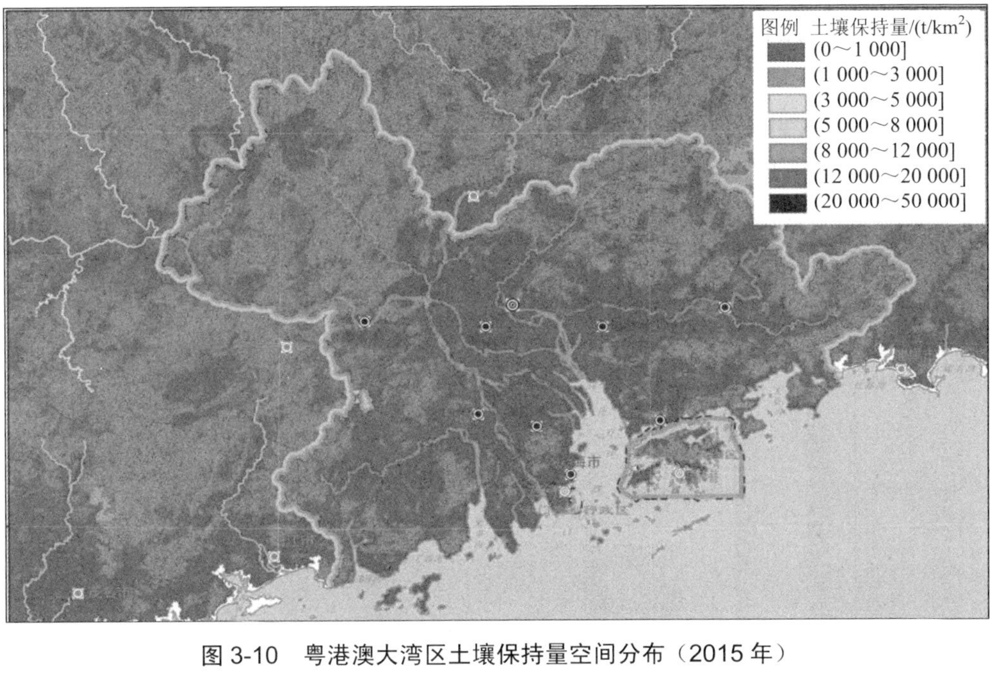

图 3-10　粤港澳大湾区土壤保持量空间分布（2015 年）

总体来看，香港、澳门、肇庆、惠州等地的土壤保持量相对较高，接近 2 000 t/km^2，而佛山和珠海等地则相对较低，小于 1 000 t/km^2。香港特别行政区有山脉分布和较好植被覆盖的地区，如荃湾、大浦、葵青、观塘等地区的土壤保持量较高，平均为 4 000～5 000 t/km^2，而黄大仙、屯门、元朗、北区则相对较低，平均为 2 000 t/km^2 左右。肇庆市的各个县区都超过了 1 000 t/km^2，广宁和怀集保持量最高，接近或高于 3 000 t/km^2，说明该地区的土壤保持功能较强，主要是因为该地区植被覆盖率较高，基本处于大湾区最高水平，所以其保持土壤的能力较强。深圳市盐田区的土壤保持量在 2 500 t/km^2 以上，而其他地区相对较低，特别是宝安区和南山区，均为 1 000 t/km^2 左右。惠州市的惠东区和龙门县超过了 2 000 t/km^2，而其他地区均不超过该水平，以惠城区最低，小于 1 000 t/km^2。江门市的台山、鹤山、恩平、新会地区都处于 1 200 t/km^2 以上水平，而其余地区则相对偏低。广州市各地区的土壤保持量差异较大，增城和从化区相对较高，分别达到 1 500 t/km^2 和 2 000 t/km^2 以上，而天河、荔湾、南沙、黄埔、越秀、海珠、番禺等区都相对较低，均在 600 t/km^2 以下。

土壤保持量较低的为东莞、珠海、佛山、中山，主要因该 4 市森林植被面积比例较低（图 3-11）。东莞市多年平均土壤保持量为 800 t/km^2 左右，处于较低水平，主要是因为该地区植被覆盖状况较好，因此不易发生土壤侵蚀；珠海市和中山市整体土壤保持量不高，都不超过 1 200 t/km^2，珠海市金湾区最低，仅为 300 t/km^2 左右。佛山市三水区的土壤保持量维持在 900 t/km^2 以上，而南海、高明、禅城、顺德等地区均处于 300 t/km^2 及以下水平。

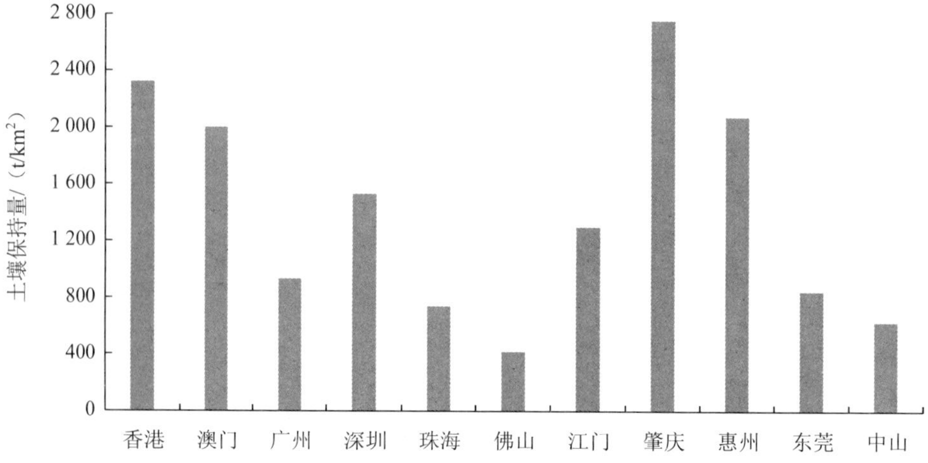

图 3-11　粤港澳大湾区土壤保持量统计（2015 年）

3.3.3 生物多样性保护功能评估

2015 年栖息地质量指数空间分布格局如图 3-12 所示。栖息地质量指数空间分布格局与土地利用/覆被类型基本保持一致，森林的栖息地质量高于耕地和湿地水体，而耕地高于城镇建设用地。总体来看，珠江口东西两岸（佛山、广州、东莞等地）的栖息地质量明显低于外围地区（肇庆、江门、惠州等地）。

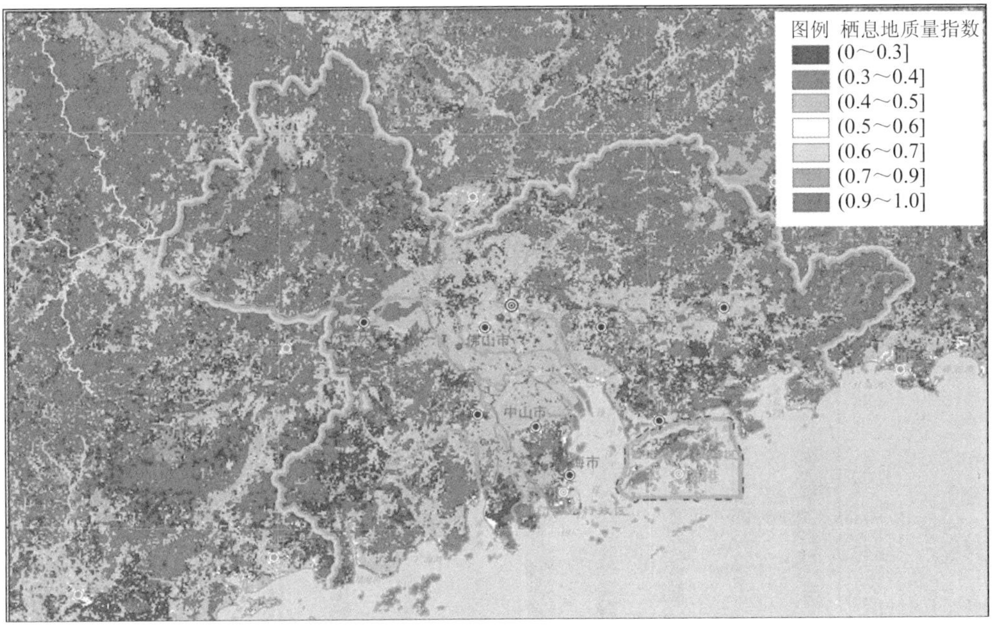

图 3-12 粤港澳大湾区栖息地质量指数空间分布（2015 年）

具体而言，香港特别行政区有山脉分布和较好植被覆盖的地区，如离岛区、屯门区、南区、东区、深水埗区、葵青区、黄大仙区、西贡区的栖息地质量相对稳定。以离岛区、中西区、南区、沙田区、北区、荃湾区和大埔区的栖息地质量指数相对较高，平均在 0.8 或以上水平，而葵青、黄大仙、九龙城、观塘、油尖旺和荃湾等地区的质量指数介于 0.6～0.7，主要是因为这些地区有相当一部分城镇建设用地分布，其生境质量不如林地。

广州市各地区的栖息地质量差异较大，以从化区和增城区的栖息地质量指数相对较高，分别达到 0.7 和 0.65 左右，越秀区也相对较高，达到 0.65 左右，而天河、荔湾、南沙、黄埔、海珠、番禺等区都介于 0.4～0.6 之间。深圳市盐田区的栖息地质量指数为 0.75 左右，而其他地区相对较低，特别是宝安区和南山区，均为 0.6 左右。珠海市和中山市整体栖息地质量不高，只有香洲区高于 0.7，金湾区、斗门区等其他地区都介于 0.4～0.6 之间。佛山市只有高明区的栖息地质量指数维持在 0.6 以上，而南海、禅城、顺德等地区均处于 0.4～0.5 之间。惠州市只有龙门县的质量指数接近 0.8，其他地区均不超过 0.7，惠阳区最低，接近 0.6。江门市的台山、鹤山、恩平、开平、新会等地区都处于 0.7～0.8 之间，而江海区最低，不足 0.6。肇庆市只有广宁县的质量指数高于 0.9，说明广宁地区的生境质量较好，主要是因为该地区林地的植被覆盖率较高，基本处于研究区最高水平，所以其生境质量较好。而德庆、怀集、封开县都介于 0.8～0.9，其余地区都接近或低于 0.8。四会市的栖息地质量指数最低，接近 0.75。粤港澳大湾区栖息地质量指数统计总体如图 3-13 所示。

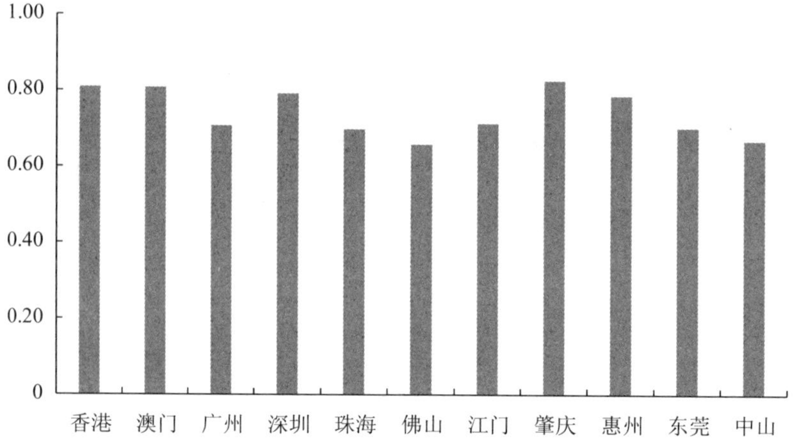

图 3-13　粤港澳大湾区栖息地质量指数统计（2015 年）

第4章　珠三角地区生态文明建设成效评估

4.1　评估指标体系设计

4.1.1　评估指标构建

4.1.1.1　基本原则

珠三角地区生态文明建设成效评估体系的构建需遵循以下原则：

（1）导向性原则。评估工作充分依据各地市大力推进生态文明建设的相关政策及总体要求，体现生态文明建设的政策导向。

（2）全面性原则。生态文明建设应深刻融入中国特色社会主义经济、政治、文化和社会建设的各方面和全过程，评估体系要尽可能反映上述几大要素的建设和发展。

（3）科学性原则。所选取的指标既要考虑其数据的可得性与可靠性，又要考虑指标的先进性和代表性，能够在一定的时空、从一定视角尽可能反映生态文明建设的基本特征，以相关领域的专家学者为支撑，用科学方法指导评估工作。

（4）突出性原则。珠三角生态文明建设评估要重点突出各地区制度建设和环境质量状况。生态文明制度是生态文明整体建设的指引和纲领，环境质量状况是生态文明建设的基石。

（5）协调性原则。评估体系以辖区内的制度建设、环境改善、资源利用、经济增长、生活质量提高、文化提升为关注重点，促进生态文明建设过程的协调发展，防止可能出现的短板。

（6）公平性原则。尽量选择人均、比重、百分比等指标，并采用权威机构统计数据，保证不同辖区间指数的可比性。

（7）动态性原则。随着政策的更新，以及数据可得性的变化等，适时完善指标体系，以更好地体现生态文明建设成效。

（8）阶段性原则。当评估基准年与目标年变动时，满分值及合格值的设定也相应发生改变。

此外，在珠三角生态文明建设指标体系的构建过程中，各指标值的获取需严格遵循以下原则：

（1）客观性原则。珠三角生态文明建设评估所有指标数据均由客观统计得到。

（2）公开性原则。珠三角生态文明建设评估所有指标要以珠三角地区主管部门公开发布的权威数据为依据。

4.1.1.2　评估对象

研究区域为珠三角地区，包含广州、深圳、佛山、东莞、惠州、珠海、江门、中山、肇庆 9 个地级市，总面积达 5.49 万 km^2。

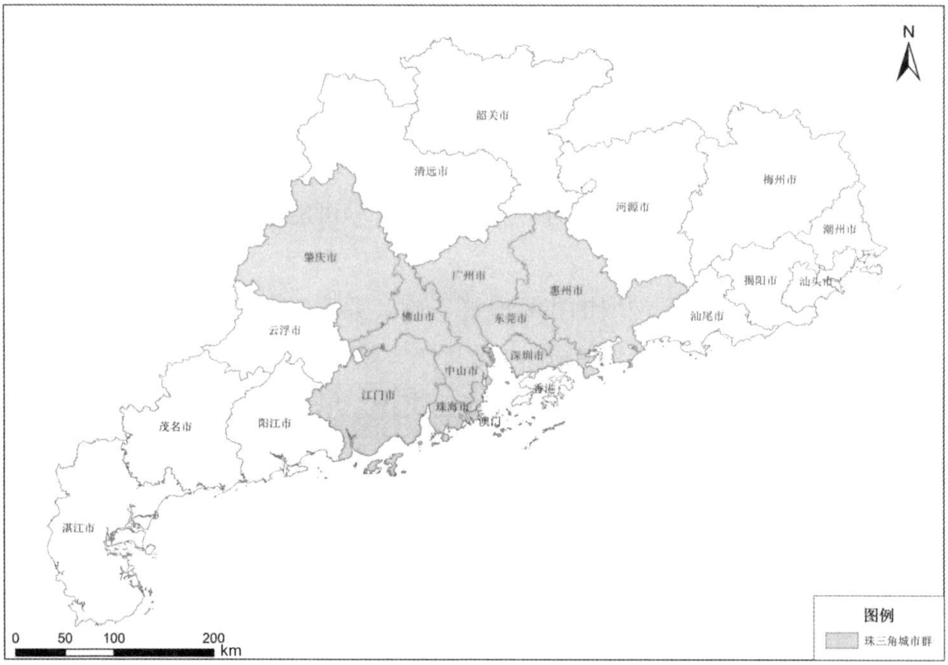

图 4-1　珠三角地区地理位置

4.1.1.3　评估重点

以生态制度、生态安全、生态空间、生态经济、生态生活、生态文化六个领域为重点，明确珠三角地区生态文明状况总指数及分领域指数得分状况，分析珠三角地区各市域生态文明建设状况，探索珠三角地区生态文明建设的短板与优势，提供切实可行的珠三角地区生态文明建设未来发展建议。

4.1.1.4　评估指标体系介绍

珠三角地区生态文明建设成效评估的指标体系以《中华人民共和国国民经济和社会发展第十三个五年规划纲要》，国务院《“十三五”生态环境保护规划》，生态环境部《国家生态文明建设示范区建设指标（修订版）》《国家生态文明建设示范区管理规程》（环办生态函〔2021〕353 号），《广东省国民经济和社会发展第十三个五年规划纲要》《广东省环境保护“十三五”规划》《广东省环境保护厅关于农村环境保护“十三五”的规划》《广东省节能减排“十三五”规划》《广东省人民政府办公厅关于推进海绵城市建设的实施意见》《广东省“散乱污”工业企业（场所）综合整治工作方案》，各地市国民经济和社会发展第十三个五年规划、“十三五”生态环境保护规划、2020 年环境状况公报、2020 年政府工作总结为依据，借鉴相关、相似评估体系研究成果，结合指标数据的可获取性分析，力求指标体系具有科学性、完整性和可操作性。

通过收集和分析广东省及珠三角地区近五年生态文明建设状况，评估指标体系以生态制度、生态安全、生态空间、生态经济、生态生活、生态文化六个领域为重点，选取 25 项指标综合评估珠三角地区生态文明建设成效。评估指标体系、各项指标的权重，以及满分值和合格值的确定如表 4-1 所示。

表 4-1 评估指标体系

分领域	序号	指标名称	指标权重/%	单位	满分值	合格值	满分值、合格值设定依据
生态制度（22%）	1	生态文明建设规划	40	—	制定实施	筹划开展	指标 1 参照生态环境部最新《国家生态文明建设示范市县建设指标》设定满分值，设定“筹划开展”为合格值
	2	生态文明建设工作占党政实绩考核的比例	20	%	≥20	—	指标 2 参照生态环境部最新《国家生态文明建设示范市县建设指标》设定满分值，不设合格值
	3	河长制	20	—	全面实施	筹划开展	指标 3 参照生态环境部最新《国家生态文明建设示范市县建设指标》设定满分值，设定“筹划开展”为合格值
	4	生态环境信息公开率	20	%	100	≥90	指标 4 参照生态环境部最新《国家生态文明建设示范市县建设指标》设定满分值
生态安全（10%）	5	环境空气质量优良天数比例	15	%	≥92.5	≥90.4	指标 5 参照《广东省环境保护“十三五”规划》设定满分值，取 60%的地市满足要求的数值作为合格值
	6	$PM_{2.5}$平均浓度	15	$\mu g/m^3$	≤22	≤33	指标 6 取 60%的地市满足要求的数值作为满分值，合格值根据《广东省环境保护“十三五”规划》设定
	7	地表水水质优良断面（水质达到或优于III类）比例	15	%	≥84.5	≥83.3	指标 7 参照《广东省环境保护“十三五”规划》设定满分值，取 60%的地市满足要求的数值作为合格值
	8	国控和省控断面劣V类水体比例	15	%	0	—	指标 8 参照《广东省环境保护“十三五”规划》设定满分值，不设合格值

分领域	序号	指标名称	指标权重/%	单位	满分值	合格值	满分值、合格值设定依据
生态安全（10%）	9	黑臭水体消除比例	15	%	100	≥90	指标9参照《广东省环境保护“十三五”规划》设定满分值，合格值根据《广东省环境保护“十三五”规划》设定
	10	一般工业固体废物综合利用率	10	%	≥96	≥80	指标10参照生态环境部最新《国家生态文明建设示范市县建设指标》，由于大部分地市均达到指标考核值（80%）以上，故将指标考核值提升20%增幅设为满分值，将考核值设为合格值
	11	危险废物利用处置率	15	%	100	≥90	指标11参照生态环境部最新《国家生态文明建设示范市县建设指标》设定满分值
生态空间（13%）	12	生态环境状况指数（其他地区）	40	%	≥72	≥60	指标12参照生态环境部最新《国家生态文明建设示范市县建设指标》，由于大部分地市均达到指标考核值（60%）以上，故将指标考核值提升20%增幅设定为满分值，将考核值设为合格值
	13	林草覆盖率	30	%	≥40（丘陵）；≥18（平原）	≥32（丘陵）；≥14.4（平原）	指标13参照生态环境部最新《国家生态文明建设示范市县建设指标》（丘陵）设定满分值，取满分值80%数值作为合格值
	14	生态保护红线区（陆域）占辖区面积比重	30	%	≥40	≥30	指标14取20%的地市满足要求的数值作为满分值，取60%的地市满足要求的数值作为合格值
生态经济（15%）	15	单位地区生产总值能耗累计下降（2016—2020年累计数）	30	%	≥15	≥12	指标15参照《中华人民共和国国民经济和社会发展第十三个五年规划纲要》设定满分值，取满分值80%数值作为合格值

分领域	序号	指标名称	指标权重/%	单位	满分值	合格值	满分值、合格值设定依据
生态经济（15%）	16	单位地区生产总值用水量累计下降（2016—2020 年累计数）	30	%	≥30	≥22.92	指标 16 参照《广东省国民经济和社会发展第十三个五年规划纲要》设定满分值，取 60%的地市满足要求的数值作为合格值
	17	单位地区生产总值二氧化碳排放累计减少（2016—2020 年累计数）	40	%	≥18	≥14.4	指标 17 参照《中华人民共和国国民经济和社会发展第十三个五年规划纲要》设定满分值，取满分值 80%数值作为合格值，无相关统计数据的也按合格值计
生态生活（30%）	18	集中式饮用水水源地水质优良比例	20	%	100	—	指标 18 参照生态环境部最新《国家生态文明建设示范市县建设指标》设定满分值，不设合格值
	19	城镇生活污水处理率	20	%	≥98	≥95	指标 19 取 20%的地市满足要求的数值作为满分值，参照生态环境部最新《国家生态文明建设示范市县建设指标》将考核值设为合格值
	20	城镇生活垃圾无害化处理率	20	%	≥95	—	指标 20 参照生态环境部最新《国家生态文明建设示范市县建设指标》设定满分值，不设合格值
	21	城镇人均公园绿地面积	15	m^2/人	≥18	≥15	指标 21 参照生态环境部最新《国家生态文明建设示范市县建设指标》，由于大部分地市均达到指标考核值（15%）以上，故将指标考核值提升 20%的增幅设为满分值，将考核值设为合格值

分领域	序号	指标名称	指标权重/%	单位	满分值	合格值	满分值、合格值设定依据
生态生活（30%）	22	城镇新建绿色建筑比例	15	%	≥60	≥50	指标 22 参照生态环境部最新《国家生态文明建设示范市县建设指标》，由于大部分地市均达到指标考核值（50%）以上，故将指标考核值提升 20%的增幅设为满分值，将考核值设为合格值
	23	中心城区公共交通出行占机动化出行比例	10	%	超大特大城市≥70；大城市≥60；中小城市≥50	超大特大城市≥56；大城市≥48；中小城市≥40	指标 23 参照生态环境部最新《国家生态文明建设示范市县建设指标》设定满分值，取满分值 80%数值作为合格值
生态文化（10%）	24	党政领导干部参加生态文明培训的人数比例	40	%	100	—	指标 24 参照生态环境部最新《国家生态文明建设示范市县建设指标》设定满分值，不设合格值
	25	公众对生态文明建设的满意度	60	%	≥96	≥80	指标 25 参照生态环境部最新《国家生态文明建设示范市县建设指标》，由于大部分地市均达到指标考核值（80%）以上，故将指标考核值提升 20%增幅设为满分值，将考核值设为合格值

注：每项指标以“十三五”完成情况（或现行的生态文明建设规划情况）进行评分。

4.1.2 评估方法

珠三角地区生态文明建设成效评估采用 ECSI（Eco-Civilization Status Indices）体系，即生态文明状况指标体系，该指标体系综合得分简称 ECI（Eco-Civilization Index），即生态文明指数。ECSI 采用百分制和权重法计算总指数，并考虑领域之间的协调发展，重补短板。

4.1.2.1 某项指标得分计算方法（y_i）

某项指标得分（y_i）采用分段计算法：当指标值（X_i）高于或等于满分值（B_i）时，该项指标得 100 分；当指标值（X_i）低于满分值（B_i）时，采用自然指数法计算，得分小于 100。指标值越接近满分值，指标得分增长速率越快，最高得 100 分，最低得 0 分。其计算式如下：

$$y_i = \begin{cases} 100, & X_i \geqslant \text{满分值} \\ 100 \cdot \mathrm{EXP}\left(\dfrac{X_i - B_i}{2/\left(B_i - C_i\right)}\right) & \end{cases} \tag{4-1}$$

式中，X_i —— 指标值；

B_i —— 满分值；

C_i —— 合格值；当指标值等于设定合格值（C_i）时，指标得分为 60 分。

4.1.2.2 生态文明状况分领域指数计算方法（Y_i）

生态文明状况分领域指数计算同样采用百分制和权重法，并考虑各指标之间的协调发展。

生态文明状况分领域指数（Y_i）的计算方法：所在领域各项指标权重（a_i）与指标得分（y_i）的乘积之和除以指标得分方差（s_1）与 1 之和，其计算式如下：

$$Y_i = (a_1 \times y_1 + a_2 \times y_2 + \cdots + a_i \times y_i + \cdots a_n \times y_n)/(1 + s_1) \tag{4-2}$$

式中，该领域所有指标权重 a_i 之和等于 1；某项指标得分 y_i 界于 0 和 100 之间；指标得分方差 s_1 越大表示指标发展越不协调；n 为某分领域指标数量。

指标得分方差 s_1 的计算方法：各项指标得分 y_i 与所有指标得分的算术平均数 y 之差的平方再取平均。计算式为

$$s_1 = [(y_1 - y)^2 + (y_2 - y)^2 + \cdots + (y_i - y)^2 + \cdots + (y_n - y)^2]/n \tag{4-3}$$

4.1.2.3 生态文明状况总指数（ECSI）的计算

ECSI 的计算方法：各领域权重（A_i）与相应领域指数（Y_i）的乘积之和除以所有分领域指数方差（s_2）与 1 之和，其计算式如下：

$$\mathrm{ECSI} = (A_1 \times Y_1 + A_2 \times Y_2 + \cdots + A_i \times Y_i + \cdots + A_m \times Y_m) / (1 + s_2) \qquad (4\text{-}4)$$

式中，领域权重（A_i）之和等于 1；某领域指数（Y_i）界于 0 和 100 之间；领域得分方差（s_2）越大表示领域间发展越不协调；m 为领域数量。

领域指数方差（s_2）的计算方法为：各领域指数（Y_i）与所有领域指数算术平均数（Y）之差的平方，再取平均，其计算式为

$$s_2 = [(Y_1 - Y)^2 + (Y_2 - Y)^2 + \cdots + (Y_i - Y)^2 + \cdots + (Y_m - Y)^2] / m \qquad (4\text{-}5)$$

4.2 生态文明建设总体状况

4.2.1 总体状况

本书采用 ECSI 评估方法，以 2015 年为基准年，首次对珠三角地区“十三五”期间（2016—2020 年）生态文明建设状况进行了全面、系统的评估，以珠三角地区各地级市为单元，以生态文明建设六大领域内容、25 项评估指标为评估基础，采用综合加权指数法评估各地市生态文明状况指数，利用各市生态文明指数平均值计算珠三角生态文明建设总体状况。在等级划分上，得分 85 分以上为优秀；70～85 分为良好；60～70 分为一般；小于 60 分为较差。

2020 年珠三角 9 个地市生态文明状况总指数得分及排名情况如图 4-2 所示。评估结果显示，珠三角地区生态文明状况总指数得分最高是深圳，89.23 分，为优秀；得分最低是广州，75.82 分，为良好。总体来说，珠三角地市生态文明建设得分多集中在良好或优秀。对比 9 个城市生态文明状况指数得分状况可知，深圳、珠海、惠州处于生态文明建设上游水平；肇庆、东莞、江门、佛山、中山、广州处于生态文明建设的中游水平。

截至 2020 年，珠三角 9 个地市生态文明状况总指数得分分布如图 4-3 所示，达到优秀水平的城市有 3 个，处于良好水平的城市有 6 个，说明我国珠三角地区

生态文明发展状况整体较好。其中，得分在 85 分以上的地市有深圳、珠海、惠州，约占地市总数的 33.3%；得分为 70～85 分的地市有肇庆、东莞、江门、佛山、中山、广州，约占 66.7%。

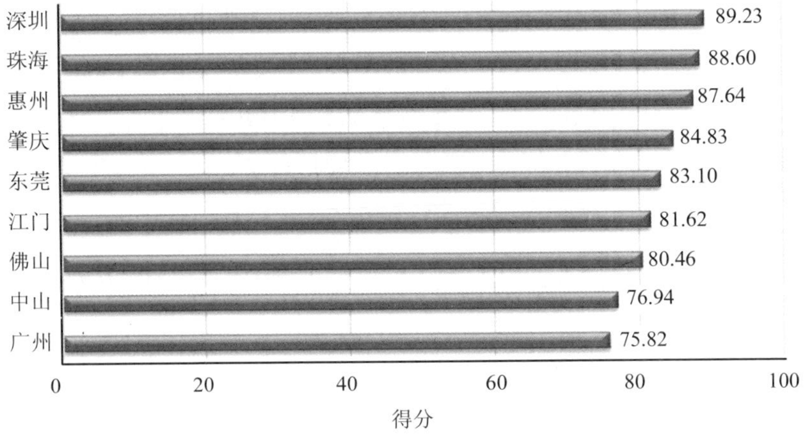

图 4-2 珠三角地区生态文明建设状况总指数得分及排名情况

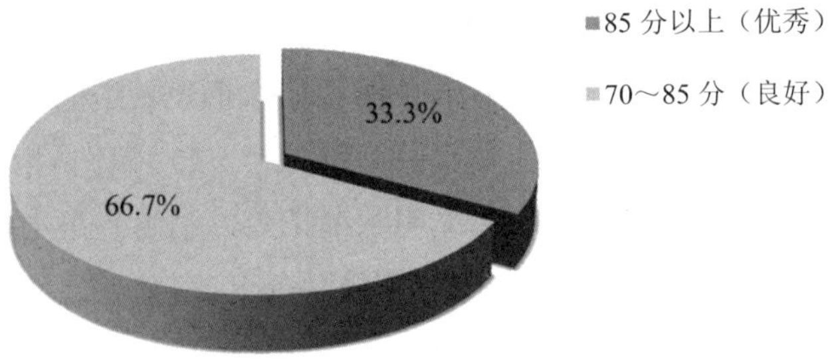

图 4-3 珠三角地区生态文明建设状况总指数得分分布

4.2.2 分领域状况

2020 年，珠三角地区生态文明状况总指数平均得分为 83.14 分，处于良好水平，接近优秀。珠三角地区生态文明建设分领域基本特征：生态制度分领域得分较高，达到优秀水平，其余 5 项分领域为良好，接近优秀，6 大分领域发展状况良好（图 4-4）。

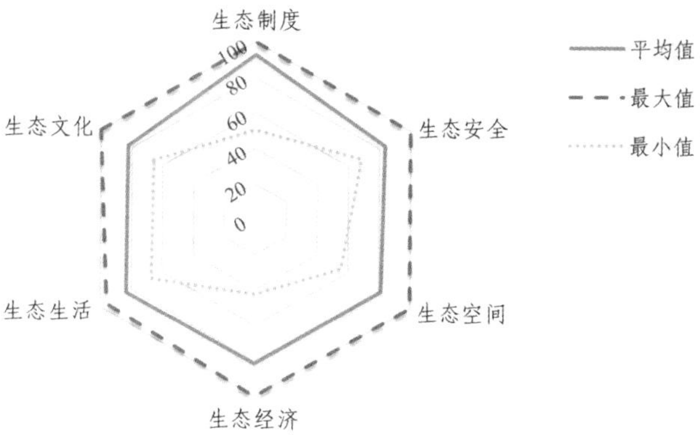

图 4-4　珠三角地区生态文明建设分领域状况

4.3　珠三角地区生态文明分领域状况

4.3.1　生态制度分领域排名

2020 年珠三角 9 个地市生态制度分领域得分及排名情况如图 4-5 所示，肇庆、江门、中山、东莞、惠州、珠海 6 个地市生态制度分领域得分为 100 分，以上城市得分高的原因为生态环保投入较高，建立了相对较为完善的生态制度体系。得分最低的是广州，为 50.53 分，主要原因是未设置现行有效的生态文明建设规划。生态制度分领域得分除广州外，其余 8 个地市均为优秀。

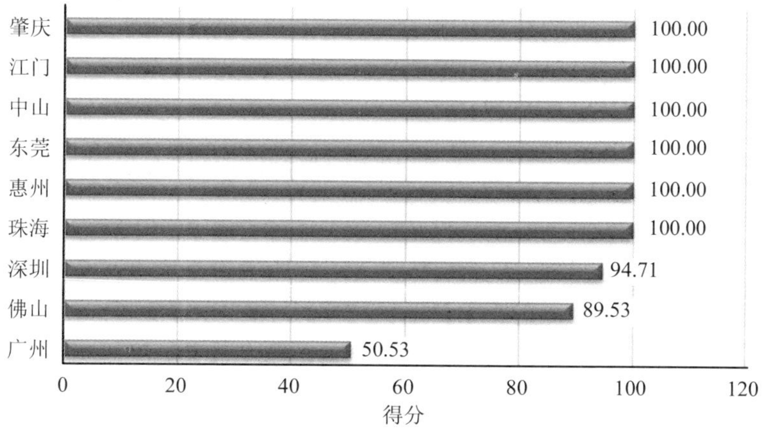

图 4-5　珠三角各市生态制度分领域得分及排名情况

4.3.2 生态安全分领域排名

2020年珠三角9个地市生态安全分领域得分及排名情况如图4-6所示，生态安全分领域得分为优秀的地市包括惠州、珠海、肇庆，其中得分最高的地市是惠州，为100分；得分良好的地市有佛山、江门、中山、深圳，得分在75.75～84.38分之间；得分较低的是广州和东莞，其中东莞得分最低，仅有68.37分，这是由于东莞市环境空气质量优良天数比例、地表水水质优良断面（水质达到或优于III类）比例、一般工业固体废物综合利用率较低所致。综合9个地市该领域得分状况表明，地市间生态安全发展不均衡，广州和东莞生态安全建设较为落后，需引起重视。

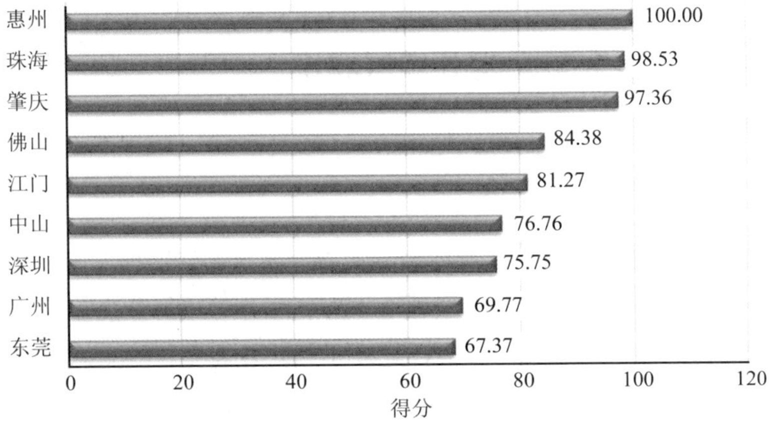

图4-6 珠三角各市生态安全分领域得分及排名情况

4.3.3 生态空间分领域排名

2020年珠三角9个地市生态空间分领域得分及排名情况如图4-7所示，肇庆、惠州、广州得分最高，均为满分。得分最低的为佛山，仅为55.28分，其生态环境状况、陆域生态保护红线占全市陆域国土面积比重指数得分较低。其次为中山，得分低的原因同佛山类似，主要由林草覆盖率、陆域生态保护红线占全市陆域国土面积比重较低的原因所致。生态空间分领域得分为优秀的地市有肇庆、惠州、广州、深圳和江门；该领域得分良好的地市为珠海；处于较差水平的地市有东莞、中山和佛山，在“十四五”期间有待加强生态空间方面的工作。

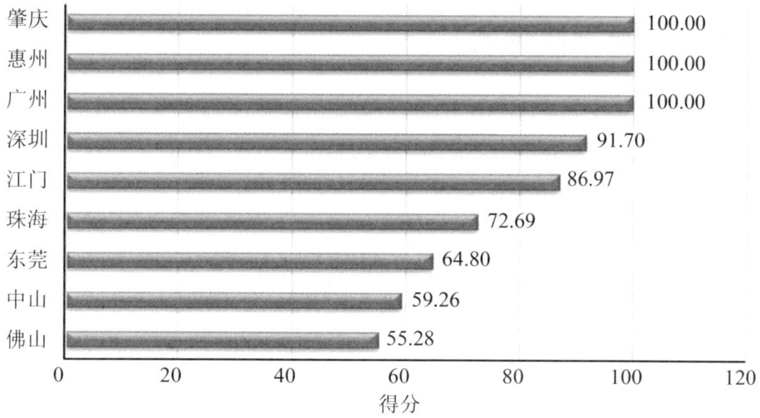

图 4-7　珠三角各市生态空间分领域得分及排名情况

4.3.4　生态经济分领域排名

2020 年珠三角 9 个地市生态经济分领域得分及排名情况如图 4-8 所示，得分优秀的地市是江门、佛山、东莞、深圳、广州，得分在 94.81～100 分之间；得分良好的地市为肇庆，为 73.98 分；得分较低的地市有珠海、惠州、中山。其中，中山得分最低，为 42.02 分，主要由于单位地区生产总值用水量累计下降（2016—2020 年累计数）及单位地区生产总值二氧化碳排放累计下降幅度（2016—2020 年累计数）较低所致。未来这几个地市生态经济领域需要得到进一步的重视和改善。

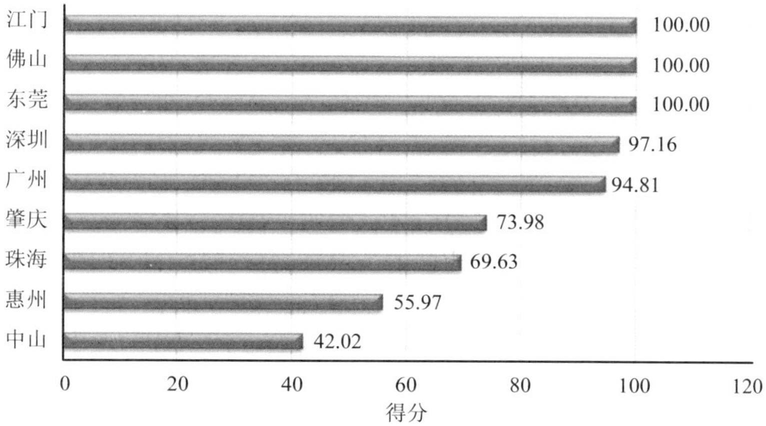

图 4-8　珠三角各市生态经济分领域得分及排名情况

4.3.5 生态生活分领域排名

2020 年珠三角 9 个地市生态生活分领域得分及排名情况如图 4-9 所示，结果表明，得分优秀的城市有珠海、惠州、中山和深圳，得分均在 88.71～95.94 分之间；得分良好的地市有东莞、广州、佛山、肇庆，得分均在 73.17～81.93 分之间；得分最低的地市是江门，为 67.13 分，是由于中心城区公共交通出行占机动化出行比例、城镇新建绿色建筑比例偏低等原因所致。地市间生态生活差距略微明显，表明珠三角生态生活水平发展较不均衡。未来江门市生态生活发展水平有待进一步提升。

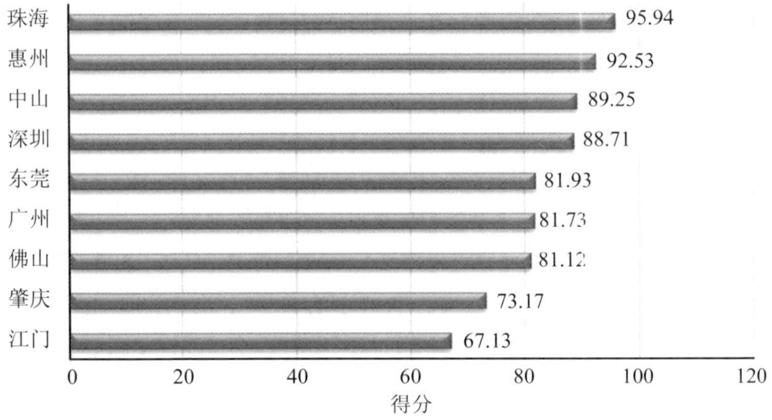

图 4-9 珠三角各市生态生活分领域得分及排名情况

4.3.6 生态文化分领域排名

2020 年珠三角 9 个地市生态文化分领域得分及排名情况如图 4-10 所示，得分优秀的地市有中山、珠海和惠州，得分均在 86.37～100 分之间；得分良好的地市有肇庆、深圳、广州、东莞和佛山，得分均在 73.55～82.16 分之间；得分最低的为江门，仅为 65.95 分，主要由于公众对生态文明建设的满意度相对较低所致。

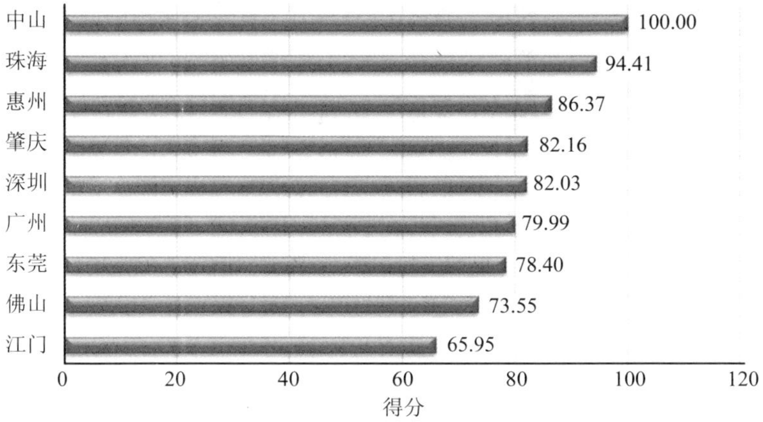

图 4-10　珠三角各市生态文化分领域得分及排名情况

4.4　珠三角地区生态文明建设优劣势分析

4.4.1　深圳市

2020 年，深圳市生态文明状况总指数为 89.23 分，在珠三角 9 个地市中排名第 1。

深圳市生态文明建设基本特征：生态制度、生态空间、生态经济、生态生活分领域得分均较高，生态文化与生态安全得分则略低于珠三角平均水平（图 4-11）。因此，从综合水平来说，深圳市作为“中国特色社会主义建设先行示范区”和“粤港澳大湾区”国家“双区”建设重要战略区位，生态文明建设成效尤为显著，六个分领域发展水平较高且相对均衡，是其他城市学习的样板，深圳市在珠三角地区充分发挥了生态文明建设的示范引领作用。

4.4.1.1　优势分析

深圳市生态制度、生态空间、生态经济、生态生活分领域得分均较高。生态制度分领域中，生态文明建设规划、生态文明建设工作占党政实绩考核的比例、河长制实施状况均为满分。生态空间分领域中，环境空气质量优良天数比例、$PM_{2.5}$ 平均浓度、国控和省控断面劣Ⅴ类水体比例、黑臭水体消除比例、一般工业固体废物综合利用率、危险废物利用处置率均为满分。生态经济分领域中，单位地区生产总值能耗累计下降率、单位地区生产总值用水量累计下降率得分均为满分，单位地区生产总值二氧化碳排放累计减少量得分在 90 分以上。生态生活分领域中，集中式饮用水水源地水质优良比例、城镇生活污水处理率、城镇生活垃圾无害化处理率、城镇新建绿色建筑比例得分均为满分。

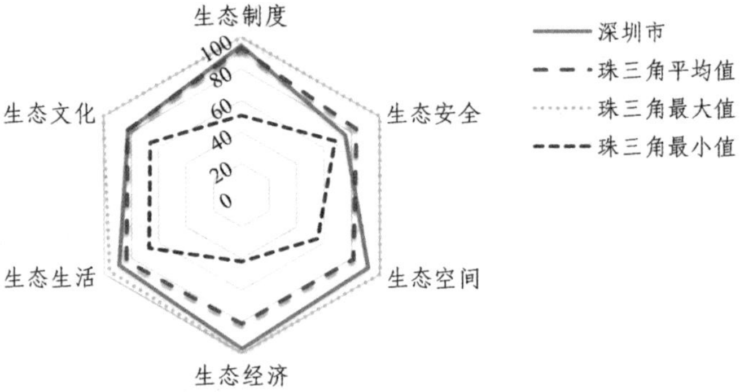

图 4-11　深圳市生态文明建设分领域状况

深圳市生态文明建设领先的原因主要有以下几点：

（1）持续提高政治站位，深入贯彻落实习近平生态文明思想。

2019 年深圳市南山区荣获“绿水青山就是金山银山”实践创新基地，成为全国首个上榜的中心城区；因环境质量改善明显，深圳市荣获国务院 2018 年度督察激励。2020 年实现全市域生态文明建设示范创建，荣获“国家生态文明建设示范市”称号，成为全国唯一获得此殊荣的副省级城市；盐田、大鹏获评“中国天然氧吧”称号。

（2）全面推动生态文明制度改革。

深圳市全面落实改革创新要求，纵深推进生态文明体制改革，完善生态环境损害赔偿制度。2019 年与信隆公司签订全省首单近 1 400 万元的生态环境损害赔偿协议，入选全国生态环境损害赔偿磋商典型案例。2020 年，接续开展“利剑四号”执法行动，立案查处环境违法行为 2 319 宗，处罚超 1 亿元；制定并发布监管执法正面清单，实现“守法无事不扰，违法利剑高悬”。

（3）聚焦短板，巩固提升，启动专项突破。

2019 年在打赢污染防治攻坚战的过程中，深圳市决胜水污染治理，发出水污染治理决胜总攻动员 1 号令，对 310 条河流“一周一测”，对 38 个水质净化厂“一日一报”，深入开展五大河流污染源解析，推动实现精准治污，在全国率先实现全市域消除黑臭水体，成为全国水环境改善最明显的十个城市之一。2020 年，为推进“水污染治理成效巩固管理提升年”任务，实施“一河一图一策”，开展流域污染负荷分析，以雨季污水溢流为重点，做好水质预警、分析、排名、通报，对黑臭水体及小微黑臭水体分别实施每日、每周一巡一测，形成长效管理机制；重点开展面源污染整治，实现常态化整治。

（4）勇创一流，敢为人先，敢于创新，提高治理能力现代化。

2019 年，深圳市在全国率先出台打造生态环境保护铁军工作方案，全面打造环保铁军，实施“四铁工程”、创建“十大行动队”，取得阶段性成效；8 月 28 日，《中国环境报》头版头条刊登《啃最硬的骨头，挑最重的担子——深圳打造生态环保铁军助力污染防治攻坚》的专题报道，生态环境部对此高度肯定，要求在全国环保系统推广深圳经验；在全国率先发布 GEP 核算统计报表制度，形成技术规范，正式上线自动化核算平台。2020 年，深圳市绘就先行示范路线图，高标准编制《深圳率先打造美丽中国典范规划纲要》，配套出台第一个五年行动方案；全力推进模范机关创建，编制全国生态环境系统首套模范机关创建评估指标，获得《中国环境报》头版头条进行报道；生态环境智慧管控进一步优化升级，上线系统 48 个，平台项目获高交会智慧城市组颁发的“中国智慧城市奖”以及人民网评选的“第十七届人民之选匠心奖”。

（5）抓住机遇，深化生态环境治理的联动效应。

2019 年，深圳市将粤港澳大湾区建设与先行示范区建设一体融合，一并落实，成立市层面生态环境保护专项小组，深度参编专项规划，启动该市落实行动方案前期研究；深化突发环境事件应急联动、环境质量提升等事项合作。2020 年，深圳市扎实推进大湾区建设，推动大湾区涉水污染源管控等亟待解决的问题落实，深化区域合作交流，召开深港环保合作交流会议，组织开展深莞惠联合交叉执法 24 次。

（6）深刻反思问题，细致搜寻短板，对待目标说到做到。

2019 年，在生态文明建设取得丰硕成果的同时，深圳市也清醒地意识到当前生态环境工作仍有不小差距，例如大气质量与国际一流水平相比还有较大距离，臭氧已经成为影响空气优良率的首要污染物，且暂无有效防治经验，同时深圳市提出坚持互鉴合作，积极融入全球生态环境治理行动，全面探索深圳治理经验、做出深圳贡献。2020 年，该市深入实施“深圳蓝”可持续行动，聚焦 $PM_{2.5}$ 和臭氧协同治理，完成 1 145 家涉挥发性有机物（VOCs）重点监管企业销号式整治，提前淘汰老旧车 6.6 万辆，实施不利天气强化减排 10 次；同时深圳市积极应对气候变化，重点开展碳交易等控制温室气体排放工作，碳交易履约率在 99.72%以上，扎实推进深圳国家气候投融资促进中心和国家自主贡献项目库建设，助推低碳发展。

4.4.1.2 劣势分析

深圳市生态文化与生态安全分领域得分略低于珠三角平均水平。其中，生态安全分领域，地表水水质优良断面（水质达到或优于Ⅲ类）比例有待进一步提高。生态文化分领域，公众对生态文明建设的满意度有待进一步提升。此外，生态制度指标中的生态环境信息公开率要进一步加强，生态生活中城镇人均公园绿地面积、中心城区公共交通出行占机动化出行比例需进一步改善。

深圳市当前污染防治攻坚战已进入“深入打好”阶段，“双区”建设和综合改革试点已全面开局，面临的问题更为突出、形势更为复杂。降碳任务重，当前基础仍较为薄弱，目标和路径仍未明确；生态环境质量离达到国际先进水平差距较大；完善治理体系、提升治理能力有待通过改革破题；从先行先试到示范引领，各方面工作仍要再上新台阶。

4.4.2 珠海市

2020 年，珠海市生态文明状况总指数得分为 88.60 分，略低于深圳市，在珠三角 9 个地市中排名第 2。

珠海市生态文明建设基本特征：生态制度、生态安全、生态生活、生态文化分领域远超出平均水平，居珠三角生态文明发展领先水平；生态空间、生态经济分领域得分则低于珠三角地区平均水平，但均达到合格水平以上（图 4-12）。由此来看，珠海市作为珠三角地区面积最小的城市，GDP 增长的同时，绿色经济、生态空间发展方面仍存在短板。因此，珠海市要提高生态文明发展水平，生态空间、生态经济建设需引起足够重视。

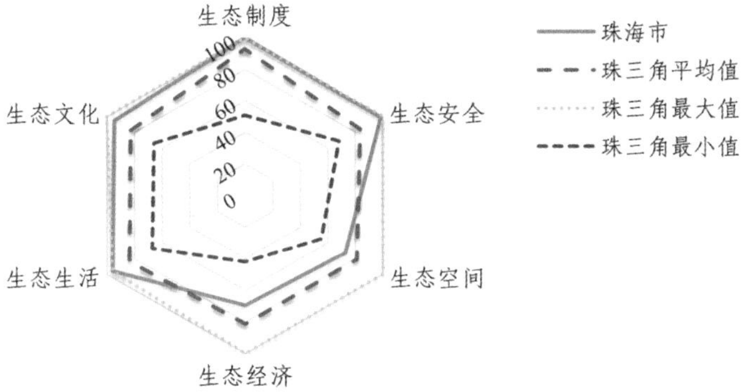

图 4-12　珠海市生态文明建设分领域状况

4.4.2.1　优势分析

珠海市生态制度、生态安全、生态生活、生态文化分领域居于珠三角生态文明发展领先水平。其中，生态制度分领域各个指标得分均为满分；生态安全分领域，除一般工业固体废物综合利用率指标外，其他指标得分均为满分；生态生活分领域，除城镇生活污水处理率指标外，其他指标均为满分；生态文化分领域，党政领导干部参加生态文明培训的人数比例为满分。珠海市以上指标的领先主要得益于：

（1）打好打赢污染防治攻坚战，推动生态环境质量不断改善。

2020 年，珠海市生态环境局着力推动蓝天、碧水、净土三大保卫战，狠抓重点，推进污染防治攻坚战各项工作落地见效，持续巩固提升全市生态环境质量。水环境质量改善取得重大突破，一是重点攻坚前山河石角咀断面水质目标；二是推动黑臭水体整治；三是陆海统筹推进近岸海域污染整治；四是切实提升饮用水水源保护水平。

（2）加快项目建设，补齐环境基础设施短板。

2020 年，珠海市生态环境局作为危险废物处置设施和工业废水处置设施建设的行业主管部门，统筹推进该市生态环境治理领域 7 个重点项目建设，计划投资

11.3 亿元，累计完成投资额 13.03 亿元，完成投资额比例 110.44%。一是提速补齐固体废物处理设施短板建设，建成珠海中盈环保工业废物综合处置项目一期工程，新增危险废物处理能力 3.89 万 t/a；二是推进工业园区污水集中处理设施建设，2020 年金湾生物医药园工业水质净化厂一期、珠海汇华工业污水处理一厂和富山第二（工业）水质净化厂项目陆续顺利进行通水调试，新增工业污水处理总规模达到 77 000 m^3/d，该市工业污水集中处理实现“零”突破。

4.4.2.2 劣势分析

珠海市生态空间、生态经济分领域得分低于珠三角地区平均水平，但均达到合格以上水平，因此，珠海市绿色经济、生态空间发展方面仍存在短板。其中，生态空间分领域中，生态保护红线区（陆域）占辖区面积比重是拉低其得分的主要原因；生态经济分领域中，单位地区生产总值能耗累计下降率、单位地区生产总值二氧化碳排放累计减少量是拉低该领域得分的主要原因。

珠海市降低单位地区生产总值能耗、碳排放达峰工作形势仍然严峻。碳排放达峰对石油化工、化学原料及化学品制造业、电力热力供应等能源消耗大、需求高的产业发展有明显制约，对珠海市今后产业结构性调整和优化提出了更高要求。

4.4.3 惠州市

2020 年，惠州市生态文明状况总指数得分为 87.64 分，在珠三角 9 个地市中排名第 3。

惠州市生态文明建设基本特征：生态制度、生态安全、生态空间得分为满分，在珠三角地区居于领先；生态文化、生态生活分领域得分也较高，处于中上游水平（图 4-13），但在生态经济分领域，得分未达到合格值。因此，惠州市生态经济领域建设有待进一步重视和提高。

4.4.3.1 优势分析

惠州市生态制度、生态安全、生态空间分领域得分为满分，生态文化、生态生活分领域得分也较高。其中，生态制度分领域各个分指标均为满分，与珠海市分指标得分一致；生态安全分领域，惠州市各个分指标均为满分，是珠三角九市中唯一一个得满分的城市；生态空间分领域各个分指标均为满分；生态文化领域中，集中式饮用水水源地水质优良比例、城镇生活垃圾无害化处理率、城镇新建绿色建筑比例分指标得分为满分。惠州市以上指标的领先主要得益于：

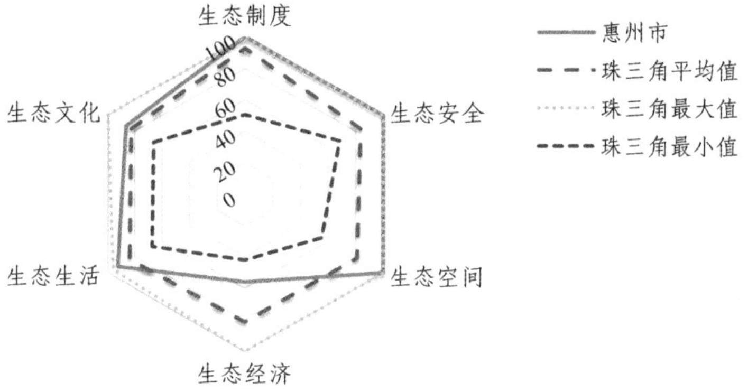

图 4-13　惠州市生态文明建设分领域状况

（1）突出重点，强力推进污染防治攻坚。

一是巩固提升治水成果。在 2019 年国省考断面水质攻坚达标的基础上，持续深化全域水质提升攻坚，不断完善农村污水治理长效管理机制，深化生活污水治理。二是实施精准控源治气。以 $PM_{2.5}$ 和臭氧协同控制为重点，坚持“减煤、治源、控尘、控车、控烟”举措，强化污染天气应对，全力提升环境空气质量，初步建成全市网格化空气质量监测网络。三是扎实推进土壤和固体废物污染防治。从土壤污染状况调查、农用地分类管理、污染地块环境管理和宣传教育等方面齐发力，完成受污染耕地安全利用及治理修复责任书任务 90%以上。

（2）服务全局，不断强化环保调控功能。

一是抓好“三线一单”编制和落地。按期向省报送该市“三线一单”的编制成果，充分衔接国土空间规划，构建环境分区管控体系，引导全市重点行业、重大项目规划布局，推动经济高质量发展。二是强化环评服务改革。实施环评审批正负面清单，做到即时受理、即时评估，评估与审查同步。

（3）夯实基础，不断提升生态环保管理水平。

一是加强生态环境科研工作。《富营养化湖泊生态修复技术应用研究与产业化》成果荣获广东省环境技术进步一等奖。二是加大环保宣传力度。完善环境信息公开和公众参与制度，发展环保社会组织和志愿者队伍，引导全民形成“全民治污、人人有责”的良好舆论氛围。

4.4.3.2 劣势分析

惠州市生态文明建设存在一个明显的短板，即生态经济分领域得分未合格。其中，单位地区生产总值能耗累计下降率在珠三角九个地市中得分最低；单位地区生产总值二氧化碳排放累计减少量得分仅及格。在以后的生态文明建设中，需要高度重视以上两指标的提升。此外，生态生活分领域中，城镇人均公园绿地面积、中心城区公共交通出行占机动化出行比例分指标有较大的提升空间。

惠州市化石燃料消耗量随着美孚、中海油等一批大项目的开启而持续上升，碳达峰任务和大气环境质量改善任务都面临巨大压力，因此企业绿色生产转型调整势不可挡。其次，大部分区域非道路移动机械、扬尘面源等精细化管理水平不高，臭氧浓度尚未进入下降通道，空气质量持续改善难度较大。生态环境监管能力相对薄弱，基层环保人员和装备配置与新形势下环保诉求不相适应，污水管网不配套问题突出，部分污水处理厂负荷率和进水浓度偏低。对“互联网+”、大数据、卫星遥感、无人机等先进信息技术的创新融合应用不足。为提高绿色生活质量，惠州市应适当增加城镇公园绿地面积。此外，应采取措施增加中心城区公共交通出行车辆，减少高排放车辆的使用。

4.4.4 肇庆市

2020 年，肇庆市生态文明状况总指数得分为 84.83 分，在珠三角 9 个地市中排名第 4。

肇庆市生态文明建设基本特征：生态制度、生态空间得分为满分，处于领先位置；生态安全也居珠三角生态文明发展的上游水平，但生态经济、生态生活、生态文化分领域低于珠三角平均水平，是较为明显的短板（图 4-14）。总体来看，肇庆市各分领域发展不太均衡，尤其是生态经济、生态生活方面需引起足够重视。

4.4.4.1 优势分析

肇庆市生态制度、生态空间得分为满分，生态安全得分也居珠三角生态文明发展的上游水平。其中，生态制度分领域各个分指标均为满分；生态空间分领域各个指标得分均为满分；生态安全分领域中，$PM_{2.5}$ 平均浓度指标得分在 90 分以上，一般工业固体废物综合利用率指标得分在 80 分以上，其他指标得分均为满分。肇庆市以创建国家生态文明建设示范市为抓手，全面提升生态文明建设水平，并在 2020 年入选“第四批国家生态文明建设示范市”名单，成为继惠州市、珠海市后，广东省的第三个国家生态文明建设示范市。

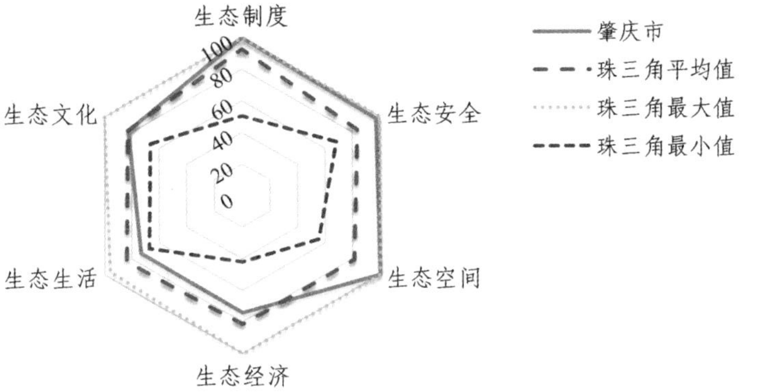

图 4-14　肇庆市生态文明建设分领域状况

4.4.4.2　劣势分析

肇庆市生态经济、生态生活、生态文化分领域低于珠三角平均水平，是较为明显的短板。总体来看，肇庆市各分领域发展不太均衡，尤其是生态经济、生态生活方面需进一步引起重视。在生态经济分领域中，肇庆市单位地区生产总值用水量累计下降率得分在 9 个地市中排名倒数第二，亟待提升；单位地区生产总值二氧化碳排放累计减少率还有提升空间。生态生活分领域中，中心城区公共交通出行占机动化出行比例得分在珠三角九市中排名倒数第二，城镇新建绿色建筑比例、城镇生活污水处理率仅拿到及格分，城镇人均公园绿地面积指标得分在 80 分以下，都需要进一步改善。生态文化分领域中，公众对生态文明建设的满意度指标得分有待进一步提高。

4.4.5　东莞市

2020 年，东莞市生态文明状况总指数得分为 83.10 分，在珠三角 9 个地市中排名第 5。

东莞市生态文明状况基本特征：生态制度、生态经济分领域得分较高，均为满分，生态生活与生态文化领域得分略低于平均水平，生态空间与生态安全分领域得分离全区平均水平有较大差距（图 4-15）。由此来看，东莞市生态制度、生态经济领域尚可，但生态空间、生态安全是其生态文明建设的最大制约因素。

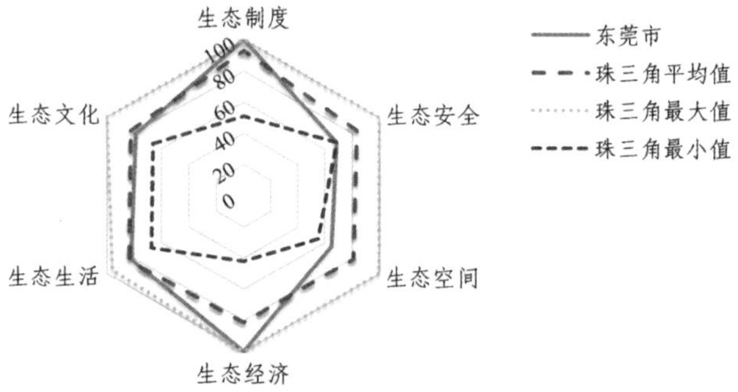

图 4-15　东莞市生态文明建设分领域状况

4.4.5.1　优势分析

东莞市生态制度、生态经济分领域得分较高，均为满分，并且两个领域各分指标得分均为满分。此外，生态安全领域中，东莞市国控和省控断面劣Ⅴ类水体比例、黑臭水体消除比例为满分。生态生活领域中，除城镇生活污水处理率、中心城区公共交通出行占机动化出行比例指标外，其他指标得分均为满分。生态文化分领域中，党政领导干部参加生态文明培训的人数比例满分。

4.4.5.2　劣势分析

东莞市生态空间与生态安全分领域得分离全区平均水平有较大差距，两个分领域成为东莞市生态文明建设的最大制约因素。其中，生态空间领域中，生态保护红线区（陆域）占辖区面积比重得分未及格，生态环境状况指数刚刚及格，这两个指标是拉低该领域得分的主要原因，并且该领域中林草覆盖率得分虽然为 85 分，但该指标在珠三角 9 个地市中得分最低；生态安全领域中，地表水水质优良断面（水质达到或优于Ⅲ类）比例指标在珠三角 9 个地市中排名最低，一般工业固体废物综合利用率指标得分在 9 个地市中排名倒数第二，环境空气质量优良天数比例得分仅有 75 分。因此，东莞市需要高度重视以上六个指标，尤其要改善生态保护红线区（陆域）占辖区面积比重，提升生态环境状况指数、地表水水质优良断面（水质达到或优于Ⅲ类）比例以及一般工业固体废物综合利用率。

此外，东莞市生态生活与生态文化分领域得分略低于珠三角平均水平。生态生活分领域中的中心城区公共交通出行占机动化出行比例、生态文化领域中的公众对生态文明建设的满意度两个指标需要显著提升，目前两指标得分均未合格，并且中心城区公共交通出行占机动化出行比例指标得分在 9 个地市中排名倒数第二，公众对生态文明建设的满意度指标得分在 9 个地市中排名倒数第一。

4.4.6 江门市

2020 年，江门市生态文明状况总指数得分为 81.62 分，在珠三角 9 个地市中排名第 6。

江门市生态文明建设基本特征：生态制度、生态经济分领域获得满分，生态空间分领域得分高于珠三角平均水平，生态安全分领域得分较珠三角平均水平略低（图 4-16），生态生活与生态文化分领域存在明显短板。由此来看，江门市生态生活、生态文化建设较为薄弱，需引起进一步的关注和重视。

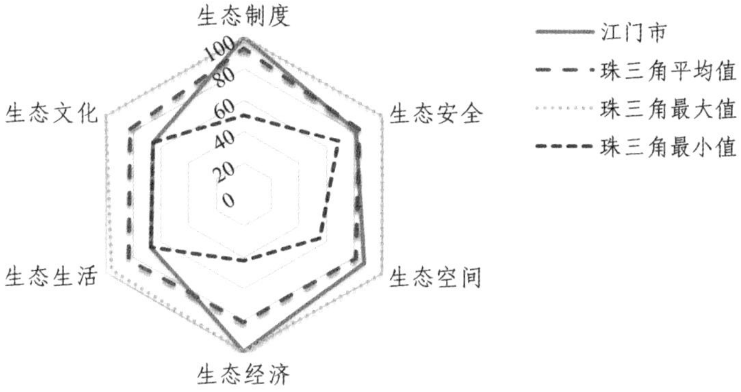

图 4-16 江门市生态文明建设分领域状况

4.4.6.1 优势分析

江门市生态制度、生态经济分领域获得满分，生态空间分领域得分也高于珠三角平均水平。生态制度、生态经济分领域各指标得分均为满分，生态空间分领域中，生态环境状况指数、林草覆盖率得分为满分。

4.4.6.2 劣势分析

江门市生态生活与生态文化分领域是 2 个明显短板，生态安全分领域得分较珠三角平均水平略低。生态生活分领域中，城镇新建绿色建筑比例、中心城区公共交通出行占机动化出行比例指标得分在珠三角 9 个地市中排名倒数第一，未及格，是拉低该领域得分的主要原因；城镇生活污水处理率在 75 分以下。生态文化领域中，公众对生态文明建设的满意度指标得分排名仍为倒数第一，未及格。此外，生态空间分领域中，生态保护红线区（陆域）占辖区面积比重指标得分仅及格。因此，以上五个指标需要高度重视，尤其是城镇新建绿色建筑比例、中心城区公共交通出行占机动化出行比例以及公众对生态文明建设的满意度指标需要进一步提升。

4.4.7 佛山市

2020 年，佛山市生态文明状况总指数得分为 80.46 分，在珠三角 9 个地市中排名第 7。

佛山市生态文明建设基本特征：生态经济分领域得分较高，为满分，在该领域排第 1 位；生态安全分领域得分在平均水平之上，生态生活分领域得分略低于珠三角平均水平，生态生活、生态文化得分较低，与全区平均水平仍存在较大差异。从图 4-17 中可以明显看出，生态空间是其较为明显的短板，得分在合格水平之下（图 4-17）。因此，佛山市在经济方面生态文明建设成效尤其显著，但要提高其生态文明发展水平，生态生活、生态文化、生态空间建设需得到足够重视。

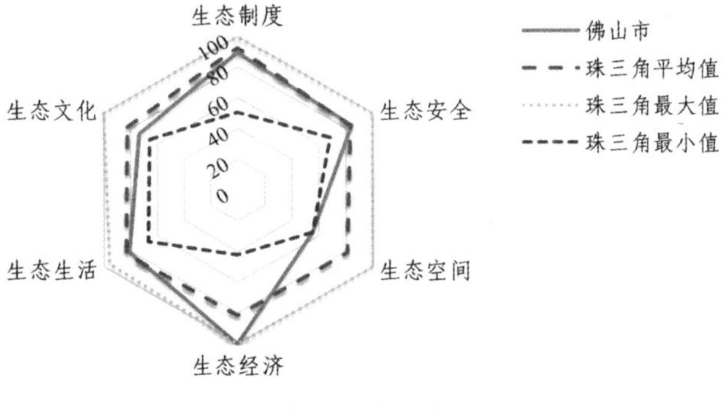

图 4-17 佛山市生态文明建设分领域状况

4.4.7.1 优势分析

佛山市生态经济分领域得分较高为满分，在该领域排第 1 位，其中的各个指标：单位地区生产总值能耗累计下降率、单位地区生产总值用水量累计下降率、单位地区生产总值二氧化碳排放累计减少量得分均为满分。此外，生态制度分领域中，除生态环境信息公开率外其他指标均为满分；生态安全分领域中，$PM_{2.5}$平均浓度、国控和省控断面劣Ⅴ类水体比例、黑臭水体消除比例、危险废物利用处置率均为满分；生态空间分领域中，林草覆盖率为满分；生态生活分领域中，除城镇生活污水处理率、中心城区公共交通出行占机动化出行比例指标外，其他指标得分均为满分；生态文化分领域中，党政领导干部参加生态文明培训的人数比例为满分。

4.4.7.2　劣势分析

佛山市生态安全在平均水平之上，生态生活分领域得分略低于全区平均水平，生态生活、生态文化得分较低，与珠三角平均水平仍存在较大差异，并且生态空间是明显的短板。其中，生态制度分领域得分较低的原因在于生态环境信息公开率指标得分较低，有待进一步加强；生态文化分领域中，公众对生态文明建设的满意度得分较低；生态空间分领域中生态环境状况指数、生态红线区（陆域）占辖区面积比重分指标得分在珠三角 9 个地市中得分最低，亟待进一步改善。

4.4.8　中山市

2020 年，中山市生态文明状况总指数得分为 76.94 分，在珠三角 9 个地市中排名第 8。

中山市生态文明建设基本特征：生态制度、生态文化分领域得分为满分，在珠三角地区中处于领先水平，生态生活分领域得分也高于平均水平，但其他 3 个分领域得分距离珠三角平均水平有较大差距：生态安全分领域发展一般，生态文明建设存在 2 个非常明显的短板，即生态空间、生态经济分领域均未达到合格水平（图 4-18）。由此来看，中山市生态文明发展属于文化、制度优势型，而生态空间、生态经济方面有待进一步提高。

4.4.8.1　优势分析

中山市生态制度、生态文化分领域得分为满分，生态生活分领域也高于平均水平。生态制度、生态文化分领域各指标得分均为满分，并且生态文化分领域的公众对生态文明建设的满意度指标得分中山市排名第 1。此外，生态安全分领域中，$PM_{2.5}$平均浓度、国控和省控断面劣Ⅴ类水体比例、危险废物利用处置率指标得分为满分；生态空间分领域林草覆盖率指标获得满分；生态经济分领域单位地区生产总值能耗累计下降幅度获得满分。

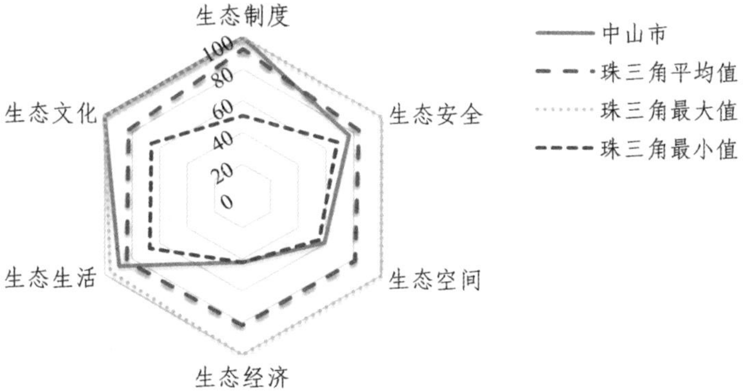

图 4-18 中山市生态文明建设分领域状况

4.4.8.2 劣势分析

中山市生态安全分领域发展一般，生态空间、生态经济分领域均未达到合格水平。生态安全分领域中，中山市环境空气质量优良天数比例在珠三角 9 个地市中排名倒数第二；黑臭水体消除比例、一般工业固体废物综合利用率在珠三角 9 个地市中排名倒数第一，这是生态安全分领域得分低的主要源头，此外，该领域中地表水水质优良断面（水质达到或优于Ⅲ类）比例指标得分仅及格。生态空间分领域中，中山市生态保护红线区（陆域）占辖区面积比重得分在珠三角 9 个地市中排名倒数第二；生态环境状况指数得分在 70 分以下。生态经济分领域中，中山市单位地区生产总值用水量累计下降率、单位地区生产总值二氧化碳排放累计减少量得分在珠三角 9 个地市中排名倒数第一，是拉低该领域得分的主要原因。生态生活分领域中，城镇生活污水处理率指标得分在 70 分以下。因此，中山市需要高度重视以上 9 个指标的提升，尤其需要改善单位地区生产总值用水量累计下降幅度、单位地区生产总值二氧化碳排放累计减少幅度、黑臭水体消除比例、一般工业固体废物综合利用率、环境空气质量优良天数比例 5 个指标。

4.4.9 广州市

2020 年，广州市生态文明状况总指数得分为 75.82 分，在珠三角 9 个地市中居于最末位。

广州市生态文明建设基本特征：生态空间、生态经济得分较高，远超全区平均水平；生态文化、生态生活得分较平均水平偏低，生态制度和生态安全分领域是明显的短板，得分也较低（图 4-19）。广州作为广东省省会、国家超大型城市，2020 年六个分领域发展水平较不均衡，总体水平不佳。

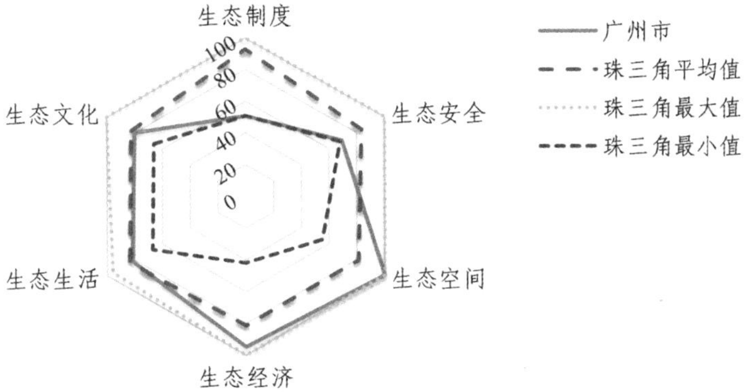

图 4-19　广州市生态文明建设分领域状况

4.4.9.1　优势分析

广州市生态空间、生态经济得分较高。其中，生态空间分领域各指标得分均为满分；生态经济分领域中，除单位地区生产总值用水量累计下降幅度外，其他指标得分均为满分。此外，生态制度分领域中，除生态文明建设规划外，其他指标得分均为满分；生态安全分领域中，国控和省控断面劣Ⅴ类水体比例、黑臭水体消除比例、一般工业固体废物综合利用率指标得分为满分；生态生活分领域中，集中式饮用水水源地水质优良比例、城镇生活垃圾无害化处理率、城镇人均公园绿地面积指标为满分；生态文化分领域中，党政领导干部参加生态文明培训的人数比例得分为满分。

4.4.9.2　劣势分析

广州市生态制度和生态安全分领域是明显的短板，得分较低，生态文化、生态生活得分较平均水平偏低。其中，生态制度分领域中，生态文明建设规划指标得分在珠三角 9 个地市中排名倒数第一，是拉低该领域得分的主要原因，其他地市该指标得分均为满分；生态安全分领域中，广州市地表水水质优良断面（水质达到或优于Ⅲ类）比例指标得分未及格，环境空气质量优良天数比例指标得分为60分，两个指标在珠三角9个地市中排名倒数第三，是拉低生态安全领域得分的主要原因；生态文化领域公众对生态文明建设的满意度得分在70分以下；生态生活领域，城镇新建绿色建筑比例得分在9个地市中排名倒数第二，是拉低生态生活得分的主要原因。因此，广州市生态文明建设需要高度重视以上6个指标的提升。

4.5 珠三角地区生态文明发展建议

4.5.1 强化国家生态文明建设示范引领作用

本次评估结果显示，曾被生态环境部列入生态文明建设示范市县名单和“绿水青山就是金山银山”实践创新基地的地区生态文明状况总指数排名靠前，生态文明建设状况较好。例如，我国最早的两批国家生态文明建设示范市县中，广东有8个市县荣获“国家生态文明建设示范市县”称号，均属于珠三角地区，分别为珠海市，惠州市，深圳市盐田区、罗湖区、坪山区、大鹏新区，佛山市顺德区、惠州市龙门县；2019年，广东省深圳市福田区、佛山市高明区、江门市新会区获得“国家生态文明建设示范市县”称号；深圳市南山区被列为“绿水青山就是金山银山”实践创新基地，均属于珠三角地区；2020年，生态环境部公布第四批国家生态文明建设示范市县名单，广州市黄埔区、深圳市（含南山区、宝安区、龙岗区、龙华区、光明区）、肇庆市名列其中；江门开平市入选“绿水青山就是金山银山”实践创新基地。这些地区在空间布局、资源分配、机制创新以及推动各级政府加快转变生产、生活方式等方面均取得了良好的成效，在一定程度上，彰显了生态文明建设示范引领效应。因此，未来应持续推动国家生态文明示范市县建设和“绿水青山就是金山银山”实践创新基地评选工作，积极开展生态文明系列创建工作，促进不同地区相互借鉴成功经验，并结合自身的优劣势重补短板，不断提高生态文明建设水平。

4.5.2 聚焦攻坚不同地市生态文明发展短板

珠三角地区不同地市生态文明状况参差不齐，大部分城市都存在短板。从9

个地市的生态文明建设分领域得分纵向比较来看（表 4-2），各城市生态制度领域得分优秀的个数最多，除广州为较差外，其他城市均为优秀，因此，广州市需加强推进生态文明制度建设力度。生态空间和生态经济分领域得分较差个数最多，其中，生态空间分领域中，佛山、中山得分较差，两市该领域指标需要进一步提升；惠州、中山生态经济分领域得分较差，说明两市粗放式经济发展模式可能仍然占据主导作用，亟待绿色经济转型。

表 4-2　珠三角地区各城市生态文明建设分领域状况

	深圳	珠海	惠州	肇庆	东莞	江门	佛山	中山	广州
生态制度	优秀	优秀	优秀	优秀	优秀	优秀	优秀	优秀	较差
生态安全	良好	优秀	优秀	优秀	一般	良好	良好	良好	一般
生态空间	优秀	一般	优秀	优秀	一般	优秀	较差	较差	优秀
生态经济	优秀	一般	较差	良好	优秀	优秀	优秀	较差	优秀
生态生活	优秀	优秀	优秀	良好	良好	一般	良好	优秀	良好
生态文化	良好	优秀	优秀	良好	良好	一般	良好	优秀	良好

4.5.3　大力推动空间资源保护与生态修复

表 4-2 中珠三角地区不同地市生态文明建设分领域得分横向比较显示，不少地区生态空间分领域得分较低。该领域得分主要受林草覆盖率、生态保护红线范围 2 项指标的制约，说明生态空间是珠三角地区生态文明建设中较为薄弱的环节。

在经济高速发展的今天，空间资源已成为制约人类发展最突出的“瓶颈”。珠三角地区是广东省经济最活跃、对外开放程度最高、人口最集中的地区，随着经济高速发展，局部人地资源矛盾越发突出，如何提高国土空间资源利用效率、开展国土空间生态修复值得探讨。国土空间生态修复是生态文明建设的重要组成部分，当前，全国各地正在积极参与国土空间保护工作，珠三角地区地处中国改革开放前沿，正处于国土空间生态修复的快速发展时期，各地市应结合实际情况，分析自身优势和劣势，应对机遇和挑战，做好国家生态安全的区域性工作，因地制宜开展各个空间尺度的生态修复。通过不断优化国土空间开发保护格局、科学划定生态保护红线，落实最严格的耕地保护和节约用地制度，开展最严新增用地审批，全面监督国土空间资源资产，“倒逼”空间资源的高效利用，利用严格的空间资源保护打好生态修复基础。

4.5.4 积极探索生态环境协同治理机制

目前，珠三角地区生态环境保护压力依然较大，仍然存在粗放型经济发展方式，未根本改变生态文明治理体系和治理能力不足等问题。在开启全面建设社会主义现代化国家新征程中，珠三角地区要深入贯彻习近平总书记重要讲话和重要指示精神，深刻认识生态文明建设的紧迫性、艰巨性、长期性，把生态文明建设向纵深方向推进，努力树立好生态文明标杆。将生态文明建设与区域发展有机融合，更加清晰地谋划和应对不同区域绿色与发展之间的关系。对标世界一流湾区，不断深化粤港澳生态文明建设方面的合作，加快与港澳共建粤港澳大湾区生态环境保护体系，推动经济发展转型升级，加快淘汰、转型高污染、高排放产业和企业，加快实现“绿色增量”对“灰色存量”的替代。

第 5 章　粤港澳美丽湾区生态文明建设指标设计

5.1　指标体系设计思路

粤港澳美丽湾区生态文明建设指标体系（以下简称“指标体系”）构建思路囊括三个方面，分别为美丽湾区与习近平生态文明思想、区域联动、陆海统筹。

粤港澳美丽湾区生态文明建设要贯彻落实习近平生态文明思想，指标体系中，基于生态文明建设规划发布比例的生态制度指标，生态人文中集中式饮用水水源地水质优良比例、城镇人均公园绿地面积、城镇生活污水集中收集率、城镇生活垃圾无害化处理率 4 个生态人居指标，历史文物及非遗文化保护投资比例、公众对生态文明建设的满意度 2 个生态文化指标，统筹分析粤港澳美丽湾区生态文明建设在各个阶层的实践落地状况。

区域联动即指标体系的构建充分考虑区域性特征，指标体系内各因子数据及其计算方法均基于区域综合统计值，明晰粤港澳大湾区在生态制度、生态空间、生态产业、生态环境、生态人文五大领域的区域联控、联防、联治状况。

粤港澳大湾区生态文明建设中要坚持陆地和海洋是一个生命共同体，充分考虑海陆统筹性特征。指标体系构建通过自然生态空间生态保护红线占区域面积比重与自然保护地占区域面积比重、河湖岸线保护率、自然岸线保有率 3 个指标，整合分析海陆生态空间保护状况；基于单位地区生产总值能耗累计下降幅度、单位地区生产总值用水量累计下降幅度、单位地区生产总值二氧化碳排放累计减少幅度以及码头、港口、船只依法排污、持证排污比例 4 个指标，明晰海陆绿色经济发展状况；通过环境空气质量优良天数比例、地表水水质优良断面（水质达到或优于III类）比例、近岸海域水质优良（一类、二类）比例 3 个指标，明确海陆环境治理状况；基于海洋生态系统健康状态比例、生态环境状况指数、海岸生态修复自然岸线修复累计增加率与滨海湿地修复累计增加率 3 个指标，综合分析海陆生态系统保护状况。

5.2 指标体系

表 5-1 指标体系

领域	分领域	序号	指标名称	单位	指标解释	指标设定依据
生态制度		1	生态文明建设规划发布比例（除港、澳）	%	区域内生态文明建设规划由同级人民代表大会（或其常务委员会）或本级人民政府审议后颁布实施且在有效期内的比例	生态环境部《国家生态文明建设示范市县建设指标(2019 年修订)》
生态空间		2	自然生态空间 生态保护红线占区域面积比重 自然保护地占区域面积比重	%	区域内生态保护红线、自然保护地面积占区域面积比重	生态环境部《国家生态文明建设示范市县建设指标(2019 年修订)》
		3	自然岸线保有率	%	区域内限制开发、优化利用岸段中计划予以保留和开发建设后，剩余的自然岸线长度以及列入严格保护的自然岸线长度，占省级人民政府批准的大陆海洋岸线总长度的比例	生态环境部《国家生态文明建设示范市县建设指标(2019 年修订)》
		4	河湖岸线保护率	%	区域内划入岸线保护区、岸线保留区的岸段长度占河湖岸线总长度的比例	生态环境部《国家生态文明建设示范市县建设指标(2019 年修订)》
生态产业		5	单位地区生产总值能耗累计下降幅度（2016—2020 年累计数）	%	“十三五”期间（以 2015 年为基准年），区域内单位地区生产总值所消耗的能源量累计下降幅度	生态环境部《国家生态文明建设示范市县建设指标(2019 年修订)》

领域	分领域	序号	指标名称	单位	指标解释	指标设定依据
生态产业		6	单位地区生产总值用水量累计下降幅度（2016—2020 年累计数）	%	“十三五”期间（以 2015 年为基准年），区域内单位地区生产总值所使用的水资源量累计下降幅度	生态环境部《国家生态文明建设示范市县建设指标(2019 年修订)》
		7	单位地区生产总值二氧化碳排放累计减少幅度（2016—2020 年累计数）	%	“十三五”期间（以 2015 年为基准年），区域内单位地区生产总值的增长所带来的二氧化碳排放量的累计减少幅度	生态环境部《国家生态文明建设示范市县建设指标(2019 年修订)》
		8	码头、港口、船只依法排污、持证排污比例	%	区域内依法排污码头、港口数占码头、港口总个数的比例；区域内持证排污船只数量占总船只数量的比例	《国家海洋生态环境保护“十四五”战略路线图分析》
生态环境	生态环境质量改善	9	环境空气质量优良天数比例	%	区域内不同地市空气质量达到或优于二级标准的天数占全年有效监测天数的比例均值	生态环境部《国家生态文明建设示范市县建设指标(2019 年修订)》
		10	地表水水质优良断面（水质达到或优于III类）比例	%	区域内不同地市主要监测断面水质达或优于III类的比例均值	生态环境部《国家生态文明建设示范市县建设指标(2019 年修订)》
		11	近岸海域水质优良（一类、二类）比例	%	区域内近岸海域主要监测断面水质达到或优于 II 类的比例	生态环境部《国家生态文明建设示范市县建设指标(2019 年修订)》
	生态系统保护	12	海洋生态系统健康状态比例	%	区域内实施监测的典型海洋生态系统中，处于健康状态的海洋生态系统比例	《国家海洋生态环境保护“十四五”战略路线图分析》
		13	生态环境状况指数(其他地区)(除港、澳)	%	除香港、澳门外其他区域生态环境状况指数均值	生态环境部《国家生态文明建设示范市县建设指标(2019 年修订)》
		14	海岸生态修复 自然岸线修复累计增加率 滨海湿地修复累计增加率	%	“十三五”期间（以 2015 年为基准年），区域内自然岸线修复长度累计增加幅度； “十三五”期间（以 2015 年为基准年），区域内滨海湿地修复面积累计增加幅度	生态环境部《国家生态文明建设示范市县建设指标(2019 年修订)》

领域	分领域	序号	指标名称	单位	指标解释	指标设定依据
生态人文	生态人居	15	集中式饮用水水源地水质优良比例	%	区域内各地市集中式饮用水水源地水质优良比例均值	《国家海洋生态环境保护“十四五”战略路线图分析》
		16	城镇人均公园绿地面积	%	区域城镇建成区内城镇公园绿地面积的人均占有量	《美丽中国建设评估指标体系及实施方案》
		17	城镇生活污水集中收集率	%	区域各地市城镇建成区内经过污水处理厂或其他污水处理设施处理，且达到排放标准的排水量占污水排放总量的比例均值	生态环境部《国家生态文明建设示范市县建设指标(2019年修订)》
		18	城镇生活垃圾无害化处理率	%	区域各地市城镇建成区内生活垃圾无害化处理量占垃圾产生量的比例均值	生态环境部《国家生态文明建设示范市县建设指标(2019年修订)》
	生态文化	19	历史文物、非遗文化保护投资比例	%	区域内历史文物、非遗文化保护方面的投资占年度总投资的比例	中共中央办公厅、国务院办公厅《关于进一步加强非物质文化遗产保护工作的意见》
		20	公众对生态文明建设的满意度	%	区域内各地市公众对生态文明建设的满意程度均值	生态环境部《国家生态文明建设示范市县建设指（2019年修订）》

注：粤港澳大湾区生态文明建设指标体系设计参考依据

1. 中华人民共和国国务院《中国的生物多样性保护》白皮书（2021年10月）；
2. 中共中央办公厅、国务院办公厅《关于进一步加强非物质文化遗产保护工作的意见》（2021年8月）；
3. 中共中央、国务院《粤港澳大湾区发展规划纲要》（2019年）；
4. 生态环境部《国家海洋生态环境保护“十四五”战略路线图分析》（2020年5月）；
5. 生态环境部《美丽中国建设评估指标体系及实施方案》（2020年）；
6. 生态环境部《国家生态文明建设示范市县建设指标（2019年修订）》（2019年）；
7. 生态环境部《生态环境监测规划纲要（2020—2035年）》（2019年）；
8. 《广东省生态文明建设“十四五”规划》（2021年10月）；
9. 《广东省美丽海湾规划（2019—2035年）》（2019年12月）；
10. “Spatiotemporal evolution of urban agglomerations in four major bay areas of US，China and Japan from 1987 to 2017：Evidence from remote sensing images”（Science of The Total Environment，2019年）。

第 6 章　粤港澳美丽湾区生态文明建设体系

“十四五”时期，我国生态文明建设进入了以“双碳”为重点战略方向、推动减污降碳协同增效、促进经济社会发展全面绿色转型、实现生态环境质量改善由量变到质变的关键时期。《粤港澳大湾区发展规划纲要》提出，牢固树立和践行“绿水青山就是金山银山”的理念，像对待生命一样对待生态环境，实行最严格的生态环境保护制度。粤港澳大湾区作为我国社会主义现代化建设的重要起源地和长期领跑者，以建设美丽湾区为引领，科学谋划面向美丽湾区的粤港澳大湾区生态文明建设，不断深入贯彻新发展理念，加快构建新发展格局，推动高质量发展，创造高品质生活，深化生态环境机制创新，实现绿色空间布局优化、绿色发展水平提升、环境质量持续改善、生态文化不断繁荣、生活方式绿色低碳、生态制度日益完善，使粤港澳大湾区建设为“碧空万里、秀水长清、岸绿湾美”的美丽湾区。粤港澳大湾区生态文明建设是贯彻习近平生态文明思想，对率先打造人与自然和谐共生的美丽中国典范具有重要的现实意义。

6.1　规划引领，建设绿色大湾区

粤港澳大湾区从要素驱动、投资驱动转向创新驱动，大幅提高产业绿色化程度，全面推进城市经济绿色化，建设新时代绿色湾区。准确把握粤港澳湾区不同城市的功能定位，建立面向人才、研发、产品、市场的全方位绿色创新支撑体系，开展资源生态环境领域关键技术和前沿技术攻关，成为绿色转型的持久推动力。粤港澳大湾区以高质量绿色发展为引领，推进生产方式绿色化，提高全要素生态化，大力发展现代生态农业、海洋生物产业、生态旅游等绿色产业，建立绿色金融体系，推动粤港澳大湾区成为绿色大湾区。

6.1.1　实施“多中心网络化”空间规划

6.1.1.1　构建“网络化”的城市空间结构

全面优化粤港澳大湾区城镇空间体系布局，推动区域协调发展，坚持组团发展，功能互补，产城融合，构建“极点带动、多中心、网络化”的城市空间结构。

“极点带动”：发挥香港－深圳、广州－佛山、澳门－珠海强强联合的引领带动作用，深化港深、澳珠合作，加快广佛同城化建设，提升整体实力和全球影响力，引领粤港澳大湾区深度参与国际合作。

“多中心”：指以香港、澳门、广州、深圳的现代服务业、高新技术产业为多中心，辐射大湾区其他城市联动发展。发挥广州基础创新和深圳应用创新优势，高质量联动发展新兴产业，如半导体与集成电路产业、区块链与量子信息和新能源等。

“网络化”：珠三角西岸主要为技术密集型产业集群带，以装备制造业+农业为主，包括广州南部、佛山、中山和珠海西部等地区，以半导体与集成电路产业、高端装备制造业、前沿新材料和精密仪器设备为新兴发展产业；珠江口东岸主要为知识密集型产业集群带，以新兴产业+高科技电子信息为主，其中包括广州东部、中部、东莞、深圳等地区，以新一代电子信息、软件与信息服务、生物医药与健康等产业为主要支柱产业；沿海地区则为生态保护型产业带，以先进绿色制造业、现代服务业为主，包括惠州、江门、珠海和深圳等市的南部沿海区域，突出陆海统筹和港产联动作用，重点保障临海、临港产业集群和重大产业项目的空间需求。

6.1.1.2　构建“多极支撑”产业发展走廊

以“湾区”建设为契机，充分发挥香港、澳门、深圳、广州引领带动作用，推进世界级湾区建设。积极加强香港、澳门、广州、深圳、惠州、珠海、江门等市重大涉海规划、涉海政策和平台对接，统筹协调海洋经济错位发展。提升珠江口各城市入海污染物的联防联控水平，强化近岸海域生态系统保护与修复。以深圳前海、广州南沙、珠海横琴三个自贸区为载体，共同建设高端现代海洋产业基地。支持深圳中国特色社会主义先行示范区建设，加快打造全球海洋中心城市，在海洋经济高质量发展方面先行示范，打造“蛇口—前海—海洋新城—光明”西部海洋科技创新走廊和“盐田—大鹏—深汕”东部向海发展走廊，推动前海海洋战略新兴产业科技集聚区和蛇口国际海洋城市建设，打造海洋经济发展示范区，规划建设国家南方海洋科学城。

6.1.1.3 推进都市圈协同一体化发展

以基础设施和公共服务一体化为着力点，加快广佛肇都市圈、深港都市圈和珠江口西岸都市圈建设，提升三大都市圈同城化水平。以珠三角高速公路网络为基础，加强香港、澳门、广州、深圳等中心城市与都市圈内其他城市间的轨道交通网络建设，充分利用广深港客运专线、广珠城际、穗莞深城际、广佛肇城际等重大交通设施网络，加快深中通道等大通道、大枢纽建设，提高城际路网密度，构建珠三角快速交通走廊，提升湾区各组团之间交通效率。统筹规划建设都市圈内路、水、电、气等重大基础设施，实现都市圈内教育、医疗、文化等优质服务资源共享，扩大公共服务辐射半径，打造优质生活空间。推动广州、深圳等中心城市的非核心功能向周边城市疏解，在佛山、惠州等地打造功能疏解承载地。推动都市圈内新型城市建设，打造功能复合、智慧互联、绿色低碳、开放包容的国际化湾区。

6.1.1.4 强化粤港澳合作区功能

完善粤港澳大湾区产业布局，推动珠三角地区产业集聚化发展，强化大湾区“多中心”香港、澳门、广州、深圳的引领带动作用，推进珠江口东西两岸融合发展。推动广佛全域同城化建设，形成以先进制造业为支撑的主体产业集群。培育东莞、深圳形成技术密集和知识密集的新兴产业集群，推动珠三角地区产业链、创新链、人才链、资金链、政策链相互贯通，深化前海深港现代服务业合作区、横琴粤澳深度合作区，落实《全面深化前海深港现代服务业合作区改革开放方案》《横琴粤澳深度合作区建设总体方案》，引领带动粤港澳现代服务业发展升级，具有国际竞争力的现代化产业体系。实施城市更新一体化行动，将生态环境建设作为提升粤港澳大湾区核心竞争力的重要抓手，与土地综合整治、新区开发建设和生态旅游等政策深度融合。

6.1.2 培育世界级产业集群

6.1.2.1 培育壮大高精尖产业

依托香港、澳门、广州、深圳等中心城市的科研资源优势和高新技术产业基础，充分发挥国家级新区、国家自主创新示范区、国家高新区等高端要素集聚平台作用，联合打造一批产业链条完善、辐射带动力强、具有国际竞争力的战略性新兴产业集群，增强经济发展新动能。大力推动珠三角地区制造业高端化发展，强化"双区驱动"和"双城联动"效应，推动形成全域参与"双区"建设、"双区"引领带动全域发展的区域协同发展格局。围绕建设全球先进制造业基地和产业创新高地，培育发展一批战略性产业集群，着力打造国际一流的制造业发展环境高地，巩固提升制造业在珠三角经济中的支柱地位。发挥珠三角地区创新科技动能，打造世界领先的先进制造业发展新高地，继续做强做优珠江东岸电子信息产业带和珠江西岸先进装备制造业产业带，建设粤港澳大湾区（珠西）高端产业集聚发展区。推进珠三角产业园提质增效，加快推进村级工业园改造，打好村镇工业集聚区升级改造攻坚战。推动数字产业化和产业数字化发展，建成智能制造发展示范引领区和工业互联网示范区，打造具有国际竞争力的培育半导体与集成电路、高端装备制造、智能机器人、区块链与量子信息、前沿新材料、新能源、激光与增材制造、数字创意、安全应急与环保、精密仪器设备十大战略性新兴产业集群。

6.1.2.2 发展现代高端服务业

全面提升服务供给水平。对标国际一流水平，大力发展金融、研发、设计、咨询、会计、税务、法律、会展等现代服务业，壮大总部经济。培育高端涉外金融、法律、会计、知识产权等领域专业人才，打造一批国际化、规范化、品牌化的律师事务所、会计师事务所和咨询企业。支持香港打造大湾区绿色金融中心，支持澳门发展租赁等特色金融业务，支持广州建设绿色金融改革创新试验区，支持深圳建设保险创新发展试验区，支持珠海等市发挥各自优势，发展特色金融服务业。支持深圳建设保险创新发展试验区积极对接国际高端会展资源，提升中国进出口商品交易会（广交会）、中国国际高新技术成果交易会（高交会）、中国国际中小企业博览会（中博会）、中国加工贸易产品博览会（加博会）等重要展会的办展水平，推动广州、深圳等建设重点会展城市，支持珠三角地区其他城市结合自身特色打造会展平台。培育国际知名展览品牌和配套服务企业，携手澳门打造高品质消费展会。推动粤港澳影视合作，加强电影投资合作和人才交流，支持香港成为电影电视博览枢纽。巩固提升香港作为国际高端会议展览及采购中心的地位，支持澳门培育一批具有国际影响力的会议展览品牌。

加强与港澳服务业合作。依托港澳现代服务业优势，深化落实内地与香港、澳门关于建立更紧密经贸关系的安排（CEPA）对港澳服务业开放措施，鼓励粤港澳共建专业服务机构，促进会计审计、法律及争议解决服务、管理咨询、检验检测认证、知识产权、建筑及相关工程等专业服务发展。支持大湾区企业使用香港的检验检测认证等服务。推进跨境电商与快递物流协同发展，大力发展第三方物流和冷链物流，加强粤港澳跨境物流标准衔接，携手建设国际物流枢纽。

培育壮大新兴战略产业。以需求为导向，着力丰富应用场景，在 5G、人工智能、4K/8K（超高清视频）和移动互联网、蛋白类等生物医药、高端医学诊疗设备、基因检测、现代中药、智能机器人、3D 打印、北斗卫星应用等重点领域培育一批重大产业生态圈。珠三角率先实施知识产权保护、旅游服务、文化创意、智慧教育等试点示范，加快形成服务经济发展新动能。

6.1.2.3　积极建设现代生态农业

坚持科技兴农、质量兴农、品牌兴农，推动农业供给侧结构性改革，大力发展富民兴村产业。发展“跨县集群、一县一园、一镇一业、一村一品”现代农业产业体系，实施现代农业产业园能级提升行动，深入实施“米袋子”“菜篮子”“果盘子”“水缸子”“茶罐子”系列培育工程，提高农业绿色化、特色化、品牌化水平。

在广州、深圳（含深汕特别合作区）、珠海、佛山、惠州、东莞、中山、江门、肇庆珠三角 9 市落实《珠三角示范性美丽渔场创建工作实施方案》，推动水产品质量安全由局部监管向全面监管、传统监管向智慧化监管、粗放式监管向精细化监管转变，确保水产品消费安全。促进农业和旅游、教育、文化、医疗、体育等产业深度融合，因地制宜发展休闲观光、文化体验、健康养老、民宿旅游、创意农业等新产业新业态。

6.1.3 统筹碳达峰碳中和规划行动

粤港澳大湾区统筹碳达峰、碳中和规划行动，主动应对气候变化，加强低碳发展及节能环保技术的交流合作。推进低碳试点示范，推动大湾区开展绿色低碳发展评价，建设绿色发展示范区，加快构建绿色产业体系。推进能源生产和消费革命，构建清洁低碳、安全高效的能源体系。粤港澳大湾区需要加强推广碳普惠制试点经验，推动粤港澳碳标签互认机制研究与应用示范。

6.1.3.1 构建多层级“零碳”试点体系规划

持续推进多层次多领域“零碳”试点示范。在广州、深圳、珠海、东莞、中山等意愿城市中选择有代表性的城镇、新区、行业、社区、园区和企事业单位，组织开展碳中和试点示范项目建设。推进低碳城市、低碳城镇、低碳园区、低碳社区建设及近“零碳”排放试点示范，加强经验总结及宣传推广。积极推动粤港澳大湾区在应对气候变化领域先行先试，推动粤港澳大湾区制定绿色低碳发展评价指标体系并定期评价。鼓励居民践行低碳理念，倡导使用节能低碳节水产品及绿色低碳出行，积极探索社区低碳化运营管理模式。

6.1.3.2 开展碳排放达峰规划行动

制定珠三角地区实施碳排放碳达峰规划行动方案，按照国家温室气体排放控制、碳达峰和碳中和的总体部署，明确珠三角中长期应对气候变化工作思路，细化分解工作任务。推动珠三角地区科学制定能源、交通、建筑、钢铁、石化、造纸等重点行业碳达峰实施方案。落实区域差异化的低碳发展路线图，充分发挥发达地区示范作用，加大能源、重点高耗能工业碳排放总量控制力度，推进有条件的地区和重点行业率先实现碳达峰。鼓励有条件的城市率先打造碳达峰和空气质量达标的典范。加强污水、垃圾等集中处置设施温室气体排放协同控制。

6.1.3.3 加强减污降碳行动

深入开展减污降碳行动，将碳达峰、碳中和工作与“十四五”深入打好污染防治攻坚战相结合，探索协同控制二氧化碳和污染物排放的创新举措和有效机制，将碳达峰、碳中和要求纳入“三线一单”生态环境管控体系和环境影响评价，逐步推动末端治理向源头治理转变。推动能源、产业、交通、建筑等重点领域低碳发展。坚持珠三角全域多层次增绿固碳，有效发挥森林、湿地、海洋、土壤的固碳作用，提升生态系统碳汇增量。

6.1.3.4　提升适应气候变化能力

在农业、林业、水资源、基础设施等重点领域及城市、沿海、生态脆弱区积极开展适应气候变化行动。加强气候变化综合评估和风险管理，完善区域风险应对机制，提升风险应对能力。推进气候韧性城市建设，将适应气候变化理念落实到国土空间规划、建设与管理中，提高城市生命线系统和基础设施建设标准，提升城市能源供应系统、交通运输体系、建筑设施、自然生态等适应气候变化的能力。优化城市功能分区及空间设计，加强地下综合管廊建设。加强气候变化系统观测和科学研究基础工作，提高应对极端天气和气候事件的能力。

6.1.3.5　建立应对气候变化机制

积极推进碳市场制度机制创新，深化完善碳排放权交易。围绕粤港澳大湾区提前实现碳达峰碳中和目标，大力发展绿色信贷、绿色债券、绿色保险。强化绿色金融创新，推动国内省市、粤港澳及国际应对气候变化交流合作，搭建粤港澳大湾区环境权益金融服务平台。支持广州、深圳碳排放权交易中心发展，开展碳排放交易外汇试点。积极扩展碳普惠覆盖城市及涉及领域，扩大碳普惠影响力，探索建立碳普惠机制联盟。

6.1.3.6　积极推进国际交流与合作

积极参与全球气候治理，组织参加第二十六届联合国气候变化大会（COP26）。推动与英国、美国等国家应对气候变化领域的合作。配合商务部门、市场监管局等部门积极应对贸易碳关税壁垒，开展碳标签机制研究并在珠三角试行碳标签制度。

6.2　格局优化，建设生态大湾区

粤港澳大湾区顺应湾区发展的基本规律，以国家“十四五”规划和主体功能区规划、生态红线为指导，按照统筹各类专项性规划、推进“多规合一”的要求，有度有序地开发利用，保障粤港澳大湾区的生态完整性与稳定性，构建凸显生态文明理念的粤港澳大湾区空间格局。

6.2.1 构建生态空间格局

6.2.1.1 严格管控生态保护红线

珠三角地区落实国土空间规划用途管制，大力推进生态保护红线战略，维护自然生态系统功能完整性与稳定性，积极开展关键生态功能区修复与治理工程，确保生态重要区功能不降低、生态敏感区脆弱性不升高、生物多样性集中分布区关键物种种群数量不减少。建设和完善生态保护红线综合监测网络体系，充分发挥卫星遥感技术的生态监测能力，运用云计算等大数据信息手段，在珠海、中山、深圳等市开展生态保护红线监测预警试点，加强珠三角监测统计能力建设。

6.2.1.2 强化自然保护地管控

积极推进珠三角北部生态屏障区内自然保护地的建设用地清退和生态修复工作，合理疏导自然保护地内原住民，减少人类活动干扰，降低保护地管理压力。加大肇庆市鼎湖山国家级自然保护区、惠州市象头山国家级自然保护区以及江门市圭峰山、北峰山国家森林公园等森林生态系统中林分的改造力度，优化林分结构，促进林木天然更新。开展因高强度城镇开发造成不同程度侵占的自然保护区生态修复工作，以因地制宜、自然恢复为主。推进珠三角地区自然保护地整合优化，全面提升自然保护地管理能力，推动自然保护地共建共享，有效对自然保护地进行科学的常态化监测，逐步完善科普馆、自然学校、自然教育径等公共服务设施建设，进一步提高信息化管理水平。

6.2.1.3 实行环境管控单元分类管理

对标国际一流湾区，强化创新驱动和绿色引领，以环境管控单元为基础，从区域布局管控、能源资源利用、污染物排放管控、环境风险防控等方面提出准入要求，建立并完善珠三角“三线一单”生态环境分区管控体系，实行区域空间生态环境评价分类管理制度，强化空间开发环境管控。

6.2.1.4 推进山水林田湖草系统保护修复

强化山水林田湖草整体保护、系统修复，推进北部环形生态屏障、粤港澳大湾区外围生态屏障、蓝色海洋等生态保护修复重大工程，实施东江、西江等重要骨干河流生态保护修复，建立耕地、河湖休养生息制度。全面推行林长制。深入实施新一轮绿化广东大行动，以南岭山地为重点实施森林质量精准提升行动，完善天然林保护制度，加强森林抚育与改造，推进生态公益林提质增效，建设森林湾区。深入推进“美丽河湖”创建，建立功能完整的河涌水系和绿色生态水网，推动水生态保护修复，保障河湖生态流量。推进红树林营造和修复。有序开展历史遗留矿山石场治理复绿，加强矿产资源开发地区地质环境和生态修复。

6.2.2　完善城镇空间布局

6.2.2.1　合理规划城镇开发边界

科学研判粤港澳大湾区城镇体系发展规律，优化城镇形态和布局，促进城镇有序、适度、紧凑发展，实现“组团式、多中心、网络化”的国土空间格局。香港、澳门、广州、深圳“四个中心”以土地集约、产业创新、非核心功能疏解为重点，在保持城市历史文脉的基础上，提高土地利用效率，强化国际化高端城市功能培育。佛山、东莞、珠海和中山等城市重点通过生态环境改善、绿色产业转型和城镇空间合理开发等手段实现城镇空间的有机更新。惠州、江门和肇庆等城市在确保自然资源优先保护的前提下，保障适度合理的城镇开发需求，加强综合服务功能和产业升级功能的提升，促进人口、经济、产业要素的集聚效应。注重提升粤港澳大湾区人居环境品质，统筹安排城镇生产空间、生活空间、生态空间，突出粤港澳大湾区的自然与人文特色，塑造高品质人居环境。严格实行建设用地总量与强度双控，强化珠三角地区城镇开发边界对开发建设行为的刚性约束作用，科学预留功能留白区，为未来发展留有开发空间。

6.2.2.2　铸造宜居宜业宜旅优美生态景观

粤港澳大湾区要积极营造舒适空间，打造优美生态景观。充分发挥粤港澳大湾区公园绿地、绿道和碧道等绿色生态基质的综合生态功能，与各市生态保护红线和自然保护地统一构建“绿网+绿块”的生态网络，构筑以生态廊道为骨架、块状绿地为基质的生态格局。注重有机融合自然生态系统和城市绿化景观，完善区域“林、水、山、城”的生态系统，构建多层次、多功能、立体化、网络式的生态景观结构，形成“自然生态核心+山水生态廊道+绿色生态基质”的复合型生态空间结构。加快推进公共绿地和公共设施复合用地建设，积极推广城市立体绿化建设，多方位、多途径增加城市可视绿量。深入挖掘自然公园生态资源，加快谋划珠三角绿色中心公园，在各市布局建设多种主题公园，形成亲民、宜居的绿色开放空间，让珠三角居民出门见绿、身边有园，建设与自然资源保护相协调、与城市空间结构相适应、与城市产业发展相契合、与宜居宜业生活相统一的绿色空间系统。

6.2.2.3 优化城乡人居环境

促进城乡融合发展。建立健全城乡融合发展体制机制和政策体系，推动珠三角 9 市城乡一体化发展，全面提高城镇化发展质量和水平，建设具有岭南特色的宜居城乡。加强分类指导，合理划定功能分区，优化空间布局，促进城乡集约发展，系统实施城乡生态环境综合治理，建设健康稳定田园生态系统，深化美丽湾区建设。

提高城乡基础设施一体化水平，统筹珠三角地区城乡市政设施的分布，按照服务半径和人口规模等级配置市政设施，增加市政设施覆盖的广度和密度，提高市政设施质量，满足广大居民日常生活需求。重点推进农村供水改革，实现珠三角地区自然村集中供水全覆盖，建立规模化发展、标准化建设、市场化运作、一体化管理、智慧化服务的农村供水体系。实施新一轮农村电网升级改造，推动供气设施向农村延伸。创新农村公共基础设施管护体制，全面提升管护质量和水平。

因地制宜推进城市更新，改造城中村、合并小型村，加强配套设施建设，改善城乡人居环境。推进生态社区建设，营造宜居家园，把有利于生态的理念应用到居住区规划建设管理之中，建设生态型居住区，逐步普及生态住宅。促进资源节约和循环利用，美化居住区环境，建设节能、高效、美观的生态湾区。

6.2.3 优化农业空间格局

6.2.3.1 严守耕地保护红线

严守珠三角地区的耕地保护红线和永久基本农田控制线，加强耕地保护。落实各市基本农田保护任务，强化永久基本农田保护意识。严格控制新增建设占用耕地，严禁违规占用耕地绿化造林、挖田造湖，推进农村乱占耕地建房问题整治，坚决遏制耕地“非农化”、防止“非粮化”。严格落实耕地占补平衡制度，加快耕地恢复和补充耕地建设，积极拓宽新增耕地及耕地提质改造途径，加强耕地保护动态监测监管。推进高标准农田建设，完善农田水利设施，加大政策激励力度，推进撂荒耕地复耕复种，促进耕地高效利用。创新高度城市化地区永久基本农田的保护利用模式，通过大力推行秸秆还田、种植绿肥、增施有机肥、酸化耕地土壤改良等耕地保育技术措施，整体提升珠三角地区农田的土壤肥力、耕地质量和综合生产能力。

6.2.3.2　构建农业空间格局

打造集约高效的农业生产空间，依托珠三角特有的田园景观、自然生态及环境资源，大力发展高科技现代都市农业。鼓励在广州、佛山、珠海等珠三角腹地平原地区利用果园、菜园、花圃等农业生产用地建设观光农业、市民农园、休闲农场、假日花市等项目，按照“生产+加工+科技+品牌”全产业链和城乡融合发展的思路，打造融生产、生活和生态于一体的现代农业产业园。支持肇庆、江门和惠州等市加快农业园区化、基地化建设，实施耕地质量保护与提升行动，推进农田水利、土地整治、中低产田改造，提高农业生产效率。支持珠海、中山、江门等市沿海地区推行绿色水产养殖，依法加强养殖水域滩涂统一规划，合理确定养殖规模和养殖密度，推进集中连片的内陆养殖池塘标准化改造和养殖业尾水达标治理，积极推动近岸水质智能监测工作，完善相关水域禁渔管理制度。

6.3　创新驱动，建设科技大湾区

新时代背景下，粤港澳大湾区各城市不断完善分工合作的区域创新体系，发挥香港、广州、深圳和澳门—珠海 4 个科技创新极点的创新引领和辐射带动功能，拓展国际创新合作，积极融入国际创新网络，推进粤港澳大湾区科技创新走廊建设，建设全球科技产业创新中心，建设科技湾区。

6.3.1　加强大湾区科技创新合作

6.3.1.1　推进大湾区科技创新走廊建设

更好发挥内地与香港、澳门科技合作委员会的作用，推动香港、澳门融入国家创新体系发挥更重要作用。充分发挥粤港澳科技和产业优势，积极吸引和对接全球创新资源，建设开放互通、布局合理的区域创新体系。推进广州－深圳－香港－澳门科技创新走廊建设，探索有利于人才、资本、信息、技术等创新要素跨境流动和区域融通的政策举措，共建粤港澳大湾区大数据中心和国际化创新平台。

支持依托深圳国家基因库发起设立“一带一路”生命科技促进联盟。鼓励其他地区的高校、科研机构和企业参与大湾区科技创新活动。

6.3.1.2 建设全球科技产业创新中心

构建广州—东莞/惠州—深圳—香港—澳门/珠海—中山—江门—佛山科技创新环。加快广州南沙、深圳前海和落马洲河套地区、珠海横琴等创新合作区建设。打造东莞松山湖、佛山中德服务区、惠州潼湖生态智慧区等重大创新平台。依托深圳国家自主创新示范区、珠三角国家自主创新示范区建设，构建重大装备制造、通信信息、智能制造、生物医药等产业创新集群。因此，粤港澳大湾区要统筹利用全球科技创新资源，优化跨区域合作创新发展模式，构建国际化、开放型区域创新体系，打造粤港澳大湾区创新合作共同体，加快推进珠三角国家自主创新示范区建设，努力建设全球科技产业创新中心。

6.3.1.3 打造高水平科技创新载体

支持香港建设世界级服务业创新中心，大湾区与世界顶尖创新资源和网络对接，引入更多世界一流机构和内地科研机构。支持国家工程和创新平台在大湾区落地，加快创新资源集聚融合发展，完善大湾区集成化创新合作网络。支持粤港澳有关机构积极对接国家科技重大专项和科技计划，共同建设国际科学创新平台。推进粤港澳大湾区实验室及工程中心体系建设，提升原始创新能力。

加快推进大湾区重大科技基础设施、交叉研究平台和前沿学科建设，着力提升基础研究水平。推动珠三角地区与粤港澳企业、高校、科研院所共建高水平的协同创新平台。支持港深创新及科技园、中新广州知识城、南沙庆盛科技创新产业基地、横琴粤澳合作中医药科技产业园等重大创新载体建设。支持香港物流及供应链管理应用技术、纺织及成衣、资讯及通信技术、汽车零部件、纳米及先进材料五大研发中心以及香港科学园、香港数码港建设。支持澳门中医药科技产业发展平台建设。推进香港、澳门国家重点实验室伙伴实验室建设。推进粤港澳高等院校、科研院所、企业科技共建合作平台。加快香港科学园、应用科技研究院、高等院校等机构的先进技术成果转化。

6.3.1.4 推进绿色技术创新

以粤港澳大湾区创建综合性国家科学中心和深圳市建设中国特色社会主义先行示范区为契机，加快构建市场导向、要素完备、目标明确、运行有效的绿色技术创新体系，全面提升绿色技术创新能力和水平。加强绿色技术创新方向引导，推进绿色技术创新综合示范，围绕大气污染治理、水污染防治和流域综合治理、资源循环利用、生态保护和修复、清洁能源替代、清洁生产、“海绵城市”建设、固体废物综合处置、新能源汽车等关键领域，研发应用一批具有基础性、关联性、系统性的关键共性技术、前沿引领技术、现代工程技术、颠覆性技术。加快粤港澳大湾区绿色技术银行筹建工作，积极支持深圳建设绿色技术创新综合示范区。

6.3.2　创新粤港澳合作治理模式

加快推进深圳前海、广州南沙、珠海横琴等重大平台开发建设，充分发挥其在进一步深化改革、扩大开放、促进合作中的试验示范作用，拓展港澳发展空间，推动公共服务合作共享，带动粤港澳全面合作。

6.3.2.1　创新合作区治理模式

聚焦人工智能、健康医疗、金融科技、智慧城市、物联网、能源新材料等港澳优势领域，创新粤港澳合作区的新型治理模式，创新科技合作管理体制，促进港澳和内地创新链对接联通，推动科技成果向技术标准化、产业化转化。联合港澳探索有利于推进新技术新产业发展的法律规则和国际经贸规则进行创新，逐步打造规范的监管环境，促进依法规范发展，健全数字规则，提升监管能力的合作平台。推进以法定机构承载部分政府职能，优化机构法人积极稳妥推进区域治理职能的体制机制创新与相关制度规范，研究在前海合作区、横琴深度合作区工作、居留的港澳和外籍人士参与合作区治理途径、治理结构、职能设置和管理模式。推进行业协会自律自治，搭建粤港澳职业共同体交流发展平台。推进政务服务数字化、规范化、移动化、智能化。深化“放管服”改革，探索符合条件的市场主体承接公共管理和服务职能，健全公共服务供给机制。推动企业履行社会责任，适应数字经济发展，在网络平台、共享经济等领域探索政府和企业协同治理模式。

6.3.2.2　打造国际交流合作窗口

以传播生态文明理念、分享大湾区绿色科技发展实践为主轴，积极参与国际合作活动，深度参与全球环境治理行动。打造国际交流合作窗口，引入生态环保领域内主场外交活动，主动开展地方政府间高层对话，扩大与相关国际组织和机构合作，加强人文交流和政策、规则、标准联通，全面提升大湾区国际合作层次和水平；深化粤港澳海洋产业合作，在 CEPA（2018 年内地与香港签署了《内地与香港关于建立更紧密经贸关系的安排》，简称 CEPA）框架下，推动粤港澳涉海投融资、人员货物通关、涉海行业标准等方面规则对接。加强粤港澳航运服务合作，成立航运服务专业机构。

6.3.2.3 加强“一带一路”平台建设

发挥省（部）共建美丽湾区合作机制优势，共同编制省、部协同推动粤港澳大湾区“一带一路”生态环保合作实施方案，聚合创新实体深度合作。参与建设“一带一路”绿色发展国际联盟、“一带一路”绿色发展国际研究院、“一带一路”生态环保大数据服务平台、“一带一路”绿色发展周等具有国际影响力的合作平台，共同开发一批具有国际影响力的示范项目。

6.3.2.4 深化绿色产能合作平台

强化政策和资金引导，支持社会力量参与，建设“一带一路”高端环保产业园和绿色技术创新孵化基地，构筑互利共赢的绿色产业链合作体系，全面构建绿色技术创新国际合作体系。高水平打造深圳前海、横琴澳门青年创业谷、粤港澳青年创新创业基地等一批创客空间、孵化器和科研创新载体，构建全链条服务生态。探索推动加强对大湾区企业海外项目环境合规的管理，强化海外遵循国际惯例和债务可持续原则的研究，健全多元化绿色投融资实践体系。

6.3.3 创新生态产品价值实现机制

6.3.3.1 建立生态产品价值核算体系

粤港澳大湾区建立生态系统生产总值（GEP）发布制度，建立 GEP 核算机制，以生态系统价值总量及其变化、生态产品价值实现率等核算结果作为财政转移支付、市场交易、市场融资、生态补偿等的重要参考，推动 GEP 进监测、进规划、进考核、进决策。以深圳为先行示范，优化深圳 GEP 核算“1+3”制度体系，扩大 GEP 核算范围，探索海洋、沙滩资源生态资产核算方法，逐步构建粤港澳大湾区 GEP 核算指标体系、技术规范和核算流程。

6.3.3.2 开拓多元生态产品价值实现路径

创新发展生态农业。发展多功能复合的现代都市农业，高标准打造绿色农产品珠三角集散基地，积极创建省级现代农业产业园，培育肇庆市创建国家级现代农业产业园。大力发展生态工业。构建全产业链和产品全生命周期的绿色制造体系，培育一批工业产品绿色设计示范企业，积极创建绿色工厂和绿色园区。支持珠三角城市建设国家全域旅游示范区。促进滨海旅游业高品质发展，加快“海洋－海岛－海岸”旅游立体开发，完善滨海旅游基础设施与公共服务体系。探索以旅游等服务业为主体功能的无居民海岛整岛开发方式。建设贯通潮州到湛江并连接港澳的滨海景观公路，推动形成连通港澳的滨海旅游发展轴线，建设一批滨海特色风情小镇。探索开通澳门与邻近城市、岛屿的旅游路线，探索开通香港－深圳－惠州－汕尾海上旅游航线。以香港、澳门、广州、深圳为中心，以广佛肇、深莞惠、珠中江三大生态旅游圈为重点，推进珠三角地区生态旅游产业一体化。探索从生态旅游经营收入中安排专项支持生态效益补偿资金，让自然保护地共享旅游资源收益。

6.3.3.3　建立生态产品交易制度体系

探索实行自然资源资产有偿使用。珠三角全域率先健全自然资源资产产权体系，加快自然资源资产统一确权登记。完善全民所有土地、水、矿产和森林等自然资源资产有偿使用制度。健全生态产品市场交易体制机制，以广州碳排放交易所、深圳排放权交易所为示范，在珠三角建立以碳排放权为特色的市场化生态补偿机制，鼓励通过碳中和、碳普惠、市场化生态补偿等形成支持林业碳汇发展。完善促进生态产品价值实现的金融支持体系。发展普惠金融，创新推出以生态产品为对象的绿色信贷产品，设立生态产品贷款风险补偿资金，形成合理风险分担机制。探索生态产品价格指数保险、绿色产品质量安全保险等创新产品，扩大生态保险对生态产品开发覆盖面。

6.3.3.4　建立生态产品价值实现制度体系

建立多元化生态保护补偿机制。使损害者赔偿、受益者付费、保护者得到合理补偿。珠三角各市探索完善财政转移支付和纵向生态补偿机制，按照生态公益林、基本农田等生态产品价值增长定期调整补偿标准。探索横向补偿机制，以西江、东江流域为示范，探索珠三角市际横向生态补偿全覆盖；各市探索建立饮用水水源一级、二级保护区、自然保护地、生态保护红线等的纵向补偿与县（区）际横向生态补偿机制，实现森林、湿地、河流、耕地等重点领域和禁止开发区域、重点生态功能区等重要区域生态保护补偿全覆盖。完善生态产品市场定价机制，加快建立健全能够充分反映市场供求和资源稀缺程度、体现生态价值和环境损害成本的生态产品价格体系。

6.4 保护环境，建设健康大湾区

6.4.1 推进环境协同防治

6.4.1.1 推进“三水”统筹治理

加强水资源供给保障。加快形成粤港澳大湾区水源供应格局，推进东江、西江、北江等重大水源和输配水骨干工程建设，提高应急供水保障水平。加强水资源节约与循环利用，建立水资源刚性约束制度，健全节水政策法规和指标标准体系，强化用水总量和强度控制，建立大湾区城市节水管理长效机制。强化饮用水水源保护，加强珠三角流域内引水工程水质监控，推动城市间各关联水源监控数据共享，建立供水网络上下游水质数据互联互通机制。提升水质监测能力建设，建立饮用水水源地突发污染事故预报预警机制，增强水源地风险应急响应及处置能力。

深化水环境综合治理。粤港澳大湾区加快建立入海污染物总量控制制度和海洋环境实时在线监控系统，实施东江、西江及珠三角河网区污染物排放总量控制，保障水功能，确保大湾区水质达标。实行最严格的污染源监管措施，实施涉水污染源整治，强化排水许可管理与日常巡查排查。管理规范的入河（海）排污口监管体系，基本建立入河（海）排污口分类管理制度。加快城乡污水处理系统建设，推进城镇污水管网全覆盖，因地制宜布局污水资源化利用设施，进一步完善源头截污和雨污分流，推动镇级雨污分流设施综合项目建设，城镇新建管网实行雨污分流强制性要求。全力推进重点流域水环境治理，推动解决粤港澳大湾区跨市河流污染问题，深化大湾区流域污染联防联治，完善跨行政区河流交接断面管理制度。巩固提升珠三角地区黑臭水体治理成果，重点推进珠三角核心区水网黑臭水体治理，贯通珠江三角洲水网，构建全区域绿色生态水网。

大力推动水生态修复。加强水生态环境调查与评估，加强东江、西江、北江等重要江河水环境保护和水生生物资源养护，建立水生态环境监测体系，开展河湖水生态健康调查评估，摸清主要河湖生态健康状况。强化河湖生态流量保障。开展河湖生态需水量研究，探索建立以水质改善为基础、统筹开发建设需求的水生态流量保障机制。推进河湖水生态修复，高质量建设江河安澜、秀水长清的万里碧道，加强万里碧道重点河段水生态修复工作。开展河湖缓冲带建设与修复，加强西江流域河湖开发建设过程中水生态环境保护，维持河湖岸线自然状态。充分发挥河长、湖长制作用，开展美丽河湖创建，打造一批“有河有水、有鱼有草、人水和谐”的美丽河湖典范。

6.4.1.2　推进大气污染协同防治

强化细颗粒物（$PM_{2.5}$）和臭氧（O_3）污染协同治理。制订加强 $PM_{2.5}$ 和 O_3 协同控制、持续改善空气质量行动计划，统筹考虑珠三角地区臭氧污染区域传输规律和季节性特征，加强重点区域、重点时段、重点领域、重点行业治理，强化分区分时分类差异化、精细化协同管控。探索建立能源、产业、交通运输、污染排放和气象等数据信息的共享机制，深化大数据挖掘分析和综合研判，精准指导大气污染防治工作。

推进工业污染源深度治理。加强挥发性有机物（VOCs）深度治理，建立健全珠三角全域 VOCs 重点管控企业清单，实施 VOCs 重点企业分级管控。加强原辅材料替代，严格执行大宗有机溶剂产品 VOCs 含量限值标准。落实建设项目 VOCs 削减替代制度，重点推进炼油石化、化工、工业涂装、印刷、制鞋、电子制造等重点行业以及机动车和油品储运销等领域 VOCs 减排。强化电厂和工业窑炉煤炉排放治理，严密监控电厂大气污染物排放，进一步提升电厂污染治理水平，严格实施工业炉窑分级管控，全面推动 B 级以下企业工业炉窑的燃料清洁低碳化替代、废气治理设施升级改造、全过程无组织排放管控。逐步开展天然气锅炉低氮燃烧改造。

强化移动源污染控制。强化成品油质量和油品储运销监管，监督落实现有加油站、储油库执行严格的排放标准，加强加油站、储油库油气回收监管和在线监控系统建设。深化机动车污染防控，持续推进机动车新能源化，加大在用车排放监管力度，推动非现场执法。加强非道路移动机械污染治理，全面实施非道路移动机械国Ⅳ排放标准，深入开展柴油非道路移动机械尾气排放整治工作。加强船舶空港污染治理，严格落实珠三角地区水域船舶排放控制区要求，加强船舶用油质量的监督抽检，推动船舶空港设备使用新能源。

强化面源污染精细化防控。持续强化扬尘污染治理，完善建设珠三角各市工地扬尘在线监控管理平台，推动施工现场视频监控体系建设。全面排查城市建成区裸露土地、城乡接合部未开发利用土地，全方位采取抑尘防尘措施。强化餐饮源污染排放监管，大中型餐饮项目安装油烟在线自动监控设施，督促餐饮单位定期对油烟净化设施进行维护保养。强化露天烧烤、秸秆露天焚烧监管执法，运用无人机、卫星遥感和高清视频监控等手段，建立网格化监管体系。加强农作物秸秆、清扫废物、园林废物等露天焚烧监管，加大烟花爆竹禁燃区管控力度。

6.4.1.3 推进土壤污染防治

加强农用地分类管理。完善农用地土壤环境分类制度，健全农用地土壤环境质量类别动态更新机制。加强农用地重点地块监测，建立珠三角地区土壤污染防治及农产品质量安全动态数据库，健全耕地土壤污染预防、安全利用、风险管控制度。建立农业投入品废弃物有偿回收处置网络体系，推动化肥、农药使用量零增长，加强农用地白色污染治理。

强化建设用地风险管控力度。动态更新土壤污染重点监管单位名录，健全土壤风险管控修复和监管等相关技术指南和规范。严格建设用地污染地块再开发利用的管理，对工业污染地块，鼓励采用“环境修复+开发建设”模式，鼓励珠三角有条件的地市建立污染土壤异地集中处置中心。推进珠三角地区典型城市土壤污染防治先行区建设，支持深圳、广州等地土壤污染防治创新，探索土壤污染源头预防、风险管控和修复、监管能力建设等综合防治模式。

开展地下水污染协同防治示范。积极推动珠三角地区重点行业、重点领域土壤和地下水调查评估。支持广州、深圳等地污染地块开展土壤和地下水调查评估，推进土壤和地下水污染协同防治试点示范。支持深圳率先探索地下水污染分区防治的配套政策。推动化工类工业集聚区、危险废物处置场和生活垃圾填埋场等地下水污染风险管控试点建设。

6.4.2　维护生物多样性生态平衡

6.4.2.1　健全生物多样性保护机制

推动生物多样性保护纳入生态质量监测、质量评价与绩效考核体系，建立生物多样性保护多部门联动机制，加强分工协作和数据共享。建设野生动植物与重要物种栖息地、原生境数据库并定期更新，加强野生动植物保护监督。编制野生动植物资源保护规划，定期开展珠三角生物多样性调查评估，发布生物多样性保护白皮书。加强生物多样性保护宣传教育，强化博物馆、展览馆自然科普能力建设。

6.4.2.2　加强野生动植物保护

以典型河口海湾为重点，实施珍稀濒危野生动植物抢救性保护工程，保护修复珠三角地区红树林、湿地、珊瑚礁、水禽栖息地、水生生物重要栖息地等重要自然生态系统。联合港澳建设保护大湾区水鸟生态廊道、建立中华白海豚粤港澳保护联盟，健全区域和部门合作机制。建立具有广东特色的珍稀濒危物种的调查监测网络，实施生物多样性保护工程。持续开展专项整治行动，协同打击区域内跨境走私濒危物种活动，严惩非法捕杀、交易、食用野生动物行为。

6.4.2.3　加强生物遗传多样性保护

开展生物遗传资源和生物多样性调查、登记和数据库建设，加强物种遗传资源数据的集中管理与共享。依托现有资源建立本地物种和特有种标本和基因库，加强基因多样性保护。加强转基因生物环境释放、风险评估和环境影响研究，完善相关技术标准和技术规范。

6.4.2.4　强化生物入侵风险管理

加强外来入侵生物防控，持续开展外来入侵物种调查、监测和预警，及时更新外来入侵物种名录。建立针对红火蚁、薇甘菊、互花米草、松材线虫等外来入侵物种的监测预警及风险管理机制，结合生态保护修复工程，精准实施重点区域、重点外来入侵物种治理工程。加强珠三角重要生态区域的外来入侵物种防控工作监督，开展防控成效评估。完善生物物种资源出入境管理制度，将外来入侵物种纳入生物安全应急管理体系。建立本地物种和特有种标本和基因库，加强基因多样性保护。

6.4.3 强化区域环境风险防控

6.4.3.1 推进固体废物处理处置

推进“无废城市”建设。以建设“无废城市”“无废湾区”为抓手，健全固体废物综合管理制度。深入推进深圳“无废城市”建设，加快推进广州、中山等市危险废物焚烧处置以及东莞等市危险废物填埋设施建设。完善医疗废物收集转运处置体系，提高医疗废物集中处置能力和信息化、智能化监管水平，加快推进医疗废物集中处置设施建设和提档升级，加快推进珠三角各市“无废城市”建设试点，推动粤港澳大湾区建设成为“无废”湾区。

加强固废危废污染联防联治。落实企业工业固体废物污染防治责任制，建立工业固体废物管理台账。完善固体废物环境监管信息平台，提升固体废物收集、转移、处置效率。建立和完善跨行政区域联防联控联治和部门联动机制，强化信息共享和协作配合，严厉打击固体废物环境违法行为。

6.4.3.2 强化危险化学品与废物风险管控

持续推进重金属污染综合防控。严格控制珠三角区域内电镀行业废水排放，限制新增涉重金属行业工业园区。推动含有铅、汞、镉、铬等重金属污染物排放的企业开展强制性清洁生产审核，对现有重金属污染物排放企业在新一轮清洁生产审核中实施提标改造。

加强危险化学品环境风险管控。优化涉危险化学品企业布局，淘汰落后生产储存设施，推动已纳入城镇人口密集区危险化学品生产企业搬迁改造。规范危险化学品企业安全生产，强化企业全生命周期管理，严格常态化监管执法。严格废弃危险化学品安全处置，优化拓展石化区危险废物临时堆场布局，严防危险化学品陆源泄漏入海事故。

6.4.3.3 建立健全环境应急管理体系

逐步建立粤港澳大湾区流域水环境、跨界河流、跨市大气环境风险管理体系，完善突发环境事件应急管理多层次预案体系，健全生态环境风险动态评价和管控机制。完善珠三角地区安全例会和例检，定期开展跨市企事业环境风险隐患排查专项整治。加强对政府、企业预案的动态管理，规范定期开展珠三角城市联合应急演练和培训制度，深化跨市环境应急联动合作。建立健全珠三角地区环境应急物资联合保障制度及应急物资统一调度工作体制。完善粤港澳大湾区跨界环境应急响应体系，规范环境应急响应流程，加强环境风险监控和污染控制，及时科学处置突发环境事件。

6.4.4　构建自然生态监管体系

6.4.4.1　完善生态监管机制系统建设

按照统一规划政策标准制定、统一督察问责的要求，做好对自然资源开发利用活动、重要生态环境建设和生态修复等工作的监督管理，健全自然生态保护监管体系，加快实现生态保护领域全过程监管的制度化、法治化、规范化。按照省和国家统一部署，完成珠江三角洲生态保护红线评估调整和自然保护地整合优化，并进行严格管控、定期监测评价。开展生物物种调查评估，构建野生动植物监测、监管与评价预警系统。

6.4.4.2　加强生态保护修复统一监管

加强重要生态系统保护监管，推进自然保护地观测网络全覆盖。健全自然保护地生态环境监管制度，开展自然保护地保护成效评估，加强自然保护地人类活动遥感监测和实地核查，持续开展“绿盾”等监督检查专项行动，严肃查处涉及自然保护地的生态破坏行为。加强生态保护修复监管，推进对水土流失、矿山石漠化等生态退化地区的监测评估与监管，开展生态保护修复工程实施成效自评估，对生态保护修复工程实施全过程生态质量、环境质量变化情况监测。建立完善生态保护红线监测网络体系，定期组织开展评价。建设生态保护红线监管平台，加强与省级生态保护红线监管平台的对接。建立生态保护红线常态化执法机制，定期开展执法督察。

6.5　陆海统筹，建设宜居大湾区

6.5.1　统筹海洋开发保护布局

充分发挥粤港澳大湾区海岸线、海湾和海岛资源丰富的优势，坚持保护与开发并重，优化海洋空间功能布局，提升海洋资源开发利用水平，加快构建陆海一体、协同有序、绿色活力的海洋空间。

6.5.1.1 强化陆海统筹开发保护

加强海岸线管控，落实国家对自然岸线保有率的管控要求，实施分类分段精细化管理，推进海岸线资源的科学利用。做好陆海两域空间对接，以海岸线为轴，以海岸带为重点，按照以海定陆、陆海协调的原则，统筹陆海生产、生活、生态空间，强化海岸带在区域经济社会发展中的引领和支撑功能。强化陆海开发保护协调，以陆海生态系统为基础，陆海一体推进环境污染防治、生态保护修复，加强陆海基础设施对接，强化港口的综合枢纽作用，推进陆海联动、江河海互动、港产城融合，整体推进陆海经济产业发展和示范。开展重点海域生态环境调查与评估，加强重点河口海湾综合整治与修复，强化海域海岛使用动态监测。加强海洋自然保护地建设与管理，严格控制海洋捕捞强度，大力养护海洋生物资源。完善围填海总量管控，严格控制新增围填海项目，加快处置历史遗留问题。

6.5.1.2 积极建设宜居宜旅湾区

严格控制近岸海域开发强度和规模，推动深远海适度开发，防止人为割裂陆海联系和不计代价盲目开发海洋。在经济社会发展、资源优化配置、人居环境改善等方面，要全面统筹、周密谋划，促进海陆两大系统的优势互补、良性互动和协调发展，构建粤港澳湾区陆地文明与海洋文明相容并济的发展格局。粤港澳大湾区要立足于自身优质的生态旅游资源，编制湾区生态旅游规划，丰富粤港澳“一程多站”旅游精品路线。优化“便利免签证”政策。支持香港建设多元旅游平台，澳门建设世界旅游休闲中心。推动香港、广州、深圳国际邮轮母港建设，进一步增加国际班轮航线，促进邮轮旅游健康有序发展。加快推动粤港澳游艇自由行。支持深圳、珠海、中山、惠州等创建国家级全域旅游示范区。将广东自贸试验区广州南沙、深圳前海蛇口、珠海横琴片区建设成为粤港澳旅游服务业合作的示范区，推动横琴国际旅游岛建设。打造一批滨海特色风情小镇，建设宜居湾区。

6.5.1.3 推动海洋产业绿色发展

聚焦海洋优势产业提质增效、新兴产业做大做强、潜力产业加快发展，打造海洋油气、海洋工程装备、海洋清洁能源、海洋生物产业与现代渔业、海洋旅游等产业集群。完善海上风电产业链，加快建设海上风电高端装备制造基地、海上风电运维和整机组装基地，支持潮汐能、波浪能、海流能、海洋生物质能、海水制氢等示范工程。加快惠州大亚湾石化等石化产业集群建设，推动传统石化产业向新型绿色石化产业转型升级，打造世界级绿色石化产业基地。提升海洋科技创新能力，支持建设海洋领域国家重大科学基础设施和科技创新平台，推进海洋电子信息、海上风电、海工装备、海洋生物等领域突破一批核心技术和共性技术。积极发展海洋碳汇。

6.5.1.4 强化海洋生态环境保护

坚持陆海统筹，全面加大近岸海域污染防治力度。持续加强入海河流污染治理，减少总氮等污染物入海量。加强重点海域环境综合整治，推进珠江口海域污染物减排，有效控制入海污染物排放。深化港口船舶污染联防联治，推动港口、船舶修造厂加快船舶含油污水、洗舱水、生活污水和垃圾等污染物接收、转运及处置设施建设。优化海水养殖生产布局，鼓励发展深海养殖，严格管控海水养殖尾水排放，推行海水养殖尾水集中生态化治理。深化海洋垃圾污染防治，开展海洋微塑料监测、评估和防治技术研究与示范。建立完善的陆地—海滩（岸）垃圾清运长效机制，实施海滩垃圾的属地化管理。推进海洋生态恢复和修复，开展重点海域生态环境调查与评估，加强重点河口海湾生态系统修复，推进汕头南澳、阳江闸坡海滩生态修复试点。深入推进“湾长制”试点，强化与“河长制”衔接，扎实推进沿海各市美丽海湾的建设与保护。

6.5.1.5 提升海洋综合治理能力

完善海洋法规制度体系，研究并适时修订海域使用、海洋环境保护等地方性法规，推动海岛保护立法。探索建立海域使用权立体分层设权制度，稳步推进海洋资源市场化配置。建设海域动态监测及海洋防灾减灾基地等一批海洋基础设施，搭建海洋大数据平台，提升海洋综合管理装备水平，提高海洋观测监测、预报应急及海洋基础信息等海洋公共服务能力。建立海洋综合执法队伍与涉海行政管理部门的工作协同机制，建立沿海地区和海上突发环境事件动态评估和常态化防控机制，统筹应对陆源、海上各类突发环境问题。提升珠江口粤港澳三地协同处理海洋环境风险和灾害应对能力。建立海洋常态化稳定投入机制，整合各级财政资金，稳步增加对海洋生态、科技、经济等方面的投入，完善海洋经济统计、核算、监测评估等制度。

6.5.2 持续深化粤港澳海洋经济合作

6.5.2.1 构建现代海洋产业体系

加强粤港澳合作，拓展蓝色经济空间，共同建设现代海洋产业基地。发挥比较优势，在涉海基础设施、海洋科技、海洋产业、海洋生态保护等方面密切合作，积极促进粤港澳海洋经济深度融合。加快建设现代海洋服务业集聚区，打造以海洋高端智能设备、海洋生物医药、海洋工程装备、海洋电子信息（大数据）、海洋新能源、海洋生态环保等为主的海洋科技创新高地。

6.5.2.2 激发海洋产业数字化新活力

加快推进海洋电子信息产业发展，支持大型电子信息企业向海洋领域拓展，推动高端海洋电子装备国产化。以广州、深圳为核心，培育一批涉海电子信息装备技术和龙头企业，打造海洋电子信息产业发展创新高地和集群化示范基地。

6.5.2.3 加强海洋创新成果高效转化

加强海洋科技创新平台建设，促进海洋科技创新和成果高效转化。支持香港发挥海洋经济基础领域创新研究优势。在保障珠江河口水域泄洪纳潮安全的前提下，支持澳门科学编制实施海域中长期发展规划，进一步发展海上旅游、海洋科技、海洋生物等产业。支持深圳建设全球海洋中心城市。

6.5.2.4 支持海洋特色金融业发展

支持粤港澳通过加强金融合作推进海洋经济发展，探索在境内外发行企业海洋开发债券，鼓励产业（股权）投资基金投资海洋综合开发企业和项目，依托香港高增值海运和金融服务的优势，发展海上保险、再保险及船舶金融等特色金融业。

6.5.2.5 强化粤港澳海洋基础设施互联互通

加快推进深中通道、黄茅海跨海通道、狮子洋通道、莲花山通道等规划建设，打造珠江口世界级跨江通道群，推动珠江口东西两岸融合发展。完善粤港澳大湾区港口基础设施，建设多式联运的集疏运网络。增强广州、深圳国际航运综合服务功能，与香港形成互惠共赢、优势互补的港口、航运、物流和配套服务体系，共同推动粤港澳大湾区世界级港口群建设。加快建设大湾区通往东西两翼的沿海高快速铁路“双通道”建设，强化海港、空港和陆路交通枢纽集散、中转等功能，积极拓展海洋经济发展腹地。

6.5.3　加强海洋生态保护修复

6.5.3.1　统筹陆海污染治理

逐步建立陆海统筹的污染防治机制，完善入海河流水质保护管理机制。强化海域污染治理，推动港口、船舶修造厂加快船舶含油污水、洗舱水、生活污水和垃圾等污染物接收、转运及处置能力建设。推进船舶污染防治设施设备配备和改造升级，确保船舶水污染物达标排放。

6.5.3.2　加强海洋资源保护利用

落实海洋生态空间和开发利用空间的管控要求，严格空间准入，严守海洋生态保护红线。实施最严格的围填海管控，新增围填海项目同步强化生态保护修复。严格落实自然岸线保有率管控目标，实施海岸线占补平衡制度，强化海岸线利用动态监测。支持珠三角各地区建设各具特色的海岸带保护与利用综合示范区。

6.5.3.3　推进海洋生态恢复修复

开展重点海域生态环境调查与评估，掌握珠三角海洋生态环境本底状况。推动完善陆海统筹的海洋生态环境保护修复机制，开展海洋生态本底调查，建立健全海洋生物生态系统监测评估网络体系。加强对伶仃洋、黄茅海、大亚湾等地生物资源以及大湾区内的珍稀濒危野生动植物栖息地保护，构建海洋生物多样性保护网络。加强海洋自然保护地建设与管理，加大重要渔业水域和候鸟迁徙路线、栖息地保护力度，实施人工鱼礁工程修复，探索划定海洋生物多样性保护优先区。

6.5.4　大力推进美丽海湾创建

扎实推进沿海各市美丽海湾保护与建设，开展珠江口及邻近重点海湾综合治理攻坚行动，编制实施“一湾一策”综合治理规划。开展砂质岸滩和亲水岸线整治与修复，清退非法、不合理人工构筑物，加强海水浴场、滨海旅游度假区等亲海岸段入海污染源排查整治，完善海岸配套公共设施建设，拓展公众亲海岸滩岸线。根据海湾自然禀赋和特色，分类施策，打造考洲洋、范和湾等一批生态型美丽海湾，情侣路、金沙湾等景观型美丽海湾，大鹏湾、东澳岛等旅游型美丽海湾。深入推进“湾长制”试点，强化与“河长制”衔接，落实海湾生态环境保护和治理责任。到2025年，“美丽海湾”大陆岸段建成长度比例达到20%以上，推动粤港澳大湾区建设成为“美丽海湾”先行示范区，公众亲海空间得到拓展，亲海品质不断提升。

6.6 以文化人，建设人文大湾区

6.6.1 传承保护传统生态文化

6.6.1.1 培育创新岭南生态文化

推动特色文化景点建设。结合岭南特色街区复兴计划，继续推进彰显岭南特色和文化内涵并富有活力的街区建设。挖掘沙面、梁园、沙涌、孙文西路步行街等历史文化街区的时代价值，整合碉楼、骑楼等建筑文化资源，充分融入大湾区公共空间的整体规划、建设和管理。加快推动古镇古村、古建筑群及历史风貌区保护、修缮和活化利用，推进历史旧址保护修复和环境整治提升，逐步恢复历史文化区域的原有格局。

深耕线性文化遗产路径。以古驿道、文化遗产游径、历史街区等作为载体，整合活化区域线性文化遗产资源。结合沿线地区古村落、古建筑、自然景观，以及特色民俗风情等资源，定期举办古驿道文创大赛和定向大赛。统筹推进古驿道、红色革命遗址保护和连线开发，打造具有示范作用的古驿道红色旅游线路和红色革命教育基地。强化重要文化和自然遗产、非物质文化遗产系统性保护，建立珠三角区文化遗产数字信息共享平台，共同推进海上丝绸之路保护和联合申遗工作。积极融入粤港澳大湾区文化遗产游径构建，串联孙中山故里、岐澳古道、华人华侨等历史文化资源，打造一批精品文旅综合体。

打造岭南生态文化保护区。加快推进广州、肇庆等省级文化生态保护区建设，加强对非物质文化遗产依存的自然环境和人文环境整体性保护，着力打造岭南文化生态保护区。推动广州市（荔湾）岭南文化中心建设和对外文化交流门户，打造以岭南文化传承展示中心、岭南文化创新发展中心、岭南文化国际交流中心为核心的“三大平台”中心，扩大岭南文化的影响力和辐射力。加大对非国有博物馆的扶持力度，支持广州、深圳、佛山等地建设“博物馆之城”，打造全面立体展示岭南文化和人文形象的博物馆群。

推动岭南文化创新性发展。共同推进中华优秀传统文化传承发展，发挥粤港澳地域相近、文脉相亲的优势，联合开展跨界重大文化遗产保护，合作举办各类文化遗产展览、展演活动，保护、宣传、利用好湾区内的文物古迹、世界文化遗产和非物质文化遗产，支持弘扬以粤剧、龙舟、武术、醒狮等为代表的岭南文化，彰显独特文化魅力。增强大湾区文化软实力，进一步提升居民文化素养与社会文明程度，共同塑造和丰富湾区人文精神内涵。推进岭南美术、广东音乐、粤剧等优秀传统文化现代化表达，鼓励各类文化设施和展示场所以现代科技手段实现活化利用。支持企业开发文化创意产品，吸引文创店、民宿、独立书店等优质文旅业态进驻，推出生态文化精品等实施活动。创新非遗保护传承模式，促进非遗企业加强自主创新和品牌塑造，推动非遗企业和传承人服务拓展。支持新建香港故宫文化博物馆、西九文化区戏曲中心等重点文化项目，增强香港中西合壁的城市文化魅力。支持香港通过国际影视展、香港书展和设计营商周等具有国际影响力的活动，汇聚创意人才，巩固创意之都地位。支持深圳引进世界高端创意设计资源，大力发展时尚文化产业。积极发挥粤剧粤曲（荔湾）省级文化生态保护实验区带动作用，促进粤剧粤曲艺术博物馆文化品牌塑造，擦亮“粤剧黄金周”“粤韵金声”活动品牌。

6.6.1.2 传承保护生态文化遗产

加强生态文化资源普查和保护利用。发掘、整理蕴藏在典籍史志、民族风情、人文轶事、工艺美术、建筑古迹中的生态文化，保护和修复具有时代印迹的生态文化形态。构建完善的粤港澳大湾区历史文化名城保护体系，积极申报国家级、省级历史文化街区、传统风貌区、名镇、名村、历史建筑以及文物保护单位，加大老字号原址、原貌保护修缮。结合生态文化资源调查研究，建立粤港澳大湾区生态文化数据库，完善重点文物保护规划，编制粤港澳大湾区生态文化发展规划或计划。

推动非物质文化遗产保护。加强粤港澳大湾区文化遗产保护传承合作，鼓励合作举办各类文化遗产展览、展演活动，共建岭南文化生态保护区，支持广东水下文化遗产保护中心等项目建设。深入挖掘传统技艺、民风民俗等非物质文化遗产的文化内涵，扎实做好非物质文化遗产名录的升级培育工作，探索“艺术群体+

地方政府+工艺传承”的非遗保护传承“粤港澳模式”。坚持开展传统非遗进校园、进社区活动，鼓励和支持非遗资源产业化市场化发展，积极打造非遗特色文化项目，完成国家级、省级非遗展示展览展演等文化交流活动。完善非遗项目名录体系，建设布局全面的非物质文化遗产保护基础设施，挖掘区域内传统工艺项目资源，鼓励开设各类非遗文化体验课程。

传承弘扬红色基因。推进粤港澳大湾区地域革命文物资源普查，建立革命文物保护利用项目库，推出传承红色基因主题教育线路。加强红色革命遗址保护利用，重点推进中共三大会址纪念馆、农民运动讲习所、东纵抗队司令部旧址等整体规划、连片保护和陈列展示，深入推动“东江红都”红色之旅研学游线路、华南教育历史研学基地等建设。开展红色文化主题宣传活动，定期举办革命文物展，结合重大纪念活动，组织展演“红色经典”文艺作品及非遗演艺类红色剧场。加快推出红色旅游精品路线，不断提升红色旅游景区及场馆公共服务水平，培育一批金牌红色讲解员。

6.6.2 持续提升生态文化引导力

6.6.2.1 推动“生态文化+”产业高质量发展

优化产业发展布局。立足文化产业基础，推进珠三角区域新闻出版广播影视产业发展，加强国家音乐产业基地建设，培育发展一批文化产业集聚区。加快文化产业数字化、网络化、智能化转型，支持文化产业孵化平台建设，大力发展影视传媒、动漫游戏、创意设计等高附加值、高牵引力业态，打造文创产业高地。

提升现代文化产业竞争力。实施文化产业数字化战略，培育文化产业与科技双向深度融合的新型业态，打造优势文化产业集群，重点发展网络视频、创意设计、动漫游戏、数字出版、数字会展等文化产业新业态。制定促进文化产业高质量发展的政策措施，重点鼓励创意设计产业、数字文化产业发展，支持设计机构、制造企业组建产业设计联盟，积极创建国家级、省级文化产业示范园区（基地）。推动产业区域协同合作，承接香港、深圳、广州、佛山文化产业外溢，建立文化新业态企业库，引进一批具有全国影响力的创意设计和数字文化龙头企业。

构建粤港澳文化产业圈。打造广州动漫游戏之都、全球创意城市和文化装备制造中心。借鉴香港文化创意产业发展路径，支持深圳引进世界高端创意设计资源，大力发展时尚文化产业。支持佛山建设“南方影视中心”“粤港澳大湾区电影产业试验区”。支持东莞、中山发展出口导向型文化制造业。支持江门、肇庆和惠州大力发展特色文化旅游。支持香港、澳门、广州、佛山（顺德）弘扬特色饮食文化，共建世界美食之都。深挖广州、佛山（顺德）、中山美食文化内涵，探索美食品牌化、集团化、社会经营化，擦亮“中国粤菜名城”金字招牌。

6.6.2.2　促进文化融合创新发展

推动文化旅游融合发展。大力推动珠三角地区全域旅游示范区创建工作，推动广州市番禺区、江门市台山市成功创建“国家全域旅游示范区”，佛山市高明区等成功创建“广东省全域旅游示范区”，并对全域旅游示范区及一批创建成效较好的创建单位给予奖励（补助）资金。推动红色文化游、珠三角文化遗产游、历史文化游、乡村游、南粤古驿道等升级提质，将港珠澳大桥、广州塔、深圳平安中心等打造为国际一流都市地标景点，支持江门开平碉楼古村落建设世界级旅游景区。积极培育“文旅+”产业新模式新业态，发展 5G、超高清、虚拟现实等技术，打造虚拟文旅产品。

打造文化科技融合载体。加快布局新型文化业态孵化园，建设新型文化业态孵化器、加速器，完善多层次风险投资体系，将文化产业集聚区打造成为文化产业转型升级高地。利用数字技术等高新技术对文化产业进行改造升级，推动文化产业向产业链两端延伸，向价值链高端攀升。大力实施“文化+互联网”，依托互联网、智能手机等载体对文化产业传播方式进行创新，借助 3D 打印等新技术、纳米材料等新材料，提高文化产品制造水平。创新文化创作生产消费的平台和渠道，重构文化生态、场景和发展模式，创建国家、省文化和科技融合示范基地，培育一批文化科技骨干企业。

6.6.3　加大生态文化宣传教育

6.6.3.1　广泛传播生态文明理念

培育生态道德。结合珠三角各市生态环境保护工作，以六五环境日、生物多样性日、世界海洋日、全国低碳日等节日为契机，引导和动员全社会参与生态环境保护实践。围绕《公民生态环境行为规范（试行）》，创新宣传推广形式，推出群众喜闻乐见的微视频、动漫等宣传产品。广泛宣传报道生态环境保护重大进展和先进典型，针对生态优先、绿色发展的优秀案例，通过组织主题采访、拍摄宣传片、开展宣讲活动等方式，面向社会开展专题宣传。构建互联网、电视、广播、户外广告等多重覆盖的立体宣传网络，形成全社会崇尚生态文明浓厚氛围。

加强文化交流。推进粤港澳青年文化交流，支持香港“青年内地交流资助计划”实施，发展青少年修学旅游合作，共建一批游学示范基地。鼓励举办粤港澳青年高峰论坛，打造文化合作交流平台，建设人文湾区。组织开展主题鲜明、内容丰富、形式多样、贴近基层、贴近群众的社会宣传活动，组织和引导公众参与生态环境保护工作。鼓励支持学校、企业、社区、环保社会组织策划组织生态环境保护主题实践活动，提高活动参与性、体验性和互动性，不断提升活动品牌影响力。支持企业、社会团体发起和组织各类环境公益性活动，号召生态环境志愿服务队伍积极参与，定期开展志愿服务活动。选取生态环境志愿服务先进人物、队伍和优秀项目，进行广泛宣传推广，持续开展生态环保志愿者推选活动和志愿服务典型推送活动。

6.6.3.2 建立优质教育资源合作共享机制

支持粤港澳优质教育资源合作共享，深化高校合作办学机制，支持粤港澳高校联盟发展，鼓励粤港澳高校联合共建优势学科、实验室和研究中心。支持开展包括学分互认、学位互授、科研成果分享转化等方面的合作交流。研究推动高校图书馆、实验室和大型仪器设施跨境共享。支持在深圳建设国际教育示范区，持续引进世界知名大学和特色学院，推进世界一流大学和一流学科建设。加强职业教育和人才培训合作，支持各类职业教育实训基地互相开放。共建一批产教融合型技能人才培养培训基地和特色职业教育园区。支持澳门建设亚太地区葡语人才培训基地、横琴建设国家旅游人才教育培训基地。

6.6.3.3 强化生态文化载体建设

建设生态环境宣教基地。加快建设省级生态文明教育实践中心，推进建设珠三角生态文明宣传教育馆，支持基础好、有条件的地市因地制宜建设各具特色、形式多样的生态文明教育实践场馆。依托有条件的国家公园、自然保护区、自然公园、城市污水垃圾处理设施等环保设施、美丽乡村、绿色社区和企业等，通过“以奖促建”，升级建设示范性生态环境教育基地。健全环境教育基地规范化、标准化管理机制，探索开发生态环境教育研学线路。

完善生态文化基础设施建设。研究联合建立文化资源信息共享体系，探索大湾区公共文化信息共享，推动联合制作文化精品。将生态文化纳入公共文化服务体系，推进公共文化服务体系一体建设，创新实施文化惠民工程，广泛开展群众性文化活动，推动公共文化数字化建设。携手共建国际休闲文化旅游中心，建立剧院、博物馆、科技馆、美术馆、公共图书馆等公共文化服务机构联盟，不断提升公共文化管理水平和服务效能。建设珠三角区域文化资讯网，推进公共文化服务机构数字化共建共享。

6.7　依法行政，建设法制大湾区

6.7.1　深化社会治理合作

深入推进依法行政，加强大湾区廉政机制协同，打造优质高效廉洁政府，提升政府服务效率和群众获得感。在珠三角九市港澳居民比较集中的城乡社区，有针对性地拓展社区综合服务功能，为港澳居民提供及时、高效、便捷的社会服务。严格依照宪法和基本法办事，在尊重各自管辖权的基础上，加强粤港澳司法协助。建立社会治安治理联动机制，强化矛盾纠纷排查预警和案件应急处置合作，联合打击偷渡行为，更大力度打击跨境犯罪活动，统筹应对传统和非传统安全威胁。完善突发事件应急处置机制，建立粤港澳大湾区应急协调平台，联合制定事故灾难、自然灾害、公共卫生事件、公共安全事件等重大突发事件应急预案，不定期开展应急演练，提高应急合作能力。

做好防范，化解重大风险工作，重点防控金融风险。强化属地金融风险管理责任，做好重点领域风险防范和处置，坚决打击违法违规金融活动，加强薄弱环节监管制度建设，守住不发生系统性金融风险的底线。广东省要严格落实预算法有关规定，强化地方政府债务限额管理，有效规范政府举债融资；加大财政约束力度，有效抑制不具有还款能力的项目建设；加大督促问责力度，坚决制止违法违规融资担保行为，建设法治大湾区。

6.7.2 推进监管执法能力建设

6.7.2.1 健全生态环境综合执法体系

扎实推进生态环境保护综合行政执法改革，加快补齐海洋环境、应对气候变化、生态监管等领域执法能力短板。继续推进生态环境执法重心向基层下移，强化属地生态环境执法。健全网格化生态环境监管体系，明确承担生态环境保护责任的机构和人员。推进执法能力规范化建设，加强调查取证、移动执法、数据分析等装备配备，基本实现现代化执法装备全覆盖。加强生态环境保护执法联动，形成珠三角地区执法合力。

6.7.2.2 创新生态环境执法监管模式

健全以“双随机、一公开”为手段、以重点监管为补充、以信用监管为基础的监管机制。充分运用在线监控、卫星遥感、无人机等科技手段，大力推进非现场执法。通过扶持引导、购买服务等制度安排，鼓励社会力量参与执法监管。加强信用监管，实施联合惩戒，确保“一处违法、处处受限”。完善生态环境监督执法正面清单常态化工作机制，对正面清单内的企业落实现场检查减免政策，进一步强化非现场监管模式。各县区、街道实行“巡、整、执”分离，推进环境巡查、整治、执法各环节无缝对接和协同配合。

6.7.2.3 规范生态环境执法行为

健全执法责任制，规范行政裁量权，强化对监管执法行为的约束，坚决纠正不作为、乱作为问题，依法保障各类主体的环境权益，严禁“一刀切”。全面推行行政执法公示、执法全过程记录、重大执法决定法制审核等制度。注重“柔性执法”，制定生态环境轻微违法违规行为免罚清单，探索包容审慎监督执法，完善环境违法容错纠错机制。优化执法监管平台，构建执法数据传输交换支撑体系，实现执法全流程、全要素留痕。推动珠三角地区生态环境保护综合行政执法规范化示范创建。

6.7.3 健全绿色高效决策制度

6.7.3.1 组建专家咨询顾问委员会

组建“专家咨询顾问委员会”，围绕粤港澳大湾区生态文明建设委员会工作和决策需求，针对经济社会发展、生态文明建设重点、难点、热点问题，开展深入调查和研究，向粤港澳大湾区生态文明建设委员会提出咨询建议。

6.7.3.2　建立大湾区生态文明联席制度

建立粤港澳大湾区生态文明联席制度，通过加强联系与沟通，相互学习借鉴经验，研究探索新经验、新方法，解决生态文明建设过程中的具体问题，大力推进部省共建大湾区生态文明示范建设，高水平完成部省合作协议明确的各项任务，大力开展香港、澳门、广州、江门、中山等城市生态文明建设，推进粤港澳大湾区生态文明建设。

6.8　机制融合，建设共享大湾区

粤港澳湾区与世界其他湾区最大的区别就是体制的不同，因此，必须建立健全统筹协调和落实机制，加强中央和地方之间、粤港澳政府部门之间、政府与企业及公众之间多层次、多渠道的沟通交流与良性互动，分工负责，统筹推进，细化工作方案，确保有关部署和举措落实到位。同时，要鼓励形成中央投入、地方配套和社会资金集成使用的多渠道投入体系和长效机制。此外，要构建粤港澳湾区“一带一路”智力支撑体系，建设“绿色丝绸之路”新型智库；打造生态环境共建、共育、共享的新体制机制。创新、完善人才培养机制，重点培养具有国际视野、掌握国际规则、熟悉环保业务的复合型人才，提高对“一带一路”建设人才的支持力度。

6.8.1　探索大湾区深度融合机制

6.8.1.1　强化生态环境保护协调机制

主动服务新发展格局，以建设美丽湾区为引领，健全区域生态环境保护合作机制，加快推进绿色“一带一路”建设，加强国际绿色制度规则衔接，积极参与生态环境保护国内国际交流合作，提高粤港澳大湾区生态文明建设的影响力。充分发挥深圳在粤港澳大湾区核心引擎功能，推动建立粤港澳大湾区生态环境保护协调机制，共同研究解决跨区域生态环境保护重大问题。充分利用粤港持续发展与环保合作小组、深港环保合作交流会等平台，拓宽环保合作领域，推进生态环保合作广深“双城联动”，加强与珠江口两岸城市深圳、东莞、中山、佛山、珠海、江门以及香港、澳门在大气、水、海洋、清洁生产和固体废物等方面合作。

6.8.1.2 积极构建湾区交流合作新模式

发挥先行示范区建设和综合改革试点优势，深度对接国家重大区域发展战略，加强与各地协同合作，在环境技术、市场机制、产业协同、人才交流、体制改革等方面开展深度交流，吸取各地优秀经验，加快突破改革瓶颈。加强与京津冀协同发展、长江经济带发展、长三角一体化发展、黄河流域生态保护和高质量发展等重大区域发展战略协同，主动对接雄安新区建设、浦东开发开放、海南自由贸易港等国家战略，加强生态环境领域改革联动、互学互鉴。

6.8.1.3 强化湾区生态环境共治共保共享合作

完善粤港澳大湾区生态环境保护合作会议机制，深化湾区生态文明交流合作，共同促进改善生态环境系统，保障生态环境安全。立足人与自然和谐共生，协作联动打赢污染防治攻坚战。探索粤港澳大交通、能源、环卫等重大基础设施协调布局新机制，推动粤港澳大湾区生态资源保护利用和环境协同治理，构建“9+2”协同、分工有序、共保共治的工作机制。

6.8.2 完善生态环境融合机制

6.8.2.1 构建生态环境监管一体化机制

依托智慧城市建设，发挥智慧环保系统作用，利用卫星遥感、热点网格、移动监测等手段，对内陆水体、陆表生态环境等地物目标，以及大气污染气体、温室气体、气溶胶等环境要素进行跟踪监测。聚焦行政壁垒，破除生态环境行政区分割，依托广东省生态监测环境大数据平台，建立珠三角生态环保大数据平台，建立生态环境监测信息珠三角联合发布机制，及时更新珠三角 9 个市的水、气、土、生态数据信息，统一监管所有污染物排放和所有纳污介质。对珠三角城市内重要生态功能区域或生态敏感区、脆弱区域，实行生态环境监控，对这些区域的开发建设活动实施全过程的跟踪调查，切实防范可能因开发活动产生的生态破坏。

建立珠三角一体化监管体系，以统一标准开展环境违法案件、环境信访、企业环境等监管。落实“三线一单”；落实空间、总量、项目准入“三位一体”环境准入制度，全面实施战略和规划环境影响评价。健全排污许可“一证式”管理体系。严格落实用途管制制度。健全自然资源监管体制，加快建立自然资源统一调查、评价、监测制度，实施总量管理和全面节约制度，健全资源节约集约循环利用政策体系。共同商定珠三角区域生态环境行政处罚裁量基准总体要求，科学、合理确定统一的裁量幅度、裁量因素、裁量情形、裁量表种类等，实行省级统一制定、地方遵照执行的裁量体系。

6.8.2.2　健全区域联防联控融合机制

完善各市、各部门联动执法机制，定期会商研究，创新执法一体化与融合机制方法，加强珠三角相邻地区市、县生态环境执法联合工作，快速解决查处交界处以及珠三角 9 个市共同关注的环境问题。加强与公检法部门衔接配合与联动，着重解决生态环境行政执法手段不足、力度不够等问题。探索建立跨地区生态环境机构，加强跨界环境污染纠纷预防和处置工作。

增强区域联动意识，建立污染防治区域联动机制。以污染较重城市和污染传输通道为重点，提升污染传输影响及来源分析能力，推动区域大气污染联防联控。深化跨界污染应急处置、区域危险废物环境管理等方面的合作，防范化解珠三角突发环境污染事件风险。建立生态系统保护修复，抓好滨海湿地、森林等重要生态系统的环境监管，促进流域上下游不同行政区域之间、自然保护区和重要生态功能保护区内外之间的统筹保护。

6.8.2.3　建立环境应急预警融合机制

健全珠三角区域联动应急响应与调度支援机制，组织开展珠三角 9 个市联合应急监测一体化，推动珠三角生态环境应急工作规程和标准方法统一，制定珠三角突发事件应急处理预案。定期组织开展珠三角联合应急实战演练，提升应急处理队伍水平。

建立数据共享、实时高效、管控有力、多方协同的珠三角环境预警机制。建立健全珠三角环境空气质量预报会商机制，开展珠三角联合空气质量预报；基于土壤环境容量、污染物累计通量和污染物迁移途径，构建土壤环境污染预警系统；开展地下水自动监测技术研究，探索建立地下水污染风险评价与预测预警方法与信息平台；建立珠三角全海域突发性溢油、赤潮和大型海漂垃圾等海洋生态环境预警预报系统；搭建资源环境承载能力监测预警智能分析与动态可视化平台，对珠三角资源环境承载能力进行评价。依据生态环境预警评价结论，引导各类市场主体按照资源环境承载能力谋划发展，合理调整优化产业规模和布局，对潜在环境污染危害进行干预，为构建高效协调可持续的绿色发展奠定坚实基础。

6.8.3 创新大湾区人才集聚机制

建设高端创新人才基地，联动周边区域科技基础设施，完善国际人才服务、创新基金、孵化器、加速器等全链条配套支持措施，推动引领产业创新的基础研究成果转化。创新、完善人才培养机制，重点培养具有国际视野、掌握国际规则、熟悉环保业务的复合型人才，促进境内外人才集聚，提高对“一带一路”建设的人才支持力度。制定吸引和集聚国际生态环境领域和各行业高端人才的政策措施，大力吸引“高精尖缺”人才，对符合条件的国际高端人才给予高度便利，为高端人才发展提供更加优质服务。粤港澳大湾区各城市制定享受优惠政策的高端人才和紧缺人才清单，实施人才清单管理。支持引进世界知名大学，建设国家级海外人才离岸创新创业基地与知识产权成果化。

第 7 章　粤港澳美丽湾区生态文明建设实践
——广州番禺区生态文明建设规划

生态文明建设是中国特色社会主义事业“五位一体”总体布局的重要内容，是加快转变经济发展方式、提高发展质量和效益的内在要求，是坚持以人为本、促进社会和谐的必然选择，是全面建成小康社会、实现中华民族伟大复兴中国梦的时代抉择，是积极应对气候变化、维护全球生态安全的重大举措。党的十九大报告指出，人与自然是生命共同体，要加快生态文明体制改革，坚决打好污染防治攻坚战，建设富强民主文明和谐美丽的社会主义现代化强国。党的十九届六中全会提出，在生态文明建设上，党中央以前所未有的力度推进生态文明建设，美丽中国建设迈出重大步伐，我国生态环境保护发生历史性、转折性、全局性变化。《中共中央、国务院关于深入打好污染防治攻坚战的意见》明确指出，要深入贯彻习近平生态文明思想，以实现减污降碳协同增效为总抓手，以改善生态环境质量为核心，以精准治污、科学治污、依法治污为工作方针，统筹污染治理、生态保护、应对气候变化，保持力度、延伸深度、拓宽广度，以更高标准打好蓝天、碧水、净土保卫战，以高水平保护推动高质量发展、创造高品质生活，努力建设人与自然和谐共生的美丽中国。

新时代广东省始终坚持实施绿色发展战略与生态立省道路，《广东省生态文明建设“十四五”规划》提出打造珠三角生态文明城市群、美丽广东的总体奋斗目标。截至 2021 年，广东省一共获得 25 个国家生态文明建设示范区（副省级城市、地级市、县区）称号。广州市番禺区地处珠三角和粤港澳大湾区的地理中心，正积极建设成为粤港澳大湾区门户枢纽及广佛高质量发展融合试验区先导区，科学谋划生态文明建设，对深入贯彻新发展理念，加快构建新发展格局，推动高质量发展，创造高品质生活，深化生态环境机制创新具有重要的指导意义。为谋划和绘制番禺区未来生态文明建设蓝图，明确生态环境保护任务，协同推进经济高质量发展和生态环境高水平保护，番禺区区委、区政府决定编制《广州市番禺区生态文明建设规划（2021—2035 年）》（以下简称《规划》）。《规划》将作为番禺区推进生态文明建设、创建国家生态文明示范区的重要依据和指导性文件，为加快提高番禺区生态文明建设水平、建设大湾区世界级城市群中的现代化亲海智城提供强有力的技术支撑。

7.1 基础与形势

7.1.1 基础与成效

近年来，番禺区区委、区政府以习近平新时代中国特色社会主义思想为指导，深入贯彻落实习近平生态文明思想，牢固树立“绿水青山就是金山银山”等绿色发展理念，生态环境质量改善取得历史性突破，生态环境保护机制不断完善，生态文明建设有序推进，绿色高质量发展持续深化，绿色城乡生态宜居优质生活圈逐步形成，人民群众生态环境获得感、幸福感和安全感不断增强，生态文明建设取得显著成效。

生态环境保护治理机制不断完善。近年来，番禺区区委、区政府全面扛起生态环境保护政治责任，严格落实《广州市生态环境保护工作责任规定》及配套责任清单。番禺区区委、区政府成立污染防治攻坚战指挥部，以上率下带动各部门、各镇街积极落实污染防治任务。严格按照省市工作要求推进“散乱污”场所清理整治工作。印发实施《关于加快推进我区生态文明建设和环境保护工作的若干意见》，结合番禺区实际进一步优化基层大环保工作格局，压实生态环境保护主体责任，理顺生态环境监管体制机制。已完成番禺区“三线一单”方案编制，并已纳入广州市“三线一单”方案，作为《广州市“三线一单”生态环境分区管控方案》的部分内容。健全突发环境事件应急机制，实施《番禺区突发环境事件应急预案》。

经济高水平发展与绿色高质量发展齐头并进。2020年番禺区实现地区生产总值2 278.28亿元，比上年（下同）增长4.1%。城镇、农村居民人均可支配收入分别为65 025元、42 526元，年均增长分别为7.8%、9.1%，增长速度高于GDP增长速度。完成党的十八大提出的地区生产总值和城乡居民人均收入比2010年翻一番的目标。2021年，番禺区上榜全国综合实力百强区（第15位）、全国投资潜力百强区（第9位）。同时，坚持绿色高质量发展，积极采取严格环保准入、深化产业和能源结构调整、大力发展循环经济和清洁生产等措施，关闭拆除458台燃煤锅炉，全面开展涉重金属企业的清洁生产审核工作，现已有12家企业完成强制性清洁生产，全力推进大石会江低值可回收物循环经济产业园建设。加强节能消费总量、强度“双控”管理，万元地区生产总值能耗下降16.3%。全面完成公共汽车新能源转换，对黄标车实施抓拍执法处罚，有效促进高污染排放车辆淘汰。“十三五”期间，累计削减化学需氧量（COD）16 156.25 t、氨氮（NH_3-N）2 485.96 t，二氧化硫（SO_2）56.26 t、氮氧化物（NO_x）86.52 t，完成广州市下达的减排考核任务。

生态环境治理取得历史性突破。通过突出精准治污、科学治污、依法治污，推进污染防治攻坚，番禺区生态环境质量明显改善。蓝天保卫战获得阶段性胜利，2020年空气质量优良率提升至92.6%，主要污染物指标细颗粒物（$PM_{2.5}$）、可吸入颗粒物（PM_{10}）、二氧化氮（NO_2）平均浓度分别为23 μg/m^3、42 μg/m^3、32 μg/m^3，较2015年分别下降41.0%、28.8%、27.3%，首次实现空气质量六项指标全面达标，其中细颗粒物平均浓度连续四年稳定达标。水源保护、水生态修复及污水治理得到强化，集中式饮用水水源地水质均100%达标，墩头基、莲花山、大龙涌口3个国考断面水质均达到考核要求。沙湾水厂、长洲2个省控断面水质均达到水环境功能区水质要求。50条黑臭河涌实现“长制久清”，建成污水管网2 436.7 km、五年来增加1 818.4 km，新改扩建污水处理厂5座，城镇生活污水处理率达到96.09%。通过加强土壤污染源头预防、开展土壤污染状况初步调查报告评审及治理修复、强化建设用地土壤环境管理，扎实推进净土防御战，全区污染地块安全利用率达100%，永大集团地块已完成修复，移出污染地块名录。

绿色城乡生态宜居优质生活圈逐步形成。番禺区自然生态优美，河网交错，建成区绿化覆盖率达42%，是宜业宜居的“中国绿色名区”。现已全面完成了对全区 88 家固体废物省市重点监管企业和 1 050 家其他涉废单位的“三个一”行动，医疗机构医疗废物实行分类收集合格率、医疗废物交由有资质的单位集中处置率均为 100%。全区各行各业全覆盖推行生活垃圾强制分类。大岭村获评“全国美丽乡村示范村”等 4 项国家级荣誉，建成 45 条市级美丽乡村，全部行政村达到省定干净整洁村标准，全域完成农村生活污水治理任务，做到城中村公共区域保洁 100%覆盖，深入推进“厕所革命”，高标准新建、改建公厕 367 座，清理关闭畜禽养殖场 153 个，规模畜禽养殖场粪污处理设施配套率为 100%，全区农作物秸秆综合利用率达 94%以上，农膜废弃物回收率达 95%以上，畜禽养殖资源化利用达 91.5%，化肥、农药实现减量增效。开展自然保护地优化整合，初步完成番禺区自然保护地整合优化方案。扩大生态空间和生态容量，累计建成碧道 145.7 km、绿道 420 km，莲湖湿地生态公园建成开放，大夫山森林公园、海鸥岛、龙湾涌湿地、广州大学城等区域生态保护得到强化。沙湾、化龙、南村成功创建广东省森林小镇。

生态文明理念深入人心。“绿水青山就是金山银山”理念广泛传播，生活垃圾分类等绿色生活行为习惯成为越来越多番禺人的自觉选择。通过开展低碳日、六五环境日、节能宣传周、爱粮节粮宣传周、垃圾分类启动仪式等活动，引导全社会学习了解节能环保、绿色低碳知识，提升生态文明意识，激发全民参与生态环境保护的热情。截至 2020 年年底，番禺区城镇绿色建筑占新建建筑比例达 99%。

7.1.2 问题与挑战

尽管“十三五”期间番禺区生态环境保护工作取得显著成效，但是对照美丽番禺的建设目标，对标人民群众对优美生态环境的热切期盼，全区生态环境改善成效还不稳固，与市民期盼的“大湾区世界级城市群中的现代化亲海智城”仍有一定差距。随着城市化规模继续扩大，资源环境承载能力将逼近上限，生态文明建设工作面临的深层次矛盾没有根本改变。

生态环境质量持续改善的压力较大。臭氧成为影响空气质量达标的首要因素，挥发性有机物（VOCs）治理难度较大、任务较重。跨区域大气污染问题尚未解决。跨界水水质提升难度较大。居民服务业、工业企业生活污水完全接入管网亟待提速，农业面源污染、涉河违建仍需进一步加强整治。建设用地再开发利用的准入管理力度仍需进一步加大。垃圾分类的执法、监督、考核机制、责任落实有待加强，收运处理的设施设备需继续完善。“散乱污”企业清理整治难度大，容易死灰复燃，需继续深化网格化和精细化管理工作。

生态系统稳定性有待提升。近年来，随着经济社会持续快速发展，全区建设用地需求不断增长，城镇开发建设向外围山区不断延伸，城镇建设与生态用地保护之间的矛盾仍然存在。中东部区域生态系统质量有待提升。城市建设用地面积持续扩大对维护生态空间造成压力。生态系统稳定性有待提升，区域生态系统整体功能较弱，山水林田湖草海生态系统一体化修复工作有待深入。红树林及附近生态空间生物群落较少，栖息地受到一定程度的人为干扰，生物多样性提升效果不明显。

高密度城区防范生态环境风险任务更为艰巨。新时期，高密度城区更新仍是土地空间开发的主要方向，产城融合趋势下“邻避”问题将更加突出，例如，亚运城臭气扰民问题尚未得到根本解决。生态系统安全、公共安全防范压力持续加大，部分类别危险废物处置能力仍有缺口，火烧岗生活垃圾卫生填埋场后续监管力度仍需强化等。重金属与危险化学品风险防范压力仍然较大，危险化学品、危险废物等环境风险管控与应急管理有待加强，风险源动态管理机制不完善。新污染物研究有待加强，生态环境风险全过程、全链条防范体系亟待健全。

新形势下环境治理体系优化和治理能力现代化水平提升面临更大改革挑战。番禺区生态文明各项改革还需进一步落地生根、协同增效，一体化的生态环境治理责任体系、法律法规体系和制度体系有待进一步优化完善，突出系统性和整体性。生态环境监测能力有待提升。环境监测预警水平、大数据系统应用有待加强。全民生态环境素养有待提升，垃圾分类、绿色消费、节水节电等绿色生活方式尚未完全转化为公众的自觉行动。环境治理模式相对单一，部分企业治污主体责任落实不到位，市场和社会组织的参与度仍不高，环境管理机制需要进一步理顺。

7.1.3　发展机遇

新历史时期，我国步入全面建设社会主义现代化国家新征程，进入新发展阶段，经济社会发展将以推动高质量发展为主题，加快构建以国内大循环为主体、国内国际双循环相互促进的新发展格局。世界百年未有之大变局与我国社会主义现代化建设新征程的开局起步相互交融、深度融合，为番禺区做好生态文明实践工作提供了重大机遇。

习近平生态文明思想为生态文明建设指明了方向和路径。以习近平同志为核心的党中央把生态文明建设作为关系中华民族永续发展的根本大计，形成了习近平生态文明思想。习近平生态文明思想对新形势下生态文明建设的战略定位、目标任务、总体思路、重大原则作出深刻阐释和科学谋划，为番禺区加快推进新时代生态文明建设提供了理论指导和行动指南，为番禺区全面做好生态环境保护工作提供了强大动力。

绿色低碳发展理念为生态环境质量改善增强了内生动力。坚定不移走生态优先、绿色发展道路。贯彻新发展理念就是要全面加强生态环境保护、深入打好污染防治攻坚战。我国碳达峰、碳中和的愿景明确，要把实现减污降碳协同增效作为促进经济社会发展全面绿色转型的总抓手、源头治理的“牛鼻子”，倒逼产业、能源、交通等行业低碳转型，推动绿色生活方式加速形成，为番禺制订碳排放达峰行动计划、推进碳排放交易市场建设、实现碳达峰目标、改善生态环境质量提供力量源泉。番禺区要抓住降碳的关键因素和关键环节，以更大力度科学推进能源消费总量和强度“双控”，以更大力度推进节能和提高能效，以更大力度控制化石能源消费和发展非化石能源，以更大力度支持节能降碳新技术新模式新业态发展，确保如期实现碳达峰、碳中和目标。

生态环境质量改善的良好基础及外在激活力逐步增强为生态环境保护事业发展提供了强大动力。“十三五”期间番禺区生态环境质量改善明显，污染防治攻坚战取得阶段性胜利，生态环境保护与经济发展更加协调，为新时期生态环境质量持续改善提供了良好的基础条件。同时，伴随新一轮科技革命和产业变革深入发展。以数字化、网络化、智能化为核心的第四次工业革命加速形成，人工智能、生物医药、区块链、5G、量子通信、高端新材料等前沿科技领域展现重大应用前景，为生态环境治理带来新手段、新模式，为实现智慧环保注入新动能，更有助于精准治污、科学治污、依法治污，深入打好污染防治攻坚战。

重大战略的实施为生态文明领域发展创新提供了重大机遇。粤港澳大湾区等重大区域发展战略的深入实施，“双区”驱动、“双城”联动，对生态文明领域改革的系统性、整体性和协同性提出更高要求。番禺区正努力打造广佛高质量发展融合试验区先导区、粤港澳大湾区文商旅融合发展典范区、粤港澳优质生活圈示范区，全力建设南大干线经济带，推动经济绿色转型，对番禺区生态文明领域改革的系统性、整体性和协同性提出更高要求，同时对优良生态环境的需求更加迫切，要求番禺在生态环境保护层面走在前列，重大战略的实施有利于协同推进番禺区经济高质量发展和生态环境高水平保护，进一步发挥番禺粤港澳大湾区门户枢纽和创新动力源作用，区域协调发展新格局也为生态环境合作协同、联防联控持续发力提供了有力保障。为番禺区在更高起点、更高层次、更高目标上推进生态文明体制机制改革提供强大动力。

治理体系现代化有利于加快推动形成大环保工作格局。生态环境机构改革加快推进了生态环境职能有机整合，实现了“一个贯通”“五个打通”，有利于番禺区生态环境保护领域统筹协调和统一监督管理机制进一步完善，以党委领导、政府主导、企业主体、社会组织和公众共同参与为核心的现代环境治理体系加快构建，实现政府治理和社会调节、企业自治良性互动，有利于强化源头治理，形成全社会保护生态环境强大合力，加速构建“大环保格局”。

7.2　规划总则

7.2.1　指导思想

以习近平新时代中国特色社会主义思想为指导，全面贯彻党的十九大和十九届二中、三中、四中、五中、六中全会精神，贯彻落实习近平生态文明思想，增强“四个意识”，坚定“四个自信”，做到“两个维护”，立足“两个大局”，围绕广东省委“1+1+9”工作部署和广州市委“1+1+4”工作举措，坚持稳中求进总基调，准确把握新形势、新挑战、新要求。立足全方位、全过程、高水平、高站位，以“双区”建设、“双城”联动为战略引领，围绕广州实现老城市新活力、“四个出新出彩”，完整、准确、全面贯彻新发展理念，构建新发展格局，以实现减污降碳协同增效为总抓手，以改善生态环境质量为核心，以精准治污、科学治污、依法治污为工作方针，统筹污染治理、生态保护、应对气候变化，保持力度、延伸深度、拓宽广度，以更高标准深入打好蓝天、碧水、净土保卫战。同时，聚焦聚集聚力于空前叠加的高铁时代、高速迭代、高质产业、高端人才、高速创新的新优势，全力打造珠江沿岸高质量发展主引擎，举全区之力推动番禺区生态制度、生态安全、生态空间、生态经济、生态生活、生态文化全方位高质量发展，努力将番禺区打造为大湾区世界级城市群中的现代化亲海智城，建设人与自然和谐共生的国家生态文明建设示范区。

7.2.2 基本原则

生态优先、绿色发展。牢固树立“绿水青山就是金山银山”的发展理念，尊重自然、顺应自然、保护自然。强化环境准入硬约束，以降碳为源头治理的“牛鼻子”，推动能源、产业、交通运输、用地结构调整，加快推动绿色低碳发展，形成绿色生产和绿色生活方式，努力实现人与人、人与自然和谐共生。

统筹规划、系统管控。坚持“山水林田湖草海是一个生命共同体”的科学理念，统筹推进工业、农业、生活、航运污染治理，生态系统保护修复、应对气候变化和风险防控等任务，加强综合治理系统性和整体性，强化城乡统筹、区域统筹，全领域、全地域、全方位加强生态环境保护与修复，实现减污降碳协同，高水平建设绿色番禺。

深入治污、提升质量。以改善生态环境质量为核心，以解决人民群众反映强烈的突出生态环境问题为出发点，坚持精准治污、科学治污、依法治污，深入打好污染防治攻坚战，提高治污成效，提供更多优质生态产品。

强化监管、严控风险。坚决办好发展和安全两件大事，以保障人民生命安全和身体健康为目标，加强环境监督管理，强化环境风险防控与应急。

改革创新、多元共治。把改革创新作为基本动力，先行先试，完善生态环境保护法规政策体系，健全源头预防、过程控制、责任追究的生态环境保护体系，构建政府主导、企业主体、全民行动的现代环境治理体系。

7.2.3 规划定位

为创建国家生态文明建设示范区提供技术支撑。《规划》通过明确规划目标、落实指标体系，部署生态空间、生态经济、生态安全、生态文化、生态生活、生态制度六大领域重点任务和重点工程项目，为番禺区创建国家生态文明建设示范区提供了技术支撑。

为深入打好污染防治攻坚战提供方法指导。《规划》以持续改善环境质量为核心，针对番禺区当前突出的环境问题，提出了推进大气、水、土环境协同防治的措施方法。同时，兼顾减污降碳，坚持生态优先、绿色发展，促进经济社会发展全面绿色转型的发展理念，全方位巩固提升污染防治攻坚战成效。

为建成美丽番禺提供理论借鉴。《规划》围绕如何建设人与自然和谐共生的国家生态文明建设示范区，精心打造美丽国土，勾画建设天蓝地绿水清美丽番禺的规划蓝图，依托绿色低碳发展加快建设幸福美丽的高质量发展城区，对建成美丽番禺提供了重要的理论依据。

7.2.4 规划范围

番禺区位于广州中南部，地处珠三角和粤港澳大湾区的地理中心位置，规划范围总面积约为 530 km^2，辖 5 镇 11 街（镇：南村镇、新造镇、化龙镇、石楼镇、石碁镇；街道：市桥街道、沙头街道、东环街道、桥南街道、小谷围街道、大石街道、洛浦街道、石壁街道、钟村街道、大龙街道、沙湾街道）。

7.2.5 规划期限

本规划的基准年为 2020 年，近期规划期限为 2021—2025 年，中远期规划期限为 2026—2035 年。

7.2.6 规划目标

7.2.6.1 近期目标（2021—2025 年）

国土空间开发保护格局清晰合理，生态经济更加绿色高质，深入推动碳达峰工作，主要污染物排放总量持续减少，生态环境持续改善，番禺区“山水林田湖草海”一体化保护和修复稳步推进，生态监管一体化建设初步成型，生物多样性保护工作有效开展，生态系统安全性稳定性显著增强。环境风险得到有效防控，生态环境治理体系和治理能力现代化加快推进，生态文明重点领域改革和制度创新取得重要进展。争创国家生态文明建设示范区，探索创建“绿水青山就是金山银山”实践创新基地和“绿水青山就是金山银山”转化番禺模式，将番禺区精心打造为大湾区世界级城市群中的现代化亲海智城，建设生产发展、生活幸福、生态良好、生机无限的华南枢纽、岭南水乡、湾区门户、高铁新城。

具体目标：

——绿色空间格局合理。基本形成科学合理的生态、城镇、农业国土空间开发保护格局，重要生态空间得到有效保护，生态保护红线面积不减少、功能不降低、性质不改变，重点生物物种得到有效保护，生态屏障质量逐步提升，生态安全格局持续巩固。

——绿色低碳发展提升。绿色低碳发展加快推行，绿色竞争力明显增强。单位 GDP 能耗、水耗持续下降，能源资源利用效率大幅提高，单位地区生产总值二氧化碳排放下降比例达到市下达目标要求，深入推动碳达峰工作，启动创建“绿水青山就是金山银山”实践创新基地，探索“绿水青山就是金山银山”转化番禺模式。

——生态系统安全性、稳定性有效巩固。山水林田湖草海生态系统服务功能得到有效恢复，生态监管一体化建设初步成型，开展森林草地、河流湖泊与海洋生态系统生物多样性保护工作。

——环境风险得到有效防控。土壤安全利用水平稳步提升，全区工业危险废物和医疗废物得到安全处置，放射性废源、废物监管持续加强。

——环境质量持续改善。主要污染物排放总量持续减少，空气质量持续改善，优良水体比例进一步提升，实现河湖“长制久清”，土壤污染风险得到有效管控，生态环境得到新改善。

——生态文化不断繁荣。生态文化价值理念深入人心、生态文化局面繁荣。打造岭南文化传承新载体，生态文化艺术精品不断涌现，生态文化服务体系和生态文化产业体系更加健全，生态文化生活日益丰富，打造一批具有广泛影响力的生态文化示范项目。

——生活方式绿色低碳。宜居宜业宜游的现代化环境品质基本形成，人民群众的获得感、幸福感和安全感不断增强。生活方式绿色低碳，形成出门见绿、身边有园的可达、亲民、宜居绿色开敞空间，城镇新建民用建筑全面执行一星级及以上绿色建筑标准，形成多方参与的生态环境保护社会氛围。

——生态制度日益完善。健全现代化的环境治理体系和完善生态环境保护市场体系。构建生态产品价值实现机制，提升环境治理体系与治理能力现代化水平。

7.2.6.2　中远期目标（2026—2035 年）

基本形成人与自然和谐共生的格局和绿色生产生活方式，碳排放达峰后稳中有降，生态环境根本好转。应对气候变化能力显著增强，环境空气质量根本改善，水生态环境质量全面提升，土壤环境安全得到有效保障，形成与高质量发展相适应的国土空间格局。山水林田湖草海生态系统服务功能总体恢复，生态监管一体化建设基本完善，森林草地、河流湖泊与海洋生态系统生物多样性得到有效保护。环境风险得到有效防控，生态文化不断繁荣，满足人民对优美生态环境的需要，全面建成城乡融合发展的岭南山水花园城区、先进制造业和现代服务业融合发展高地、文商旅体融合发展典范区以及粤港澳大湾区门户枢纽。生态环境保护管理制度健全高效，生态环境治理体系和治理能力现代化基本实现。

7.2.7　指标体系

以 2021 年 7 月生态环境部发布的《国家生态文明建设示范区建设指标（修订版）》为依据，规划指标体系包括生态制度、生态安全、生态空间、生态经济、生态生活、生态文化六大领域，分为目标责任体系与制度建设、生态环境质量改善、生态系统保护、生态环境风险防范、空间格局优化、资源节约与利用、产业循环发展、人居环境改善、生活方式绿色化和观念意识普及十项任务，包含对区考核的 37 项指标，以上指标总体上涵盖了生态文明建设的内容和范畴，具体指标体系详见表 7-1。

表 7-1 广州市番禺区生态文明建设规划（2021—2035 年）指标体系

领域	任务	序号	指标名称	指标值	基准年 2020 年	近期规划年 2025 年	中远期规划年 2035 年	指标属性	牵头部门
生态制度	（一）目标责任体系与制度建设	1	生态文明建设规划	制定实施	未制定实施	制定实施	制定实施	约束性	市生态环境局番禺分局
		2	党委政府对生态文明建设重大目标任务部署情况	有效开展	有效开展	有效开展	有效开展	约束性	区委办、市生态环境局番禺分局
		3	生态文明建设工作占党政实绩考核的比例	≥20%	21%	完成上级规定的考核任务	完成上级规定的考核任务	约束性	区委组织部
		4	河长制	全面实施	全面实施	全面实施	全面实施	约束性	区水务局（区河长办）
		5	生态环境信息公开率	100%	100%	100%	100%	约束性	市生态环境局番禺分局
		6	依法开展规划环境影响评价	开展	开展	开展	开展	参考性	市生态环境局番禺分局
生态安全	（二）生态环境质量改善	7	环境空气质量 优良天数比例 $PM_{2.5}$ 浓度下降幅度	完成上级规定的考核任务；保持稳定或持续改善	92.6% 17.9%	完成上级规定的考核任务；保持稳定或持续改善	完成上级规定的考核任务；保持稳定或持续改善	约束性	市生态环境局番禺分局
		8	水环境质量 水质达到或优于III类比例 劣 V 类水体比例 黑臭水体消除比例	完成上级规定的考核任务；保持稳定或持续改善	100% 0 100%	完成上级规定的考核任务；保持稳定或持续改善	完成上级规定的考核任务；保持稳定或持续改善	约束性	市生态环境局番禺分局

领域	任务	序号	指标名称	指标值	基准年 2020 年	近期规划年 2025 年	中远期规划年 2035 年	指标属性	牵头部门
生态安全	（三）生态系统保护	9	生态环境状况指数 湿润地区	≥60%	未公布	≥60%	≥60%	约束性	市生态环境局番禺分局
		10	林草覆盖率 平原地区	完成上级规定的考核任务	完成上级规定的考核任务	完成上级规定的考核任务	完成上级规定的考核任务	参考性	市规划和自然资源局番禺区分局
		11	生物多样性保护 国家重点保护野生动植物保护率 外来物种入侵 特有性或指示性水生物种保持率	≥95% 不明显 不降低	≥95% 不明显 不降低	≥95% 不明显 不降低	≥95% 不明显 不降低	参考性	区城市管理综合执法局
		12	海岸生态修复 自然岸线修复长度 滨海湿地修复面积	完成上级管控目标	完成上级管控目标	完成上级管控目标	完成上级管控目标	参考性	市规划和自然资源局番禺区分局
	（四）生态环境风险防范	13	危险废物利用处置率	100%	100%	100%	100%	约束性	市生态环境局番禺分局
		14	建设用地土壤污染风险管控和修复名录制度	建立	建立	建立	建立	参考性	市生态环境局番禺分局
		15	突发生态环境事件应急管理机制	建立	建立	建立	建立	约束性	市生态环境局番禺分局
生态空间	（五）空间格局优化	16	自然生态空间 生态保护红线 自然保护地	面积不减少，性质不改变，功能不降低	面积不减少，性质不改变，功能不降低	面积不减少，性质不改变，功能不降低	面积不减少，性质不改变，功能不降低	约束性	市规划和自然资源局番禺区分局
		17	自然岸线保有率	完成上级管控目标	完成上级管控目标	完成上级管控目标	完成上级管控目标	约束性	市规划和自然资源局番禺区分局
		18	河湖岸线保护率	完成上级管控目标	完成上级管控目标	完成上级管控目标	完成上级管控目标	参考性	区水务局

领域	任务	序号	指标名称	指标值	基准年 2020 年	近期规划年 2025 年	中远期规划年 2035 年	指标属性	牵头部门
生态经济	（六）资源节约与利用	19	单位地区生产总值能耗	完成上级规定的目标任务；保持稳定或持续改善	0.235 1 t 标准煤/万元	完成上级规定的目标任务	完成上级规定的目标任务	约束性	区发展改革局
		20	单位地区生产总值用水量	完成上级规定的目标任务；保持稳定或持续改善	19.85 m^3/万元	完成上级规定的目标任务	完成上级规定的目标任务	约束性	区水务局
		21	单位国内生产总值建设用地使用面积下降率	≥4.5%	7.72%	完成上级规定的目标任务	完成上级规定的目标任务	参考性	市规划和自然资源局番禺区分局
		22	三大粮食作物化肥农药利用率 化肥利用率 农药利用率	≥43% ≥43%	≥43% ≥43%	完成上级规定的目标任务	完成上级规定的目标任务	参考性	区农业农村局
	（七）产业循环发展	23	农业废弃物综合利用率 秸秆综合利用率 畜禽粪污综合利用率 农膜回收利用率	≥90% ≥75% ≥80%	94% 75.6% 95%	≥90% ≥75% ≥95%	≥90% ≥75% ≥95%	参考性	区农业农村局
		24	一般工业固体废物综合利用率	保持稳定或持续改善	84.49%	保持稳定或持续改善	保持稳定或持续改善	参考性	市生态环境局番禺分局
生态生活	（八）人居环境改善	25	集中式饮用水水源地水质优良比例	100%	100%	100%	100%	约束性	市生态环境局番禺分局
		26	村镇饮用水卫生合格率	100%	100%	100%	100%	约束性	区水务局
		27	城镇污水处理率	≥85%	96.09%	完成上级规定的目标任务	完成上级规定的目标任务	约束性	区水务局

领域	任务	序号	指标名称	指标值	基准年2020 年	近期规划年2025 年	中远期规划年2035 年	指标属性	牵头部门
生态生活	（八）人居环境改善	28	农村生活污水治理率	≥50%	85%	≥85%	完成上级规定的目标任务	参考性	区水务局
		29	城镇生活垃圾无害化处理率	≥80%	100%	100%	100%	约束性	区城市管理综合执法局
		30	农村生活垃圾无害化处理村占比	≥80%	100%	100%	100%	参考性	区城市管理综合执法局
		31	农村无害化卫生厕所普及率	完成上级规定的目标任务	100%	100%	100%	约束性	区农业农村局
	（九）生活方式绿色化	32	城镇新建绿色建筑比例	≥50%	99%	完成上级规定的目标任务	完成上级规定的目标任务	参考性	区住房城乡建设局
		33	城镇生活垃圾分类减量化行动	实施	实施	实施	实施	参考性	区城市管理综合执法局
		34	政府绿色采购比例	≥80%	≥80%	≥80%	完成上级规定的目标任务	约束性	区财政局
生态文化	（十）观念意识普及	35	党政领导干部参加生态文明培训的人数比例	100%	100%	100%	100%	参考性	区委组织部
		36	公众对生态文明建设的满意度	≥80%	未开展	≥90%	≥90%	参考性	市生态环境局番禺分局
		37	公众对生态文明建设的参与度	≥80%	未开展	≥90%	≥90%	参考性	市生态环境局番禺分局

7.3 重点任务

7.3.1 构建格局优化的生态空间体系

坚持尊重自然、顺应自然、保护自然，构筑番禺区生态空间网络体系，严格管控生态保护红线，强化自然保护地管控，实行环境管控单元分类管理，实施山水林田湖草海系统保护修复，提升生态系统服务功能，促进人与自然和谐共生。

7.3.1.1 构筑生态空间格局

一是构筑生态空间网格。根据番禺区自然条件，综合考虑水系、廊道及生态公园等自然资源，构筑番禺区生态空间网络。搭建沿主要河涌水系、高快速道路形成“一轴两廊道、四片联动、三绿核多节点”的绿地网络结构。活化利用大夫山—孖岗—滴水岩—龙湾涌湿地西部生态屏障和莲花山—尖峰山—大小浮莲岗—海鸥岛东部生态屏障。打造连接广深港、广珠澳科技创新走廊的重要生态连通区域。形成由生态基底、生态廊道、公园体系、绿色街区共同构成的点线面为一体的高质量绿色生态空间网络。

二是严格管控生态保护红线。坚持底线思维，执行广州市统一部署，根据《番禺区国土空间总体规划（2019—2035 年）》，落实永久基本农田、生态保护红线、城镇开发边界等空间管控边界。大力推进生态保护红线战略，发挥生态保护红线对于国土空间开发的底线作用，严守生态保护红线，严格执行生态保护红线管理制度。开展生态保护红线勘界定标，推进生态保护红线综合监测网络体系的建设和完善。明确属地管理责任，加强监督管理，做好日常巡护和执法监督。

三是强化自然保护地管控。推进自然保护地体系建设。建立各类自然公园为补充的自然保护地体系。推进自然保护地整合优化，积极开展自然保护地体系建设工程和勘界立标工作，提升自然保护地生态系统服务功能。构建自然保护地分类分级管理体系，全面提升自然保护地管理能力。

四是推进山水林田湖草海系统保护修复。加强山林生态系统保护与修复。大力推进山体周边系统整治与生态复绿工程，修复受损山体，整治违法建设，提升山体生态景观。推进红树林营造和修复，实施森林资源差异化保护。加强林地生态修复，推进造林更新和封育恢复，实施森林质量精准提升行动，完善天然林保护制度。全面推行林长制，实施国土绿化行动。因地制宜推进林相改造，营造类型多样、色彩斑斓的林相林貌。

加强河湖水生态系统保护与修复。完善河湖水系保护和空间管控，对水廊修复区和河网保育区实施差异化水系保护建设。实施重点河段生态修复，保护河流流域的重要生境，恢复河滩地自然生态系统。保护水网湿地生态系统，推进粤港澳珠江口湿地恢复和防护带建设。

推进海岸带生态系统保护与修复。推动完善陆海统筹的海洋生态环境保护修复机制，加强海洋自然保护地建设与管理，加大重要渔业水域和候鸟迁徙路线、栖息地保护力度，实施人工鱼礁工程修复。开展海岸线整治修复，推进海湾等整治项目，整体提升海岸线生态景观风貌。推进沿海防护林建设，实施红树林保护修复工程，推进滨海湿地生态系统修复。

7.3.1.2 完善城镇空间布局

一是合理规划城镇开发边界。合理划定城镇开发边界，引导城镇空间集约发展，推动规划“战略留白”，提高土地利用效率。强化国土空间规划和用途管控，探索空间资源统筹利用新机制，引导城镇紧凑集约发展。严格实行建设用地总量与强度“双控”，强化城镇开发边界对开发建设行为的刚性约束作用，科学预留功能留白区，为未来发展留有开发空间。科学研判城镇发展需求，优化城镇形态和布局，促进城镇有序、适度、紧凑发展。

二是推进协同一体化空间格局联动。基于产业体系联动高效利用城镇空间。全力参与广州都市圈建设，积极推动广佛同城极点带动，持续深化番顺共建广佛同城示范区建设，参与广清一体化建设，依托联动产业集群，优化城镇高效空间配置。推进珠江口东西两岸融合发展，打造优质生活空间，推动产业集聚化发展，布局集约高效具有前瞻性以及产业联动性的空间利用格局。

持续提升交通枢纽服务能级。将广州南站打造成为全国高铁枢纽站城融合及产城融合发展的典范、世界一流火车站、引领全球的综合交通枢纽和番禺区高端门户。建设“五主四辅”客运枢纽，加快形成“多站布局、多点到发、客内货外、互联互通”客运枢纽格局。实施轨道交通增能改造，创新行车组织，满足高密度网络化运输组织需求。

7.3.1.3 优化农业空间格局

一是严守耕地保护红线。严守耕地保护红线和永久基本农田控制线，加强耕地保护。落实基本农田保护任务，强化永久基本农田保护意识。严格落实耕地占补平衡制度，加快耕地恢复和补充耕地建设，积极拓宽新增耕地及耕地提质改造途径，加强耕地保护动态监测监管。

二是构建农业空间格局。打造集约高效的农业生产空间，依托特有的田园景观、自然生态及环境资源，大力发展高科技现代都市农业。谋划建设若干专业示范村，打造一批集生产科研、科普展示、观光休闲于一体的示范项目和主题村落，建设粤港澳大湾区农业科普基地、休闲养生基地、乡村旅游目的地。支持沿海区域推行绿色水产养殖，依法加强养殖水域滩涂统一规划，合理确定养殖规模和养殖密度，推进集中连片的内陆养殖池塘标准化改造和养殖业尾水达标治理。

7.3.2 构建绿色低碳的生态产业体系

协同推进经济高质量发展和生态环境高水平保护，促进番禺区经济社会发展全面绿色转型。牢牢把握南大干线经济建设等重大战略机遇，构建绿色发展格局，推动区域能源、土地利用、产业、交通运输结构优化调整，大力培育生态产业。践行低碳发展理念，开展碳排放达峰和降碳行动，提升应对气候变化能力，保障经济社会可持续发展。

7.3.2.1 推动制造业高质量发展

一是加快建设先进制造业强区。聚焦广州中国制造 2025 试点示范城市建设目标，以规模体量大、技术水平高、配套协作好、支撑带动强为导向，把经济发展的着力点放在先进制造业上，推动“番禺制造”向“番禺智造”“番禺创造”跃进。着力打造 1 个千亿级、2 个五百亿级、多个百亿级的“1+2+N”产业集群，推动形成具有国际竞争力的先进制造业产业体系，建设全国质量强区示范城区。

二是建设数字经济发展高地。坚持数据驱动、数字赋能，加快数字经济与实体经济深度融合，培育壮大数字经济核心产业，促进数据要素高效配置和流通，全面建设粤港澳大湾区数字经济发展高地。实施工业互联网工程，加速“产业数字化”进程。以应用场景为牵引，加快“数字产业化”发展，加快建设数字经济发展高地。

7.3.2.2 大力培育生态产业

一是提升农业高质量发展水平。深化农业供给侧结构性改革，大力发展都市型现代农业，结合番禺区实际培育壮大渔业、花卉等特色产业，推进产业融合发展，壮大农业农村建设人才队伍，有序推进乡村振兴。以麦康森院士基地落户为契机，全力推进番禺区名优现代渔业产业园（省级）创建工作，全力打造以广州莲花山中心渔港为基础的珠江口渔港经济区。落实《番禺区农作物秸秆综合利用工作方案》，巩固提升农作物秸秆综合利用率，推动农业规模化、标准化、集约化、生态化、科技化、现代化进程。

二是推进产业园区"散乱污"场所清理整治。推进"散乱污"场所清理整治工作与村级工业园区改造提升工作的融合。落实属地管理责任，通过网格化管理的方式，开展"散乱污"场所排查整治工作。根据村级工业园区的实际规划，加强源头防控，各镇街引导园区内的企业根据相关规定自觉完善排水、排污等有关手续并配套污染防治设施，确保污染物达标排放。加大力度清理整治不符合园区产业规划要求的"散乱污"场所，进一步助力村级工业园区的改造提升工作。

三是加快重点产业园区绿色发展。加快促进番禺工业经济总部园区、番禺创新科技园等 15 个重点产业园区的绿色产业赋能升级，加快淘汰落后产能，制定并实施落后产能淘汰工作方案，综合运用经济、环保、行政等手段淘汰落后产能设备。引导重点产业园区开展集中供热、共同治污、企业间废物交换利用、能量梯级利用等循环化改造。鼓励开展重点行业、工业园区和企业集群整体清洁生产审核模式试点。

四是大力发展蓝色海洋经济。实施近岸海域综合治理，健全涉海空间资源利用制度，强化管辖海域治理管控，规范历史用海管理，推进"智慧海防"试点。积极加强番禺重大涉海规划、涉海政策和平台对接，统筹协调海洋经济错位发展。激发海洋产业数字化新活力。加快推进海洋电子信息产业发展，支持大型电子信息企业向海洋领域拓展，推动高端海洋电子装备国产化。

7.3.2.3 构建绿色资源利用新格局

一是全面推进产业结构绿色升级。各工业产业区块严格落实《广州市工业产业区块划定》规划，重点发展规划中相应的主导产业。落实"三线一单"生态环境分区管控方案和生态环境准入清单要求。禁止或限制不符合全市产业用地指南准入条件的用地项目的审批。逐步淘汰关停不符合现有产业规划、效益低、能耗高、产业附加值较低的落后产业，诸如金属表面处理及热处理加工、皮革鞣制加工、印制电路板制造等。发展壮大新能源汽车、新能源和节能环保、新一代信息技术、人工智能、生物医药与健康、新材料等战略性新兴产业。推动现有灯光音响、珠宝首饰等传统特色产业加快绿色转型升级。加强企业排污监管和整治力度，推进产业结构绿色升级。

二是优化能源结构。科学推进能源消费总量和强度“双控”，严格控制煤炭消费总量，加快新建耗煤项目，严格实行煤炭减量替代。推动能源结构清洁化转型，加快天然气推广使用，完善天然气产供储销体系，构建多元化气源竞争格局，提高天然气消费比重。积极发展太阳能光伏和储能、蓄冷，提高低碳清洁能源在能源消费结构中的比重。发展氢能产业，加快氢能基础设施建设，探索氢能作为化石燃料替代。

三是加强资源节约集约利用。贯彻落实能源消费总量和强度“双控”目标责任制，严格控制新上高耗能、高污染项目，落实煤炭消费减量管理，推动能源结构清洁化转型。实行最严格的水资源管理制度，强化节水标准定额应用与节水评价机制，加强工业节水、农业节水和生活节水，推广节水器具。推进土地资源合理配置和集约高效利用，推进低效产业用地升级改造，增强土地配置灵活性、前瞻性、集约性。

7.3.2.4 统筹碳达峰碳中和行动

一是深化低碳试点工作。完善温室气体相关统计和核算工作基础，探索推动部门间数据互通互联。深化碳普惠制试点工作，积极扩展碳普惠涉及领域，开展碳普惠行为模式研究，鼓励申报碳普惠制核证减排量。推动重点行业碳捕集、封存和利用技术发展，加强经验总结及宣传推广。推动森林碳汇工程建设。探索开展低碳企业、产品认证和碳足迹评价，探索推动企业温室气体排放信息披露。

二是开展碳排放达峰行动。按照广州市相关碳达峰行动方案实施番禺区碳排放达峰行动，按照国家温室气体排放控制、碳达峰与碳中和的总体部署，明确番禺区长期应对气候变化的工作思路，细化分解工作任务。实施以碳强度控制为主、碳排放总量控制为辅的制度。落实区域差异化的低碳发展路线图，充分发挥发达地区示范作用，加大能源、重点高耗能工业碳排放总量控制力度，推进有条件的区域和重点行业率先实现碳达峰。

三是推动各领域碳减排工作。实施能源消费总量和强度“双控”，积极落实广州市关于控制能源消费总量和强度工作的部署和要求。优化调整能源结构，大力发展天然气，实施电能替代工程，提高低碳清洁能源在能源消费结构中的比重。加强输配电等基础设施建设，结合城镇化规划及发展需要，适度提前建设城区配电网，顺应产业发展和居民生活用电增长需求。

四是开展减污降碳协同治理。深化温室气体清单编制和减排潜力分析，推动将温室气体管控制度纳入生态环境保护体系，构建温室气体和大气污染物协同控制制度框架，推进温室气体和大气污染物协同减排。推动中长期碳排放路径与空气质量协同关系评估，探索将碳排放评价与排污许可制度和清洁生产审核工作进行衔接，探索推动将碳排放统计纳入环境统计，加强与环境统计体系、环境监测系统的对接。

7.3.2.5　积极应对气候变化

一是提升适应气候变化能力。在农业、林业、水资源、基础设施等重点领域及沿海、生态脆弱区积极开展适应气候变化行动。加强气候变化综合评估和风险管理，完善区域风险应对机制，提升风险应对能力。加强气候变化系统观测和科学研究基础工作，提高应对极端天气和气候事件的能力。

二是推动城市热岛效应改善工作。开展风廊划定、生态低碳城区、生态基础设施等城市规划实践，推广城市下垫面与表面热性能及应用节能举措等技术应用，推进碧道、湿地公园建设，多途径缓解城市热岛效应。

三是建立应对气候变化机制。积极推进碳市场制度机制创新，深化完善碳排放权交易。围绕番禺区提前碳达峰碳中和目标，大力发展绿色信贷、绿色债券、绿色保险。强化绿色金融创新，推动区域应对气候变化交流合作，搭建环境权益金融服务平台。积极扩展碳普惠覆盖地区及涉及领域，扩大碳普惠影响力，探索建立碳普惠机制联盟。

7.3.3　构建清洁健康的生态环境体系

深入打好污染防治攻坚战，推进番禺区水、大气、土壤环境协同防治，巩固提升防治污染攻坚成果，兼顾生态系统保护和修复，加强海洋生态保护和修复，维护生物多样性平衡，强化区域环境风险防控，强化自然生态监管，推进监管执法能力建设。

7.3.3.1 推进环境协同防治

一是推进水环境协同治理。加强饮用水水源安全保障。持续推进集中式饮用水水源保护区划分、水源地规范化建设，开展饮用水水源地周边环境安全隐患排查及饮用水水源地环境风险评估，加强饮用水水源地预警监控能力建设，推进沙湾水道饮用水水源保护区支流河涌水质在线监测系统建设。完善饮用水水源地专项应急预案，强化与广州市中心城区、南沙区应急联网调度能力，推进应急备用水源工程建设，加强应急供水保障。加强沙湾水道水源地广佛跨界区域上下游、左右岸的协同保护，完善跨界水源保护机制，强化与顺德、南沙联合巡查执法，切实保障水源安全。

深化水环境综合治理。持续开展入河排污口排查整治，继续推进落实“查、测、溯、治”四项重点任务，强化入河排污口规范化管理。统筹各片区污水收集处理负荷，实施雨污分流改造，重点解决石岗西涌、雁洲河等群众反映较为强烈的雨天污水溢流问题。推进畜禽养殖废弃物资源化利用，加快水产养殖池塘升级改造，实施化肥农药减量行动，加强自然村生活污水治理设施运行维护管理，多防并举强化农业农村污染防控。推进城镇污水处理厂提标改造，加强中水回用，提高再生水利用率。压实河长制工作责任，深入推进重污染河流系统治污，实施“一河一策”。推进重污染水体污染源解析研究，支撑水环境管理综合决策。全面巩固黑臭水体治理成效，实现长制久清。推进淤泥收集点建设工作，强化淤泥收集管理。依据广州市科学整合水功能区划和水环境功能区划，强化考核断面、水功能区水质达标管理，对未达标水体制定限期达标规划方案。重点加强沙湾水道、市桥水道、三枝香水道、沥滘水道等流域一级支流污染整治，推动一级支流逐步消除劣V类水体。

加强水生态保护与修复。开展主要河道、典型污染水体、入海河口等水体的水生态摸底调查。以河湖水生态保护与修复、滨水生态环境建设为核心，聚焦市桥河、沙湾水道、珠江后航道等滨水生态公园带，开展美丽河湖创建，打造一批“有河有水、有鱼有草、人水和谐”的美丽河湖典范。结合碧道建设拓展生态缓冲带建设，逐步恢复和扩大本地特色物种的分布范围和种群规模。加强河道生态修复，推进河道水生态修复工程，推进中心城区河涌生态整治，重建河涌生态系统，逐步恢复水生态系统服务功能。以海鸥岛、龙湾湿地为重点，进一步完善湿地公园建设，强化生物多样性保护与修复，保护当地鱼类物种和水鸟栖息地。

二是推进大气污染科学防治。提升大气污染监管防控能力。率先推进番禺区大气环境监管体系现代化建设，实现各镇街小型空气质量监测站网格化全覆盖，建立重点污染源动态排放清单，探索建立重点企业、交通运输、污染排放和气象等数据信息的共享机制，结合大数据挖掘分析和综合研判，精准指导大气污染防控部署工作。开展细颗粒物和臭氧协同管控，统筹考虑番禺区市桥、大夫山等臭氧污染区域传输规律和季节性特征，深入开展臭氧形成机理研究和溯源解析，探索建立番禺污染源地图，分析臭氧污染特征与空气质量站点周边污染影响对策，强化分区分时分类差异化、精细化协同管控，针对性制定减排措施，推动臭氧稳定步入下降通道。健全污染天气应对机制，实现全天 24 小时监测数据及时分析研判，做好环境空气质量预报预警工作，建立污染天气预警应急启动、响应和解除机制，印发应急期间重点工作指引，完善污染天气应对指引和重污染应急预案，强化监督定点帮扶、推动应急措施落实落细，压实街道和企业治理责任。

推进工业污染源深度治理。建立健全挥发性有机物管控清单及更新机制，实施挥发性有机物排放企业分级管控，全面深化涉挥发性有机物排放企业的深度治理。注重源头控制，推进低挥发性有机物含量原辅材料生产和替代。鼓励有条件的工业园区和重点企业采用蓄热式焚烧炉（RTO）治理工艺。探索实施挥发性有机物排放大户智能过程管控，重点推进深印刷、喷涂、家具制造等重点行业的“散乱污”企业挥发性有机物污染综合整治工作。按照“问题诊断—管控建议—执法支持—动态评估”的监管模式，开展精细化走航，及时跟进处理走航发现的异常点位。强化油品执法监管，加强成品油生产、仓储、流通环节油品质量监管，巩固加油站油气回收治理成效，推进加油站三次油气回收改造。深入开展工业锅炉和炉窑综合治理，全面推动工业炉窑的燃料清洁低碳化替代、废气治理设施升级改造，逐步开展天然气锅炉低氮燃烧改造，推进集中供热管网覆盖区域内分散锅炉整治，加强各类锅炉、炉窑自动监控设施监管，依托广州市污染源自动监控系统实现高效监测、执法。

强化移动源污染防治。加强柴油货车联合监管执法，加强车油路联合防控，依托“天地车人”一体化机动车排放监控系统，实现多部门联合监管执法。强化机动车尾气监测，开展机动车道路抽检、停放地抽检工作。严格非道路移动机械监管，实施非道路移动机械编码登记制度，加强对禁用区内非道路移动机械的监督检查。推动氢燃料电池汽车示范应用，有序推广清洁能源汽车。做好对生产、销售和进口环节新车环保达标情况的监督检查。加大低排放标准机动车及老旧柴油货车更新淘汰力度，加快推广使用新能源汽车，推进完善公交车电动化，推广氢燃料电池物流车和泥头车。加强机动车联合监管执法，强化营运柴油车尾气排放污染整治，加大路检路查力度。持续加强成品油质量和油品储运销监管。加强水上燃油监管，督促船舶使用符合标准要求的船用燃油，推进港口用能清洁化，推进老旧落后船舶淘汰工作，依托广州市河长制平台，加强水路交通运输燃料清洁化执法监管，开展船用燃油质量联合检查执法专项行动。

强化面源污染精细化防控。强化餐饮业油烟管控，推广餐饮业户使用天然气、电等清洁能源，鼓励、帮扶各餐饮企业使用清洁能源、升级改造废气净化设备、安装油烟在线自动监控设施，督促餐饮单位定期对油烟净化设施进行维护保养，倡导餐饮业户采用第三方治理模式，开展废气净化设备升级改造，提高治理设施运行效率。全面禁止露天焚烧，大力打击城市、行政村露天焚烧垃圾及其他废弃物等违法行为，使用无人机等科技手段进行监控，持续加大秸秆、落叶等禁烧力度。强化烟花爆竹监管，按照烟花爆竹禁限放管理规定，落实禁止销售、燃放烟花爆竹要求，重点做好节假日期间烟花爆竹禁限放工作。

精细化管控扬尘。强化扬尘污染源头控制，监督工地严格落实“一不准进、三不准出”，借助网格化监测、颗粒物激光雷达、走航监测、无人机等科技手段加强对建设工地的信息化监管，强化对在建工地扬尘污染防治落实和监管情况的监督检查。加强城市保洁和清扫，推广道路机械化清扫等低尘作业方式，实施常态化道路洒水保洁。加强裸露土地风蚀扬尘治理，落实裸露土地治理主体责任，实施裸土地“动态清零”行动，通过铺盖防尘网，及时开展复绿等措施，有效抑制裸露土地扬尘。

三是推进土壤污染防治。加强污染源头控制。严格建设项目土壤环境影响评价制度。在排污许可证中载明土壤和地下水污染防治要求。加强对涉重金属、电镀、铅酸蓄电池等重点行业企业污染物排放和土壤环境监管，指导企业规范落实土壤防治措施，动态完善污染源排查整治清单。加强土壤污染重点监管单位周边土壤、地下水监督性监测。督促重点监管单位开展土壤和地下水环境自行监测、污染隐患排查。持续推进工业固体废物堆存场所、生活垃圾填埋处置设施、城镇污水处理设施污泥堆场等整治。全面推进农业面源污染防治，深入开展农药化肥减量增效。

持续推进农用地分类管理和安全利用。严格保护优先保护类农用地，以优先保护类农用地集中区为重点，实施耕地质量保护与提升行动，确保面积不减少，土壤环境质量不下降。根据全省耕地土壤环境质量类别划分成果，以确保农产品质量安全为目标，针对安全利用类耕地，优先采用农艺调控类安全利用措施，降低农产品重金属等超标风险。继续开展农产品产地土壤环境质量监测，实行耕地土壤环境质量动态管理。

强化建设用地风险防控。严格实施土地用途改变及流转中土壤污染状况评审制度。加强部门联动监管，实现污染地块空间信息共享，合理规划污染地块用途。针对成片污染地块分期分批开发、污染地块周边土地开发等，优化开发时序。开展工业污染地块“环境修复+开发建设”模式探索。

有序实施土壤风险管控与修复。根据土壤污染状况调查结果，以影响农产品质量和人居环境安全的突出土壤污染问题为重点，更新入省级污染地块名录，督促相关责任主体开展土壤治理与修复。加强火烧岗垃圾填埋场安全运营管理，深入开展火烧岗垃圾填埋场综合整治与生态修复。加强风险管控和修复活动监管，建立土壤污染治理修复全过程监管制度。推广绿色修复，严格控制二次污染。

7.3.3.2　加强近岸海域生态保护

一是强化陆海污染治理与风险防范。注重陆源污染防治，采用控源截污、内源治理等措施加强入海河流污染治理，着力削减总氮入海量。推进市桥水道清流断面、莲花山水道沙东断面、狮子洋莲花山断面等入海河流断面水质自动监测。推动港口、船舶修造厂加快船舶含油污水、洗舱水、生活污水和垃圾等污染物接收、转运及处置能力建设。推进船舶污染防治设施设备配备和改造升级，确保船舶水污染物达标排放。

二是加强海洋资源保护利用。开展重点海域生态环境调查与评估，推进海洋生物生态系统监测评估网络体系建设。实施最严格的围填海管控，新增围填海项目同步强化生态保护修复。严格落实自然岸线保有率管控目标，实施海岸线占补平衡制度，强化海岸线利用动态监测。开展海域、海岸带生态环境修复和水生生物资源养护。

7.3.3.3 维护生物多样性生态平衡

一是健全生物多样性保护机制。推动生物多样性保护纳入生态质量监测、质量评价与绩效考核体系，加强生物多样性保护多部门分工协作和数据共享。建设野生动植物与重要物种栖息地、原生境数据库并定期更新，加强野生动植物保护监督，建立健全野生动植物保护监管联动机制和长效机制。编制生物多样性保护行动计划，定期开展番禺区生物多样性调查评估。结合“生物多样性日”加强生物多样性保护宣传教育，强化博物馆、展览馆自然科普能力建设。

二是加强野生动植物保护。开展番禺区生态环境本底综合调查评估、生物多样性调查评估和长期监测，建立具有番禺特色的珍稀濒危物种的调查监测网络。利用生态系统定位监测、建设动植物栖息地、保护珍稀濒危植物栖息地、增加生态区多样性等多项保护措施。加强古树名木保护，碧道建设过程中增加绿地植物多样性。以海鸥岛红树林海岸升级改造与生态修复等项目为重点，加强迁移廊道的保护与恢复，实施生物多样性保护工程，提升生物多样性水平和生态系统完整性。持续开展专项整治行动，协同打击区域内跨境走私濒危物种活动，严惩非法捕杀、交易、食用野生动物行为。

三是加强生物遗传多样性保护。开展生物遗传资源和生物多样性调查、登记和数据库建设，加强物种遗传资源数据的集中管理与共享。依托现有资源建立本地物种和特有种标本和基因库，采用种子贮存、离体保存等技术实施迁地保护，加强基因多样性保护。加强转基因生物环境释放、风险评估和环境影响研究，完善相关技术标准和技术规范。

四是强化生物入侵风险管理。实施外来物种管理，健全生物入侵风险管控制度，持续开展外来入侵物种调查、监测和预警，及时更新外来入侵物种名录。建立针对红火蚁、薇甘菊、互花米草、松材线虫等外来入侵物种的监测预警及风险管理机制。加强重要生态区域的外来入侵物种防控工作监督，开展防控成效评估。完善生物物种资源出入境管理制度，将外来入侵物种纳入生物安全应急管理体系。

7.3.3.4　强化区域环境风险防控

一是推进固体废物处理处置。加强固体废物源头减量。构建绿色循环生产模式，加强产业链循环式组合，开展循环化工业园区改造、“无废园区”建设试点。推进生活垃圾源头减量，全链条提升垃圾分类投放、收集、运输、处理体系。加强塑料污染治理，有序限制、禁止生产、销售和使用一次性不可降解塑料制品，整治塑料污染突出领域和电商、快递、外卖等新兴领域污染行为。

强化固体废物全过程监管。建立工业固体废物污染防治责任制，落实企业主体责任，督促企业建立工业固体废物全过程污染环境防治责任制度和管理台账。加强医疗废物和医疗垃圾收集、运输、贮存、处置全过程的环境污染防治，进一步提升医疗废物收集处置体系管理水平。以医疗废物、废铅蓄电池、废矿物油、废酸、废弃危险化学品、实验室危险废物等危险废物以及污泥、建筑废弃物等一般固体废物为重点，持续开展打击固体废物环境违法犯罪活动。

提升固体废物处理处置能力。组织开展固体废物产生和处置情况调查评估，推动固体废物收集处置能力匹配化。加强工业废物处置基础设施建设。鼓励现有危险废物处置企业加大投入力度，支持国有或骨干企业参与处置设施建设，鼓励产废量大的企业自行建设危险废物综合利用和处置设施。

强化固体废物环境风险管控。持续推进危险废物规范化管理工作，督促指导企业建立工业固体废物和危险废物管理台账。全面开展危险废物环境风险隐患排查，加大企业清库存力度，严格控制企业库存量，动态掌握危险废物产生、贮存信息。推进危险废物转移运输全过程定位跟踪监控，推动转移电子联单和电子运单无缝对接，实现危险废物产生、运输和利用处置信息共享，坚决遏制危险废物非法转移、倾倒、利用和处理处置。提高危险废物利用处置设施运营管理水平，逐步推行“装树联”。

二是强化重金属与危险化学品风险管控。持续推进重金属污染综合防控。推进涉重金属重点行业企业重金属减排，动态更新涉重金属重点行业企业全口径清单。严格涉重金属企业环境准入管理，对新、改、扩建涉重金属重点行业建设项目实施重点重金属污染物“减量置换”或“等量替换”。严格控制区内电镀行业废水排放。推动含有铅、汞、镉、铬等重金属污染物排放的企业开展强制性清洁生产审核，现有重金属污染物排放企业在新一轮清洁生产审核中实施提标改造。

加强危险化学品环境风险管控。优化涉危险化学品企业布局，对危险化学品生产装置或者储存数量构成重大危险源的危险化学品储存设施，严格执行与居民区安全距离等有关规定合理布局。淘汰落后生产储存设施，推动违规危险化学品企业搬迁。规范危险化学品企业安全生产，强化企业全生命周期管理，严格常态化监管执法，加强原油和化学物质罐体、生产回收装置管线日常监管，防止发生泄漏、火灾事故。

开展新污染物监测评估与管控。持续提升二噁英、消耗臭氧层物质监测能力，加强评估监测，提升全氟化物、消耗臭氧层物质以及其他持久性有机污染物等新污染物的监测能力，开展典型内分泌干扰素、抗生素、微塑料等有毒有害化学物质环境调查监测，探索开展敏感区域监测评估。依托高校、科研机构，深化新污染物环境与健康危害机理、跟踪溯源等基础科学研究。探索开展环境健康风险管理。

三是建立健全环境应急管理体系。逐步建立跨界河流完善突发环境事件应急管理多层次预案体系，健全生态环境风险动态评价和管控机制。完善番禺区环境安全例会和例检制度，定期开展跨区企事业环境风险隐患排查专项整治。加强对政府、企业预案的动态管理，规范定期开展联合应急演练和培训制度，深化跨区环境应急联动合作。完善番禺区跨界环境应急响应体系，规范环境应急响应流程，加强环境风险监控和污染控制，及时科学处置突发环境事件。

7.3.3.5 构建自然生态监管体系

一是完善生态监管机制系统建设。健全自然生态保护监管体系。守住自然生态安全边界，深化“放管服”等生态环境监管制度改革试点示范。建设自然保护地统一监测监管平台和分类分级管理体制，完善自然保护地体系管理制度。优化生态环境保护综合决策机制，提高生态环境保护参与政府综合决策的能力，形成高位推动、多部门跨区域联动合力。按照统一规划政策标准制定、统一督察问责的要求，做好对自然资源开发利用活动、重要生态环境建设和生态修复等工作的监督管理，加快实现生态保护领域全过程监管的制度化、法治化、规范化。

推动数字化生态监管体系建设。以建设广东省大数据综合试验区为契机，通过“数字政府”建设工程，提高生态环境监管效率。基于番禺区地理特征和生态监管需求构建和完善生态状况遥感调查评估制度，覆盖自然保护地、生态保护红线和重要水体，进行严格管控、定期调查评价。开展生物物种调查评估，构建野生动植物监测、监管与评价预警系统。

二是加强生态保护修复监管。加强重要生态系统保护监管。推进自然保护地观测网络全覆盖，开展自然保护地和生态保护红线保护成效评估，加强自然保护地人类活动遥感监测和实地核查，持续开展“绿盾”等监督检查专项行动。加强生态保护修复监管，推进对水土流失、森林、湿地等生态退化地区的监测评估与监管，开展生态保护修复工程实施成效自评估，对生态保护修复工程实施全过程生态质量、环境质量变化情况监测。

7.3.3.6 建立生态环境监测体系

建设覆盖环境质量、生态状况和污染源的生态环境监测体系，提升监测自动化、标准化、信息化水平。强化监测站点资源共享、推进环境监测站点向生态环境监测综合站点改造升级，合理规划和补充设置新的生态环境监测站点。推动水环境监测从浓度和水质监测向通量和水生态环境监测转变，建立水环境预测预警业务体系。推动搭建集“污染源—排水管网—入河排口—河道断面”于一体的水环境智慧监测网络。推动大气环境监测从质量浓度监测向机理成因监测转化，深化卫星遥感、走航雷达、地面定点监测等多手段融合应用。优化完善海水水质监测网络，探索利用遥感技术开展海洋垃圾、海洋溢油等监测。

7.3.3.7 推进监管执法能力建设

一是健全生态环境综合执法体系。在执法层面实施“三项制度”，优化执法监管服务，推进监督执法“正面清单”制度化、规范化。深化生态环境保护综合行政执法改革，加快补齐海洋环境、应对气候变化、生态监管等领域执法能力短板。强化生态保护执法监督，健全自然保护地生态环境监管制度，建设自然保护地统一监测监管平台和分类分级管理体制，提升对自然保护地体系的综合管理能力。建立生态保护红线常态化执法机制，定期开展执法督察。加强生态环境保护执法联动，强化生态环境保护综合行政执法和司法协作，加大协同执法力度，强化生态环境保护综合执法与自然资源、水利、林业等相关部门协同执法。

二是创新生态环境执法监管模式。主动适应“互联网+监管”发展新形势，依托“政务数据大脑”，整合汇聚政府、企业、互联网和第三方的监管信息，统一使用执法端，对接番禺区信用信息系统，以“双随机一公开”为抓手，以重点监管为补充、以信用监管为基础的监管机制，加强信用监管，对生态环境执法监管事项进行精细化梳理并固化为可量化、可执行的规范化流程，进行全程记录。充分运用在线监控、卫星遥感、无人机等科技手段，大力推进非现场执法。通过扶持引导、购买服务等制度安排，鼓励社会力量参与执法监管。

7.3.4 构建优美宜居的生态生活体系

通过建设高质量海绵城市，加快百里碧道、生态公园等绿地系统建设，扩大绿色生态格局，通过推广绿色建筑，实现城市有机更新，优化人居生活环境，引导全民绿色生活方式，构建生态生活体系，建设宜居番禺。

7.3.4.1 扩大绿色生态空间

一是加快海绵城市建设。打造高密度海绵城市。依据《广州市海绵城市专项规划（2016—2030 年）》，因地制宜建设生态排水设施，充分发挥绿地、道路、水系对雨水的吸纳蓄渗、净化缓释作用。构建生态、韧性、安全的河湖水系，提高雨洪调蓄能力，推行低影响开发模式，综合采取“渗、滞、蓄、净、用、排”等措施，加快推进“自然渗透、自然积存、自然净化”的海绵城市建设。

完善区域排涝体系。以巩固和完善海堤江堤、区域排涝、城镇排水三道防线为重点，加快推进防洪排涝工程建设。系统推进河涌整治和泵闸建设，提升区域排涝能力。根据番禺区的地形地貌，结合水系连通、工程分布、城区排水管网等情况，把番禺区分为 14 个一级分区、45 个二级分区。主要考虑排涝问题突出的重点河涌，规划对市桥河、石北围、沙滘围、大涌围涝区等围片内的河涌整治、水闸和泵站进行新建及改扩建工程措施，结合海绵城市建设，利用现有鱼塘、绿地或发展备用地等措施增加调蓄水体，达到有效应对百年一遇暴雨的内涝防治标准。

二是加强绿地系统建设。打造高标准绿地链接体系。强化生态廊道的功能复合性，植入都市农业、文体公园、瓜果蔬菜基地，引导广明高速、南沙港快速“十字形”生态廊道“软开发”。持续开展绿化美化行动，继续推进星海公园、广州大学城湿地公园等城市公园进行升级改造，实施万博商务区公共绿地景观提升工程，打造“一带九节点”的城市绿芯。落实《广州市碧道建设总体规划（2019—2035 年）》，“十四五”期间推动大学城中心湖、沥滘水道（大学城段）等 46 个碧道建设项目，累计碧道长度206.11 km。充分发挥公园绿地、绿道和碧道等绿色生态基质的综合生态功能建设的联动作用，打造番禺区绿地链接体系。

建设高品质森林城区。实施“森林围城、森林进城”，推动公园下乡，使绿化“进社区、进校区、进园区、进村宅、进楼宇”。落实新一轮绿化广东大行动，完善绿色生态网络，提升绿道建设水平。完善郊野公园、城市公园、社区公园等公园体系建设，落实《广州番禺大夫山地方级森林自然公园总体规划（2021—2030年）》等专项规划，合理开发建设大夫山、莲花山等独具番禺特色的森林公园。

7.3.4.2 优化人居生活环境

一是推进城市有机更新。以新一轮国土空间规划为引领，稳妥推进城市更新九项重点工作，重点围绕沿江经济带、南大干线经济带和番禺大道经济带等重点区域推进城市更新行动，分类施策，分时段实施。坚持内涵集约、绿色低碳发展，保护、利用、传承历史文化遗产，着力补齐基础设施和公共服务设施短板，提供高质量产业发展空间，推动城市结构调整优化，提升城市品质，提高城市管理服务水平，逐步实现“产城融合、职住平衡、文化传承、生态宜居、交通便捷、生活便利”。

二是改善农村人居环境。统筹城镇和乡村规划建设，加快编制“多规合一”的实用性村庄规划，全面提升农村生产生活生态建设水平。系统实施农村生态环境综合治理，建设健康稳定田园生态系统。保护传统村落和乡村风貌，提升农房建设质量，提高干净整洁村、美丽宜居村、特色精品村创建水平，建设岭南特色生态宜居美丽乡村群。建立健全农村人居环境整治长效机制，实施镇村同建、同治、同美，鼓励绿色农房建设，全面推进农房管控和乡村风貌提升。

三是深入推广绿色建筑。全面开展绿色建筑行动。合理确定绿色建筑的总体发展目标，确定既有民用建筑绿色改造的总体目标、实施计划和保障措施。倡导超低能耗建筑、近零能耗建筑示范，完善绿色建筑制度、指引，全面提升民用建筑能效水平。在广州南站、广州创新城、广州大学城等重点地区打造一批安全耐久、资源节约、健康安全的三星级绿色建筑。推广广汽埃安车棚光伏发电子系统经验，加大可再生能源在建筑中的规模化应用。

7.3.4.3 营造全民绿色生活

一是推行低碳环保出行方式。加大新能源汽车投放。继续推广各类新能源汽车，开展氢燃料电池汽车示范应用，加快新燃料新技术低排放交通工具的普及。加强新能源汽车充换电、加氢等配套基础设施建设，开展光、储、充、换相结合的新型充换电厂站试点示范。不断扩大公共服务领域与客运新能源汽车应用规模，提高新能源汽车运营比重。

引导市民绿色出行。推进地铁 3 号线东延段、12 号线、18 号线、22 号线等城市轨道规划项目建设，优先发展公共交通。健全绿道、碧道建设，在新建、改建和扩建道路中适当增加自行车道，建设城市交通慢行系统。鼓励绿色出行，优化“互联网+出行”交通信息服务平台，鼓励公众优先选择步行、骑车或乘坐公共交通工具出行，鼓励拼车或使用共享交通工具。

二是培养环保绿色生活习惯。倡导绿色消费。完善促进绿色生产和消费的法规政策体系，推广绿色低碳生活新风尚，加强绿色消费的政策支持，营造鼓励绿色消费的良好社会环境。深入推进限塑工作，积极响应广东省下达的《关于进一步加强塑料污染治理的实施意见》。倡导勤俭节约的消费观，逐步引导群众的消费价值取向往绿色、低碳、节约、可回收方向发展，自觉树立以“绿色、自然、和谐、健康”为宗旨的生态绿色消费观念。

开展生活垃圾分类。推动垃圾分类体系的信息化监管，实现垃圾分类网络的高效运营。促进垃圾源头减量，制定完善生活垃圾源头减量措施，推动包装物可循环、可降解、易回收。全链条提升垃圾分类投放、分类收集、分类运输、分类处理体系，推动垃圾分类投放点的精致化建设、精细化管理、精心化服务。

实施塑料污染防治行动。深入落实《绿色生活创建行动总体方案》（发改环资〔2019〕1696 号）要求，以节约型机关、绿色学校、绿色社区、绿色家庭等创建行动为契机，将相关治理要求纳入创建评价指标体系，发挥典范引领作用，带动全社会参与塑料污染治理。

加大绿色采购力度。认真落实《关于调整优化节能产品环境标志产品政府采购执行机制的通知》（财库〔2019〕9 号），在采购需求中提出更高的节约资源和保护环境要求，对符合条件的获证产品给予优先待遇，促进绿色产品推广应用。

全面开展绿色生活创建。开展节约型机关、绿色家庭、绿色学校、绿色商场等重点领域的创建行动，构建多方联动、相互促进、相辅相成的推进机制，引导和推动创建对象广泛参与创建行动，整体提升创建领域的绿色化水平。

三是推广节能节水器具使用。以绿色学校、绿色医院和绿色社区等重点领域为试点，完善水资源有偿使用机制，开展节能节水示范，打造节能节水型城区。引导农村新建住宅采用节能节水新技术、新工艺，加强建设节水增效示范项目和节水增效示范小区。优化工业布局，建设节能节水型工业园区，限制火力发电、化工、造纸、冶金、纺织等高耗水行业发展，对工业企业进行节能节水工作实施指导。

7.3.5　构建和谐多元的生态文化体系

古邑番禺，人杰地灵，番禺是岭南文化的重要发祥地之一，在生态文明建设的时代潮流下，番禺区仍将传承保护传统文化，培育创新新时代岭南生态文化，开展生态文明宣教活动，持续提升生态文化引导力，构建岭南文化体系，建设人文番禺。

7.3.5.1　传承保护传统生态文化

一是培育创新岭南生态文化。推动特色文化绽放光彩。打造“番禺区统一战线创新实践基地”，努力形成统一战线服务发展“同心”品牌，高品质推进历史文化街区改造提升。深入挖掘岭南文化内涵，高质量推进“番禺记忆”数字平台建设，打造番禺文化中心和对外文化交流门户。大力宣传番禺区名人、民俗、文化活动、文化产业等“四大文化品牌”，打造民俗文化节、乞巧节、岭南水色旅游文化节等传统民俗特色活动，重点扶持粤曲“私伙局”、醒狮、鳌鱼舞、飘色、珠绣、乞巧等番禺传统民间艺术传承发展，推动广东音乐、岭南画派、粤剧粤曲、祠堂文化等广府文化精粹绽放时代光彩。

二是打造岭南生态文化保护区。加快推进文化生态保护区建设，加强对非物质文化遗产依存的自然环境和人文环境整体性保护，着力打造岭南文化生态保护区。突出文化传承，保护传承历史文化，按照改造更新与保护修复并重的要求，保护具有历史文化价值的街区、建筑及其影响地段的传统格局和风貌。推进广州市番禺区文化馆非物质文化遗产特色馆建设，扩大岭南文化的影响力和辐射力。

三是传承保护生态文化遗产。发掘、整理蕴藏在典籍史志、民族风情、人文轶事、工艺美术、建筑古迹中的生态文化，保护和修复具有时代印迹的生态文化形态。构建完善的历史文化保护体系，加快推动古镇古村、古建筑群及历史风貌区保护和修缮。结合生态文化资源调查研究，建立生态文化数据库，完善重点文物保护规划，完善番禺区生态文化保护的信息化管理模式。

7.3.5.2 持续提升生态文化引导力

立足文化产业基础，推进新闻出版广播影视产业发展，加强国家音乐产业基地建设，培育发展一批文化产业集聚区，建设番禺区影视文化创意产业园，形成生态文化+的联动产业发展模式。深化文化贸易集聚区建设，打造国家文化出口基地。加强统筹领导，加大政策扶持力度，推动文商旅体融合发展，依托广州南站—万博长隆片区，全力打造粤港澳大湾区文商旅体融合发展典范区，推动莲花山旅游区挖掘文化和旅游资源，深化番禺博物馆建设，对照国家 3A 级旅游景区标准，创建集历史文化、红色文化、体育文化和古陶瓷文化于一体的文旅融合景区，加快文商旅体配套设施建设。

7.3.5.3 加大生态文化宣传教育

一是广泛传播生态文明理念。培育生态道德。结合番禺区生态环境保护工作，围绕《公民生态环境行为规范（试行）》，广泛宣传报道生态环境保护重大进展和先进典型，针对生态优先、绿色发展的优秀案例，通过组织主题采访、拍摄宣传片、开展宣讲活动等方式，面向社会开展专题宣传。重点提高群众对河流的保护意识，杜绝向河流倾倒垃圾废物等污染行为，倡导绿色价值观，健全生态文明推广体系，营造良好氛围。

动员社会参与。强化生态环境保护动员，以六五环境日、生物多样性日、世界海洋日、全国低碳日等节日为契机，引导和动员全社会参与生态环境保护实践。组织开展主题鲜明、内容丰富、形式多样、贴近基层、贴近群众的社会宣传活动，引导公众参与生态文明建设工作。鼓励支持学校、企业、社区、环保社会组织策划组织生态文明建设主题实践活动，提高活动参与性、体验性和互动性，不断提升活动品牌影响力。

二是建立生态文化培育机制。强化政治引领，将生态文明纳入党校、行政学院教学计划和党政干部培训体系中。在党校培训、领导干部网络学法等教育中设置生态环境保护专题，加大干部教育培训的绿色发展教学力度。推进生态文明教育进家庭、进学校、进社区、进工厂、进机关、进农村。

三是强化生态文化载体建设。因地制宜建设具备番禺特色、形式多样的生态文明教育实践场馆，例如，依托有条件的自然公园、污水垃圾处理设施等环保设施、美丽乡村、绿色社区和企业等，开展生态文明宣教活动。健全生态文明教育基地规范化、标准化管理机制，探索开发生态文明教育研学线路。将生态文化纳入公共文化服务体系，推进公共文化服务体系一体化建设，创新实施文化惠民工程，广泛开展群众性文化活动，推动公共文化数字化建设。

7.3.6 构建治制健全的生态制度体系

实施最严格的生态环境保护制度，健全生态环境治理的领导责任体系，健全绿色高效决策制度，构建生态产品价值实现机制，完善生态环境保护考核制度，健全生态环境监管一体化制度，更好运用法律、经济、行政、技术等手段，提升环境基础治理能力和科技信息支撑能力，加快推进生态环境治理体系和治理能力现代化建设，构建生态文明制度体系，建设法治番禺。

7.3.6.1 落实最严格生态环境保护制度

一是建立自然生态空间用途管制办法。落实中共中央办公厅、国务院办公厅联合印发的《关于建立以国家公园为主体的自然保护地体系的指导意见》，建立分类科学、布局合理、保护有力、管理有效的自然保护地分类分级管理体系，确保重要自然生态系统、自然遗迹、自然景观和生物多样性得到系统性保护，提升生态产品供给能力，维护生态安全。

二是严格落实生态环境空间管控制度。构建“多规合一”国土空间规划体系，运用于项目策划、联合会审、联审决策等。推动“三线一单”成果应用，建立生态保护红线、自然保护地监管体系。在规划环评审查、建设项目环评审批过程中，做好与“三线一单”生态环境分区管控相符性分析。推动“三线一单”、规划环评、建设项目环评充分衔接，将“三线一单”作为规划环评重要依据，在规划优化调整建议以及生态环境管理要求中明确“三线一单”相关管控要求，强化规划环评效力。

三是实施环评制度改革。贯彻落实环评制度“放管服”，落实环评审批“正面清单”制度，对符合相关条件的建设项目，实施环评告知承诺制审批。健全完善以环境影响评价制度为主体的源头预防体系，加强“三线一单”、区域规划环评宏观指导，推进建设项目环评分级分类管理，有效衔接排污许可与事中、事后监管。强化对环评文件编制单位、编制人员和环评专家的监督管理，加强环评文件常态化复核。

四是建立生态环境信用评价制度。贯彻落实《国务院关于加强环境保护重点工作的意见》关于“建立企业环境行为信用评价制度”的规定，以及《国务院办公厅关于社会信用体系建设的若干意见》有关要求，依法开展生态环境信用评价，健全企业信用强制披露制度。逐步将第三方生态环境治理机构、检测机构、服务机构等纳入生态环境信用评价体系。完善跨部门联合奖惩机制，探索将企业生态环境信用评价结果与执法监管、绿色信贷、税收减免、评优评先等挂钩。

五是完善生态环境责任追究诉讼机制。强化生态环境保护综合行政执法和司法协作，加大协同执法力度。健全综合行政执法机关、公安机关、检察机关、审判机关信息共享、案情通报、案件移送制度。完善生态环境公益诉讼制度。探索建立生态环境公益诉讼“先鉴定后付费”机制，优化生态环境公益诉讼鉴定程序。探索检察环境民事公益诉讼惩罚性赔偿。

六是建立生态环境损害赔偿工作长效机制。建立生态环境损害赔偿案件台账管理制度，明确办案任务、程序、时限、责任人等，定期调度案件推动情况。加大生态环境损害赔偿制度宣传力度，强化“环境有价，损害必偿”理念，建立生态环境损害赔偿制度改革常态化宣传机制，利用传播媒介大力宣传相关制度和典型案例，曝光生态环境损害违法行为，发挥典型案例的“活教材”作用，鼓励公众举报和社会监督。

7.3.6.2 健全环境治理领导责任体系

一是落实党政主体责任。成立番禺区生态环境保护委员会，全面落实生态环境保护工作党政同责、一岗双责，各级各部门严格落实“管发展必须管环保”“管行业必须管环保”“管生产必须管环保”工作要求，履行好《广州市生态环境保护工作责任规定》及配套责任清单，各司其职、各负其责、密切配合，积极主动抓好生态环境保护工作，形成齐抓共管的工作格局。强化镇（街）属地管理，明确承担生态环境保护责任的机构和人员，实施网格化管理。加大干部选拔任用和监督管理力度，打造生态环境保护铁军。不定期组织召开生态环境形势分析会，开展生态环境质量趋势研判，为生态环境综合决策提供重要支撑。

二是强化“党政同责”和“一岗双责”。严格落实《党政领导干部生态环境损害责任追究办法（试行）》《广东省党政领导干部生态环境损害责任追究实施细则》《广州市生态环境保护工作责任规定》及配套责任清单，强化“党政同责”“一岗双责”。坚决扛起生态文明建设和生态环境保护的政治责任，从政治、经济、民生的角度，全方位看待环境问题，切实负起领导和决策的责任。明确党委职能部门和涉及环境保护工作的政府组成部门、直属单位的环境保护工作职责，抓好分管的具体工作，又以同等的注意力和责任心抓好所处或分管部门的工作，牢固树立齐心协力、同抓共管，共同担当意识，共同建立体制机制，确保生态文明建设顺利推进。

三是建立生态文明建设目标评价考核体系。落实中共中央、国务院印发的《生态文明体制改革总体方案》，完成生态文明体制改革的目标，建立番禺区生态文明绩效评价考核和责任追究制度。与所属区域的整体水平相比（水平指数）、与历史水平相比（进步指数）、与标杆或目标水平相比（差距指数），建立三维评价体系，明确考核标准、优化考核方法、完善考核程序、落实考核责任，对番禺区生态文明建设绩效进行综合评价。考核结果作为领导班子和领导干部综合考核评价、奖惩任免的重要依据。

四是建立绿色发展指标体系。落实国家发展改革委、国家统计局、生态环境部、中央组织部制定的《绿色发展指标体系》以及广东省发展改革委、广东省统计局、广东省生态环境厅、广东省委组织部制定的《广东省绿色发展指标体系》，包括资源利用、环境治理、环境质量、生态保护、增长质量、绿色生活、公众满意程度 7 个方面，共 56 项评价指标，采用综合指数法测算生成绿色发展指数，衡量番禺区每年生态文明建设的动态进展。构建番禺区绿色发展指标体系，设置有针对性的指标内容、指标类型、权重，使之成为推进生态文明建设的重要约束和导向，引导和督促番禺区党委和政府形成正确政绩观，加快推动中央决策部署落实和各项政策措施落地，为绿色发展和生态文明建设提供保障。

7.3.6.3　健全绿色高效决策制度

一是成立创建国家生态文明建设示范区工作领导小组。通过成立番禺区创建国家生态文明建设示范区工作领导小组，加强各有关部门联系与沟通，相互学习借鉴经验，解决生态文明建设过程中的具体问题，高水平完成上级下达的各项任务，推动“国家生态文明建设示范区”创建工作有序开展。

二是组建专家咨询顾问委员会。组建“专家咨询顾问委员会”，围绕番禺区生态文明建设工作和决策需求，针对经济社会发展、生态文明建设重点、难点、热点问题，开展深入调查和研究，向番禺区创建国家生态文明建设示范区工作领导小组提出咨询建议。

7.3.6.4 构建生态产品价值实现机制

一是建立生态产品价值核算体系。建立生态产品统计和价值核算体系，制定生态产品名录，开展生态资产实物量统计，建立生态系统生产总值（GEP）核算统计制度。扩大生态系统生产总值核算范围，逐步构建番禺区 GEP 核算指标体系、技术规范和核算流程。推进自然资源要素市场化，完善资源要素价格形成机制。建立 GEP 发布制度，建立 GEP 核算机制，以生态系统价值总量及其变化、生态产品价值实现率等核算结果作为财政转移支付、市场交易、市场融资、生态补偿等的重要参考，推动 GEP 进监测、进规划、进考核、进决策。

二是开拓多元生态产品价值实现路径。创新发展生态农业。结合番禺区特色种植业、水产、花卉、蔬菜等本地农业品牌，发展多功能复合的现代都市农业，高标准打造绿色农产品集散基地，积极创建省级现代农业产业园，培育创建国家级现代农业产业园。大力发展生态工业。构建全产业链和产品全生命周期的绿色制造体系，培育一批工业产品绿色设计示范企业，积极创建绿色工厂和绿色园区。壮大生态旅游产业。以海鸥岛、莲花山等特色景区为重点，推进番禺区生态旅游产业一体化。发展乡村旅游、休闲康养新业态，谋划建设若干专业观光休闲示范项目和主题村落。探索从生态旅游经营收入中安排专项支持生态效益补偿，让自然保护地共享旅游资源收益。

三是建立生态产品交易制度体系。探索实行自然资源资产有偿使用。全域率先健全自然资源资产产权体系，加快自然资源资产统一确权登记。完善全民所有土地、水、矿产和森林等自然资源资产有偿使用制度。鼓励通过碳中和、碳普惠、市场化生态补偿等形成支持林业碳汇发展。完善促进生态产品价值实现的金融支持体系，探索创新推出以生态产品为对象的绿色信贷产品，稳步推进碳排放权抵质押贷款等碳金融业务创新，设立生态产品贷款风险补偿资金，形成合理风险分担机制。

四是建立生态产品价值实现制度体系。配合上级完成跨界河流生态保护补偿工作，探索实现森林、湿地、水体、耕地等重要领域和禁止开发区域等重要区域生态保护补偿全覆盖，使损害者赔偿、受益者付费、保护者得到合理补偿。探索完善财政转移支付、纵向和横向生态补偿机制，完善生态产品市场定价机制，加快建立健全能够充分反映市场供求和资源稀缺程度、体现生态价值和环境损害成本的生态产品价格体系。探索建立资金补偿之外的其他多元绿色利益分享和合作机制。

五是建立生态产品价值支撑体系。打造生态产品品牌体系，建立区域公用品牌质量标准体系，加强质量控制和授权使用管理，积极开展“三品一标”认证，培育一批公用品牌示范企业，形成产业集群。强化生态产品质量追溯体系建设，实现“带证上网、带码上线、带标上市”。全力推进番禺区名优现代渔业产业园（省级）创建工作，积极争创国家现代农业产业园，谋划创建省级现代花卉产业园，稳步推进绿色食品、有机农产品和地理标志农产品发展。

7.3.6.5　完善生态环境监管一体化制度

一是构建生态环境监管一体化机制。依托番禺区环境监测信息系统和番禺环保“数字三期”系统持续加强生态环境大数据建设，利用物联网、云计算等先进技术和载体，扩充数据资源及平台功能，对内陆水体、陆表生态环境等地物目标，以及污染气体、温室气体、气溶胶等环境要素进行跟踪监测。健全自然保护地生态环境监管制度，对区域内重要生态功能区域或生态敏感区、脆弱区域，实行生态环境监控，对这些区域的开发建设活动实施全过程的跟踪调查，切实防范可能因开发活动产生的生态破坏。

二是健全区域联防联控一体化机制。增强区域联动意识，建立污染防治区域联动机制。以污染较重地区和污染传输通道为重点，提升污染传输影响及来源分析能力，推动区域大气污染联防联控。完善各部门联动执法机制，定期会商研究，创新执法一体化机制方法，加强番禺区相邻地区生态环境执法联合工作力度，快速解决查处交界处以及共同关注的环境问题，加强与公检法部门衔接配合与联动。

三是建立环境应急预警一体化机制。加强环境风险源与应急资源数据库的应用，指导督促危险化学品企事业单位完成应急预案电子化备案。建立数据共享、实时高效、管控有力、多方协同的环境预警机制。健全区域联动应急响应与调度支援机制，组织开展联合应急监测一体化，加快制定生态环境应急工作规程，制定突发事件应急处理预案。加强环境应急物资储备，提高区域应急保障能力。定期组织开展联合应急实战演练，提高基层单位环境风险防范和应急处置能力。

7.4 保障措施

7.4.1 组织保障

加强组织领导，成立番禺区创建国家生态文明建设示范区工作领导小组，织牢织密上下贯通、执行有力的组织体系，办公室设在广州市生态环境局番禺分局。加强对番禺区生态文明建设的组织领导和检查指导，协调各部门之间的行动，对重大事项进行统一部署、综合决策。充分发挥番禺区生态环境保护委员会的职能，理顺政府各相关职能部门职责分工，细化落实本规划明确的重点任务，编制生态文明建设年度计划，分年度落实规划提出的目标和任务，层层传导压力，压紧压实责任。

7.4.2 监督保障

通过印发实施《广州市番禺区创建国家生态文明建设示范区工作方案》，将生态文明建设指标和任务分解落实到各部门和相关责任单位。由番禺区创建国家生态文明建设示范区工作领导小组对规划指标完成情况及任务实施情况进行监督检查、跟踪分析，督促各部门有效落实生态文明建设任务，保障相关工作顺利开展。

7.4.3 机制保障

积极探索创新公众参与形式，拓宽公众参与渠道，完善规划实施的公众参与和民主监督机制。建立环保问题公众听证会制度，不定期地公布环境状况和环保工作的信息，为公众关注环保、参与环境监督和咨询提供必要条件。建立高层级“统得到位、分得清晰、统分结合”的协调推进机制，持续加强重要规划协调衔接，加强重大基础设施对接建设、公共服务共建共享、重大政策决策会商等方面的高效协调。

7.4.4　资金保障

加大财政投入，加强财政预算与规划实施的衔接协调，全方位统筹政府资金资产资源，把生态文明建设资金纳入本年度财政预算。提高政府投资项目绩效，科学研究资金投向，精准发力细分领域。对于生态保护和建设、重要生态功能区、自然保护区和生物多样性保护与建设、生态环境监测能力建设等社会公益型项目，要建立专项资金，以政府投资为主体，实施多元化投资。重大生态文明建设项目应优先纳入国民经济社会发展计划。建立多元化的投融资渠道，吸引、鼓励和支持社会资金、生态保护基金、企业和个人捐助、国际组织和国外政府援助等多种形式参与生态文明建设。

7.4.5　技术保障

大力支持生态环境领域的科学研究、开发和研制，发展技术先导型、资源节约型、环境保护型产业和产品，开展生态环境修复技术研究、科技项目示范，加速创新成果生产力转化。推广先进适用的科技成果，在清洁生产、生态环境保护、资源综合利用与废弃物资源化、生态产业等方面，积极引进和推广应用各类新技术、新工艺、新产品。通过举办生态环境科技论坛等，构建生态环境技术服务体系，有效利用国内外先进技术成果。继续深化各类科研机构的体制改革，建立起符合市场经济规律的生态环境科学基础研究工作机制。

7.4.6　人才保障

建立生态文明教育和培训体系，面向生态文明建设业务发展需求，加大生态业务关键急需领域和薄弱环节的智力引进、人才交流培养和培训力度。加强与高等院校、科研院所的合作，在生态专业学科教育中，强化相关课程设置和复合型人才的培养，开展“产学研”“订单式”等多元生态文明建设人才联合培养试点。建立健全业务人才培养激励机制，制定生态文明人才能力建设评价指标体系，推行教育培训档案制度和登记制度。

第 8 章　粤港澳美丽湾区生态文明建设实践
——广州从化区生态产品价值实现

8.1　生态产品价值核算

8.1.1　背景意义

8.1.1.1　研究背景

习近平总书记指出生态环境是关系党的使命宗旨的重大政治问题，也是关系民生的重大社会问题，要像保护眼睛一样保护生态环境。随着我国社会主要矛盾转化为人民日益增长的美好生活需求和不平衡不充分的发展之间的矛盾，人民群众日益增长的优美生态环境需要已经成为这一矛盾的重要方面，大力推进生态文明建设，提供更多优质的生态产品，不断满足人民群众日益增长的优美生态环境需要是生态产品价值实现的最重要目标。

党的十九大报告明确指出我国的生态环境保护任重道远，我们要像对待生命一样对待生态环境，统筹山水林田湖草系统治理，实行最严格的生态环境保护制度。在党的十九届四中全会上习近平总书记强调："坚持和完善生态文明制度体系，促进人与自然和谐共生。必须践行'绿水青山就是金山银山'的发展理念，坚持节约资源和保护环境的基本国策，坚持节约优先、保护优先、自然恢复为主的方针，坚定走生产发展、生活富裕、生态良好的文明发展道路，建设美丽中国"。

多年来，广州从化区作为广州市重要的生态涵养区，坚持生态立区，积极探索以生态优先、绿色发展为导向的高质量发展新路子。2020 年，广州市为认真落实《中共中央　国务院关于建立健全城乡融合发展体制机制和政策体系的意见》和《国家城乡融合发展试验区改革方案》的工作部署，选择国家城乡融合发展试验区广清接合片区广州市从化区（以下简称从化试验区）全面开展生态产品价值实现机制改革试验工作，开展从化试验区生态系统生产总值（GEP）核算，推动实现保值增值自然资本是改革试验工作的重要内容。

8.1.1.2　概念内涵

生态系统生产总值（GEP）是生态系统为人类提供的产品与服务价值的总和，是借鉴国内生产总值（GDP）概念提出的，用于评价与分析生态系统对人类经济社会发展的支撑作用，以及对人类福祉的贡献。它以生态系统服务及其价值评估研究为基础，对各项生态系统最终服务进行核算，包括生态物质产品、生态调节功能和生态服务功能三类。GEP 的核算可以看出不同指标的变化，可以评估人类社会对生态系统的依赖程度和对生态系统产生的影响，引起全社会对生态的保护和生态系统的重视，让公众更多地了解生态系统的作用。GEP 是与 GDP 平行的核算指标，前者关注的是生态系统的运行状况，后者关注的是经济系统运行的状况。

8.1.1.3　重要意义

GEP 核算能够反映生态系统对居民需求的满足程度，有助于根据核算结果，调整生态系统保护与利用方向，实现人与自然和谐。此外，开展 GEP 核算将有利于从化试验区推动以 GDP 为核心的指标体系和相关考核、评估的方向性调整和转型，推进从化试验区生态文明建设，也能为生态保护补偿制定、生态产品价值实现、绿色发展评价、生态环境损害责任追究、自然资源资产离任审计等创新制度打下基础，推动今后经济社会健康发展。主要的目的和意义如下：

（1）描绘生态系统运行的总体状况。生态系统在维持自身结构与功能过程中，向人类提供了多种多样的产品和服务。以生态系统提供产品和服务的功能量与价值量为基础，通过核算生态系统生产总值，借助生态系统生产总值大小及其变化趋势可以定量刻画生态系统运行的总体状况。

（2）评估生态保护成效。生态系统服务的损害和削弱导致了水土流失、水质恶化、空气污染和生物多样性丧失等一系列生态问题，生态保护与建设的主要目标就是维持和改善区域生态系统服务，增强区域可持续发展能力。生态系统生产总值核算就是以生态系统提供的产品和服务评估为基础，是定量评估生态保护成效的有效途径。

（3）评估生态系统对人类福祉的贡献。生态系统服务于人类福祉的关系是国际生态学研究的难点和前沿，其焦点是如何刻画人类对生态系统的依赖作用以及生态系统对人类福祉的贡献，通过对生态系统产品和服务的定量评估，生态系统生产总值核算将生态系统与人类福祉联系起来，可以评估生态系统对人类福祉的贡献。

（4）评估生态系统对经济社会发展的支撑作用。生态系统服务是经济社会可持续发展的基础，它既提供了经济社会发展所需的物质产品，也维护了经济社会发展所需的环境条件。生态系统生产总值核算可以明确生态系统所提供的产品和服务在经济社会发展中的支撑作用。

（5）定量描述区域之间的生态依赖性或生态支撑作用。生态系统服务的产生和传递涉及生态系统服务的提供者和受益者，有效关联生态系统服务的提供者和受益者是加强生态保护、科学合理决策的重要依据。考虑生态系统服务的提供者与受益者的生态系统生产总值核算，可以认识区域之间的生态关联，为通过关联不同利益相关者、增强区域尺度生态系统服务提供重要途径。

8.1.2 从化概况

8.1.2.1 地理区位

从化区位于广东省中部，广州市东北面。地理坐标东经 113°17′～114°04′，北纬 23°22′～23°56′。东临龙门县，南与广州增城区、白云区接壤，西与广州花都区、清远市相连，北与佛冈县、新丰县毗邻。全区总面积 1 974.5 km^2。从化区地处珠江三角洲与粤北山区过渡地带，地势自北向南倾斜，东北高，西南低，地形呈阶梯状。东北部以山地、丘陵为主，中南部以丘陵、台地为主。最高点是良口镇东南端的天堂顶，海拔 1 210 m，是从化东部与龙门县的分界山；最低点在太平镇的太平村，海拔 16.2 m。

8.1.2.2 行政区划

从化区设太平、温泉、良口、吕田、鳌头 5 个镇及街口、城郊、江埔 3 个街道。有行政村 221 个，社区 50 个，区人民政府驻街口街。2019 年，从化区总户数 177 634 户，户籍总人口 641 737 人，其中城镇人口 209 581 人，占全区总人口 32.66%；乡村人口 432 156 人，占全区总人口的 67.34%。

8.1.2.3 气候特征

从化区地处低纬度地带，属亚热带季风气候，北回归线横跨辖内南端的太平镇，气候温和，雨量充沛。2019 年，全年平均气温 22.0℃，较常年偏高 0.4℃；年降水量 2 305.1 mm，较常年偏多 18%；年日照时数 1 638.0 小时，比常年偏多 3%。

8.1.2.4 环境优势

从化区坚持“生态立区”，牢固树立“绿水青山就是金山银山”理念，守稳筑牢了广州北部生态屏障，擦亮了生态环境高地的“金字招牌”，环境竞争力保持全市第一。全区森林覆盖率高达 69.1%，拥有石门、流溪河两个国家级森林公园，获评“中国十佳绿色城市”，旅游综合竞争力连续九年位居广东省县（市、区）第一。2019 年，从化区各项环境质量指标继续保持优良，环境空气综合指数为 2.93，达标 345 天，比例为 96.9%。其中 PM_{10} 为 37 μg/m^3，$PM_{2.5}$ 为 23 μg/m^3，每月和年均值均为广州市各区中浓度最低；城市集中式饮用水水源水质达标率为 100%；流溪河地表水达到功能区划要求，其中水库、温泉及山庄国考断面水质达到Ⅱ类水质标准，太平断面水质达到Ⅲ类水质标准。

8.1.3 核算框架

从化试验区生态系统的 GEP 核算划分为生态物质产品、生态调节服务、生态旅游文化服务 3 大类生态产品和 18 个核算项目。其中，生态物质产品下有 7 个核算项目，分别为农、林、畜牧、水产品、生态能源、水资源、矿产等。生态调节服务下有 10 个核算项目，分别为水源涵养、固土保肥、调蓄洪水、固碳释氧、大气净化、水质净化、气温调节、病虫害控制、栖息地保护、生物多样性保护。生态旅游文化服务价值有 1 个核算项目，主要包含生态旅游功能指标（表 8-1）。

从化试验区 GEP 核算中，产品供给服务价值功能量核算主要采用统计分析，价值量核算为市场价值法；调节服务功能量核算主要采用计量模型、经验模型法，价值量核算采用代替成本法、影子工程法、恢复成本法等；生态旅游文化服务价值功能量核算采用统计分析法，价值量核算采用旅行费法（表 8-2）。

表 8-1　从化试验区 GEP 核算功能量及价值量

功能类别	核算项目	功能量指标解释	功能量核算方法	价值量指标	价值核算方法
产品提供	农业产品	水稻、瓜果、药材、豆类、瓜果等农业初级产品	统计调查	农业产品产值	市场价值法
	林业产品	林木培育和种植、竹木、林果采运等林业初级产品		林业产品产值	
	畜牧业产品	牛、羊、猪、家禽（鸡、鸭等）、禽蛋（鸡蛋、鸭蛋、鹅蛋等）、牛奶等畜牧业初级产品	统计调查	畜牧业产品产值	市场价值法
	渔业产品	各种鱼类		渔业产品产值	
	水资源	可以直接使用的淡水资源，如农业用水、生活用水、工业用水、生态用水等		用水产值	
	生态能源	秸秆、畜禽粪便产生的沼气		生态能源产值	
	矿产资源	金属矿、非金属矿以及综合性矿产		矿产产值	
调节功能	水源涵养	生态系统对降水进行截留、渗透、蓄积，并通过蒸散发实现对水流、水循环的调控	水量平衡方程	水源涵养价值	替代工程法
	土壤保持	生态系统通过其结构及过程保持土壤肥力、减少泥沙淤积和减少污染	修正通用土壤流失方程	保持土壤肥力价值	替代成本法
				减少泥沙淤积	
	调蓄洪水	生态系统中坑塘、沼泽、水库等湿地生态系统通过蓄积洪峰水量、削减洪峰、减轻洪水产生的生态破坏效应	经验方程	洪水调蓄价值	替代工程法

功能类别	核算项目	功能量指标解释	功能量核算方法	价值量指标	价值核算方法
调节功能	固碳释氧	植物通过光合作用吸收空气中的二氧化碳，向空气中释放氧气，减缓温室效应，增加氧气浓度	质量平衡法	固碳价值	市场价值法
				释氧价值	
	大气净化	生态系统通过一系列物理、化学和生物因素的共同作用，使环境介质中因人类生产生活所产生的二氧化硫、氮氧化物、粉尘浓度降低	经验模型	净化二氧化硫价值、净化氮氧化物价值、净化粉尘价值	替代成本法
	水质净化	生态系统吸收、处理、过滤水体污染物，净化水中的COD、总氮、总磷功能	经验模型	净化COD价值、净化总氮价值、净化总磷价值	替代成本法
	气温调节	生态系统蒸腾、蒸发过程中，降低温度、增加湿度的生态效应	蒸散模型	水面蒸发消耗价值	替代成本法
	病虫害控制	通过增加物种多样性水平提高生态系统的稳定性，增加天敌而降低植食性昆虫的种群数量，达到病虫害控制的生态效应	类比法	病虫害控制价值	防护费用法
	栖息地保护价值	生态系统为生物物种提供了生存与繁衍的场所，对栖息地保护起到了重要作用	类比法	动物栖息地保护价值	替代成本法
	生物多样性保护	生态系统为生物物种提供了生存环境，对生物多样性起到了重要作用	类比法	生物多样性保护价值	替代成本法
生态旅游文化功能	自然景观	生态系统组分和过程的文学艺术灵感、知识、教育和景观美学等生态文化功能	统计调查	生态旅游价值	旅行费用法

表 8-2 从化试验区 GEP 核算体系

类型	经济价值	计算对象	公式	说明
农业生态资产价值核算方法	直接经济价值	农产品供给	$\mathrm{CDV}_1=\sum_{i=1}^{n}P_i\times Q_i-C_i$	CDV_1为食品供给服务价值；P_i为第i种农产品的市场价值（i=1；2；3；…）；Q_i为第 i 种农产品的产量；C_i为第 i 种农产品的生产成本（包括种子、化肥和农药等生产资料的投入、机械投入、劳动力成本）
		原材料供给	$\mathrm{CDV}_2=M_i\times P_{si}$ $M_i=\sum_{i=1}^{n}\eta_i\times(\lambda_i\times G_i)$	CDV_2为农作物秸秆的供给服务价值；M_i为农作物秸秆资源可收集量；P_{si}为秸秆价格；η_i为第 i 种农作物秸秆的收集系数；λ_i为第 i 种农作物秸秆的草谷比；G_i为第 i 种农作物秸秆的年产量；i 为农作物秸秆的编号，i=1，2，…，n
		畜牧业产品供给	$\mathrm{CDV}_3=\sum S_i\times P_i$	CDV_3为畜牧业产品供给价值；S_i为第i种畜牧产品数量；P_i为第i种畜牧产品价格
	间接经济价值	固碳释氧	$\mathrm{NPP}=\sum_{i=1}^{n}\frac{Q_i}{R_i}\times(1-W_i)$ $V_N=\mathrm{NPP}\times(1.63\times P_C+1.2\times P_O)$	NPP 为总耕地净初级生产力（考虑复种）；Q_i为第i类作物的经济产量；R_i为第i类作物的收获指数；W_i为第i类作物的水分含量，i=1，2，…，n，分别代表稻谷、小麦、薯类、棉花、油料等农作物。V_N为总耕地固碳释氧总价值，元/a；P_C为市场固定CO_2的价格；P_O为市场制造O_2价格
		净化大气	$V_{气}=S\times Q_{气}\times C_{气}$	$V_{气}$为总耕地生态系统吸收SO_2、HF、NO_x和粉尘的价值；S为总耕地面积；$Q_{气}$为总耕地每年吸收SO_2、HF、NO_x和粉尘的效率；$C_{气}$为SO_2、HF、NO_x和粉尘的处理费用
		涵养水源	$V_w=(R_{\mathrm{fall}}-R_{\mathrm{off}})\times\lambda\times P_w$	V_w为水源涵养价值，元/a；R_{fall}为年降水总量，m^3；R_{off}为年径流总量，m^3；λ为农作物播种面积和果园面积之和占总面积的百分比，%；P_w为水价，元/m^3
		调蓄洪水	$V_K=Z\times I$	V_K为总耕地调蓄洪水的价值，元/a；Z 为农田的调蓄洪水水量，m^3；I为单位水库库容的工程费用，元/m^3

类型	经济价值	计算对象		公式	说明
农业生态资产价值核算方法	间接经济价值	土壤保持	减少土壤侵蚀	$V_e = S_e \times P_e \times (\rho_e \times l \times 10\,000)$	V_e 为总耕地减少土壤侵蚀的价值，元/a；S_e 为总耕地土壤保持量，t/a；P_e 为总耕地的平均收益，元/hm²；ρ_e 为土壤容量，t/m³；l 为土壤厚度，取 0.5 m
			保持土壤养分	$V_R = \sum D_i \times P_i$	V_R 为总耕地保持土壤养分的价值，元/a；D_i 为总耕地土壤 N、P 和 K 肥的折纯量，t/a；P_i 为各类化肥的价格，元/t
			减少泥沙淤积	$V_m = S_e \times r \times P_m / \rho_e$	V_m 为总耕地减少泥沙淤积服务价值，元/a；S_e 为总耕地土壤保持量，t/a；r 为土壤侵蚀流失的泥沙淤积于水库、江河、湖泊的百分比；P_m 为水库工程费用，元/m³；ρ_e 为土壤容量，t/m³
		气温调节		$V_T = Q_T / J_T \times P_T$	V_T 为总耕地气温调节服务价值，元/a；Q 为水稻田蒸发带走的热量，kJ；J_T 为标准煤燃烧的热量，kJ/kg；P_T 为标准煤的价格，元/kg
		生态能源（补充）		$M_E = \sum_{i=1}^{i} E_i \times P$ $E_i = M_i \times C_i$ $M_i = G_i \times W_i$	M_E 为生态能源供给价值，元/a；i 为玉米秆、高粱秆、猪粪便等生物质种类；C_i 为第 i 种生物质转化沼气参数，m³/kg；M_i 为第 i 种生物质的质量，kg；G_i 为第 i 种农作物的秸秆量或为第 i 种畜禽的个数；W_i 为第 i 种农作物的草谷比系数，kg/kg，或者第 i 种畜禽粪便排放系数，kg/只；E_i 为第 i 种生物质产生沼气量，m³；P 为沼气市场价格，元/m³
		娱乐文化		$V_f = A \times P$	V_f 为总耕地文化娱乐价值，元/a；A 为总耕地总面积，hm²；P 为总耕地单位面积的文化娱乐价值，元/hm²
森林生态资产价值核算方法	直接经济价值	林地资源价值		$V = \sum S_i \times Y_i \times P_i - \sum W_i - \sum R_i$	V 为物质产品价值；S_i 为第 i 类物质产品的面积；Y_i 为第 i 类物质产品的单产；P_i 为第 i 类物质产品的市场价格；W_i 为生产第 i 类物质产品的物质成本投入；R_i 为生产第 i 类物质产品的人力成本投入
		产果价值（补充）		$W_{产果} = \sum P_i \times Y_i \times A_i$	$W_{产果}$为产果价值，元/a；P_i 为第 i 种林果的市场批发价，元/kg；Y_i 为第 i 种林果的单位面积产量，kg/hm²；A_i 为第 i 种林果的林分面积，hm²

类型	经济价值	计算对象	公式	说明
森林生态资产价值核算方法	间接经济价值	固碳释氧	$G_{植被固碳}=1.63R_{碳}AB_{年}$ $G_{释放氧气}=1.19AB_{年}$ $U_{碳}=(C_{碳}A1.63R_{碳}B_{年}+K)$ $U_{氧}=C_{氧}1.19AB_{年}$ $FIV_1=U_{碳}+U_{氧}$	$G_{植被固碳}$为植被年固碳量，t/a；$R_{碳}$为二氧化碳中的含碳量，为 27.27%；A 为林分面积，hm^2；$B_{年}$为林分净生产力，t/（hm^2·a）；$G_{释放氧气}$为林分年释氧量，t/a；$U_{碳}$为林分年固碳价值，元/a；$C_{碳}$为固碳价格，元/t；K 为森林土壤碳密度，t/hm^2；$U_{氧}$为林分年释氧价值，元/a；$C_{氧}$为制氧价格，元/t；FIV_1 为固碳释氧价值，元
		净化大气	$U_{污染物}=G\times M$ $U_{滞尘}=G_{滞尘}\times M_{滞尘}$ $FIV_2=U_{污染物}+U_{滞尘}$	$U_{污染物}$为吸收污染物价值，元/a；M 为单位重量的治理费用，元/kg；G 为实物量，t/（hm^2·a）；$U_{滞尘}$为林分年滞尘的价值量，元/a；$M_{滞尘}$为滞尘治理费用，元/kg；$G_{滞尘}$为林分年滞尘量，t/（hm^2·a）；FIV_2 为净化大气总价值
		涵养水源	$Q=J\times R\times R'$ $V_{防洪}=Q\times I$ $V_{水源}=Q\times P_w$ $V_{涵养水源}=V_{防洪}+V_{水源}$	Q为森林涵养水源量，m^3；J为区域年总降水量，mm；R为森林覆盖率，%；R'为森林降水贮存量占有林地降水量的百分比，%；$V_{防洪}$为森林防洪价值，万元；I为库容造价，元/m^3；$V_{水源}$为森林水源总价值，万元；P_w为水价，元/m^3；$V_{涵养水源}$为森林涵养水源总价值，万元
		土壤保持	$V_{土}=KSGD$ $V_{肥}=DS\sum_{i=1}^{n}P_{1i}P_{2i}P_{3i}$ $FIV_4=V_{土}+V_{肥}$	$V_{土}$为森林防止水土流失效益经济评价值，元；K 为挖取每吨泥沙费用，取 2.5 元/t；G 为进入河道或水库中的泥沙与流失总量的比值（据研究，进入河道径流的固体物质约为泥沙流失量的 1/2）；D 为有林地比同面积无林地减少的流失量，m^3/hm^2，已有研究表明有林地比无林地减少侵蚀，169 t/hm^2；$V_{肥}$为森林的保肥价值；D 为有林地比无林地减少的侵蚀量，169 t/hm^2；S 为有林地面积；P_{1i}为森林土壤中 N、P、K 的含量（N 为 0.174 6%，P 为 0.030%，K 为 0.378%）；P_{2i}为纯 N、P、K 折算成化肥的比例（分别为 79/14，234/31，174/78）；P_{3i} 为各类化肥销售价格；FIV_4 为土壤保持价值，元

类型	经济价值	计算对象	公式	说明
森林生态资产价值核算方法	间接经济价值	病虫害控制（补充）	$V_{pc}=Q_{pc}\times P_b$ $Q_{pc}=NF_a\times(MF_r-NF_r)$	V_{pc} 为病虫害控制功能价值，万元；Q_{pc} 为病虫害控制功能量，km^2；P_b 为单位面积病虫害防治的费用，万元/km^2；NF_a 为天然林面积，km^2；MF_r 为人工林病虫害发生率，%；NF_r 为天然林病虫害发生率，%
		栖息地保护（补充）	$V_{hc}=K_{1i}\times K_{2i}\times S_i\times A_i$	V_{hc} 为生命维护和栖息地保护价值，元；K_{1i} 为 i 类森林自然度调整系数；K_{2i} 为 i 类森林生态区位调整系数；S_i 为单位面积物种保育价值，元/km^2；A_i 为森林面积，km^2
		娱乐文化	$FIV_{5=}Q\times A$	FIV_5 为森林娱乐文化价值，元；Q 为森林单位面积的娱乐文化价值，元/hm^2；A 为森林面积，hm^2
		生物多样性保护	$FIV_6=L\times A$	FIV_6 为森林娱乐文化价值，元；L 为森林单位面积的生物多样性保护功能价值，元/hm^2；A 为森林面积，hm^2
		降低噪声	$FIV_7=15\%CA$	FIV_7 为林地降低噪声价值，元；C 为造林成本，元/hm^2；A 为林地面积，hm^2
		科研文化	$FIV_8=H\times A$	FIV_8 为森林降低噪声价值，元；H 为森林单位面积的科研文化价值，元/hm^2；A 为森林面积，hm^2
湿地生态资产核算方法	直接经济价值	水力发电	$WDV_2=\sum E_i\times P_b$	WDV_2 为发电价值；E_i 为 i 电站的年发电量；P_b 为单位电的成本价格
		水产品生产	$WDV_3=I$	WDV_3 为水产品生产功能价值；I 为水产业产值
	间接经济价值	固碳释氧	$WIV_1=S_\tau K_\zeta T_c d$	WIV_1 为固碳释氧功能价值；S_τ 为有水部分面积；K_ζ 为平均单位固定（释放）某物质的量；T_c 为某物质单位固定（释放）价值；d 为全年的天数
		污染物净化	$WIV_2=Q_nP_n$	WIV_2 为净化功能价值；Q_n 表示净化能力下降而减少的污水处理量，P_n 为污水处理厂处理单位成本的价格
		调蓄洪水	$WIV_3=A\times L\times I$	WIV_3 为调蓄洪水价值，元；A 为湿地面积，hm^2；L 为消落带蓄水差额，m；I 为单位水库库容的工程费用

类型	经济价值	计算对象	公式	说明
湿地生态资产核算方法	间接经济价值	娱乐文化	$WIV_4 = Q \times S$	WIV_4 为湿地生态系统娱乐文化价值；Q 为单位湿地面积的娱乐文化价值，元/hm^2；S 为湿地面积，hm^2
		生物多样性保护	$WIV_6 = N \times S$	WIV_6 为湿地生态系统生物多样性保护功能价值；N 为单位湿地面积的生物多样性保护的价值，元/hm^2；S 为湿地面积，hm^2
		科研文化	$WIV_7 = L \times S$	WIV_7 为湿地科研文化价值；L 为单位湿地面积科研文化的价值，元/hm^2；S 为湿地面积，hm^2
水资源供给价值（补充）			$WDV_1 = \sum A_i \times P_i$	WDV_1 为水供给功能价值；A_i 为 i 种用途的水量；P_i 为 i 种用途的单位成本价格
生态旅游服务价值（补充）		旅游总产值	$V_1 = \sum P_i \times Q_i$	V_1 为旅游总产值；P_i 为不同景区的年参观人次，人/a；Q_i 为不同景区人均消费，元
		农业观光和城市公园绿地服务价值	$V_2 = P \times W_p$	V_2 为农业观光园或城市公园绿地的文化服务价值，元；P 为农业观光人数或常住人口数，人；W_p 为人均支付意愿，元/人
矿产实物量价值核算方法			$U_{矿产} = Q_{矿产} \times S_{矿产}$	$U_{矿产}$ 为各类矿产资源价值量，元；$Q_{矿产}$ 为各类矿产资源实物量，t 或 m^3；$S_{矿产}$ 为各类矿产单位资源价值，元/t 或元/m^3

8.2　GEP 核算

8.2.1　农用地生态资产核算

农用地中人工栽种的农作物与农业环境构成的生态系统，为总耕地生态系统（主要指种植业）。总耕地生态系统是人类为了满足生存需要，干预自然，靠土地资源，用农用地生物与非生物环境之间以及农用地生物种群之间的关系来进行人类所需食物和其他农产品生产的半自然的人工生态系统，由总耕地、环境及人为控制的社会—经济—自然结合而成，包括多种经济、生态、社会功能和自然、社会双重属性的复合生态系统。

从化区农用地生态系统是指从化区的种植业、果园等，包括粮食作物、经济作物、蔬菜、瓜类、饲草的种植以及各种果园的生产经营。

2018 年，从化区总耕地面积为 13 392.73 hm^2，占从化区土地面积的 29.04%，此次核算的总耕地包括耕地和园地，其中耕地分为水田、水浇地及旱地，园地包括果园、茶园、草地等（表 8-3）。

表 8-3　农用地面积　单位：hm^2

行政区域	总耕地类型		不同类型土地面积					变化量
			2014 年	2015 年	2016 年	2017 年	2018 年	
从化区	耕地	小计	13 533.34	13 466.67	13 466.67	13 400.01	13 392.73	−373.31
		水田	11 866.67	11 866.67	11 800.01	11 800.01	11 773.46	−226.66
		水浇地	1 066.67	1 066.67	1 066.67	1 066.67	1 029.15	−106.92
		旱地	600.00	600.00	600.00	600.00	590.12	−39.73
	园地		44 733.36	44 666.69	44 400.02	44 200.02	44 139.92	−593.43
	草地		200.00	133.33	133.33	133.33	144.80	−55.20

8.2.1.1　直接经济价值

（1）食物供给。

总耕地生态系统的食物供给服务是指总耕地为人类提供的粮食（水稻、玉米等）、油料（花生、油菜籽）、棉花、瓜果、蔬菜等丰富的农产品。这些产品满足了人们基本的食物需求，为人类的生存和发展提供了最基础的保障，这也是总耕地最基本最直接的服务功能。

总耕地的食物供给服务是总耕地生产粮食、水果、蔬菜等各种农产品的服务功能。在核算其价值时，以当年的农产品产量乘以当年农产品价格再减去农业的各项成本投入，即以农产品的净增价值作为农产品供给服务的价值，具体模型为

$$CDV_1 = \sum_{i=1}^{n} P_i \times Q_i - C_i \qquad (8\text{-}1)$$

式中，CDV_1 —— 总食品供给服务价值；

P_i —— 第 i 种农产品的市场价值（i=1，2，3，…），采用联合国粮食及农业组织的统计数据；《江苏省农田生态系统服务功能价值评估》表明，日本的粮食价格在经济成本的基础上包含了社会生态成本，同时为排除粮食市场价格波动等非人为因素的影响，该项参数以某一年粮食市场价格为基准。综上所述，此处 P_i 选取 2012 年日本粮食市场的价格；

Q_i —— 第 i 种农产品的产量，采用从化区统计年鉴相关数据；

C_i —— 第 i 种农产品的生产成本（包括种子、化肥和农药等生产资料的投入、机械投入、劳动力成本），数据引自《2012 全国农产品成本收益资料汇编》。

（2）原材料供给。

总耕地生态系统在为人类提供农产品的同时也提供了纤维、木材等工农业生产所需的原材料，此外，也包括近年来生物能源开发所需的原材料。例如，作物秸秆可用作动物饲料、纤维制品的主要原料，也可以作为农民家用燃料。总耕地生态系统的供给服务是其首要服务功能，具有非常重要的经济、社会和政治作用，是人类生存、繁衍和发展的基础。

总耕地生态系统的原材料供给服务价值包括总耕地提供的纤维、木材等工农业生产所需的原材料的价值。一般进行估算时，计算总耕地产生的农作物秸秆的价值。总耕地生态系统的秸秆价值计算方法为

$$\mathrm{CDV}_2 = M_i \times P_{si}$$
$$M_i = \sum_{i=1}^{n} \eta_i \times \left(\lambda_i \times G_i\right) \tag{8-2}$$

式中，CDV_2 —— 农作物秸秆的供给服务价值；

M_i —— 农作物秸秆资源可收集量；

P_{si} —— 秸秆价格，参考《农田生态系统多功能价值评估》取值，180 元/t；

η_i —— 第 i 种农作物秸秆的收集系数；

λ_i —— 第 i 种农作物秸秆的草谷比，η_i 、λ_i 参考《农田生态系统多功能价值评估》《中国作物秸秆资源量估算与利用状况研究进展》等文献取值；

G_i —— 第 i 种农作物的年产量，引用从化区统计年鉴相关数据；

i —— 农作物秸秆的编号，i=1，2，…，n。

表 8-4 为主要农作物的收集系数、草谷比参考值。

表 8-4 主要农作物的收集系数、草谷比参考值

作物种类（i）	可收集系数（η）	草谷比（λ）
水稻	0.78	1.06
旱粮	0.76	1.38
薯类	0.89	1.41
豆类	0.87	1.08
甘蔗	0.88	0.30
油料	0.73	1.50
蔬菜	0.50	0.10

（3）畜牧业产品供给。

畜牧业产品包含牛、羊、猪、家禽（鸡、鸭等）、禽蛋（鸡蛋、鸭蛋、鹅蛋等）、牛奶等畜牧业初级产品，其核算公式如下：

$$\mathrm{CDV}_3 = \sum S_i \times P_i \tag{8-3}$$

式中，CDV_3 —— 畜牧业产品供给价值；

S_i —— 第 i 种畜牧产品数量；

P_i —— 第 i 种畜牧产品价格，元。

8.2.1.2 间接经济价值

（1）固碳释氧。

总耕地生态系统中的各类作物都可以通过光合作用和呼吸作用，与大气交换 O_2 和 CO_2，维持大气中 O_2 和 CO_2 的动态平衡，对减缓温室效应发挥着重要的作用。植被通过光合作用固定大气中的 CO_2，同时释放 O_2，将太阳能转化为生物能，将生成的有机物储存在自身组织中，并调节大气中二者的浓度，为人类营造一个良好的生存环境。

太阳能主要通过光合作用进入总耕地生态系统，生成有机物质。光合作用和呼吸作用是总耕地生态系统服务功能形成的基础，二者不仅共同决定了作物固定 CO_2、释放 O_2 的量，而且决定了总耕地生态系统提供的农产品和农副产品的物质量。

评估总耕地生态系统固碳释氧服务功能的价值，首先要计算其固定 CO_2 和释放 O_2 的物质量。而计算两种气体的物质量，要以总耕地生态系统每年生产的有机物质的净初级生产量为基础，并根据光合作用反应方程式，才可计算得到总耕地的 CO_2 固定量和 O_2 释放量。

首先，计算总耕地的净初级生产力，以此得到各种农作物的干物质量。净初级生产力的计算方法为

$$\mathrm{NPP} = \sum_{i=1}^{n} \frac{Q_i}{R_i} \times \left(1 - W_i\right) + S \times \eta \tag{8-4}$$

式中，NPP —— 总耕地净初级生产力（考虑复种）；

Q_i —— 第 i 类作物的经济产量，引用从化统计年鉴的相关数据；

R_i —— 第 i 类作物的收获指数；

W_i —— 第 i 类作物的水分含量，取值参考《农田生态系统多功能价值评估》；

i=1，2，…，n，分别代表稻谷、小麦、薯类、棉花、油料等农作物；

S —— 园地面积，来源于从化区自然资源局提供的数据；

η —— 园地初级净生产力系数，取值参考《农田生态系统多功能价值评估》，为主要农作物的收获指数、含水率参考值。

光合作用反应方程式为（发生条件：光和叶绿体，其中 $C_6H_{10}O_5$ 为多糖）

$6nCO_2$（264g）$+6nH_2O$（108g）$\rightarrow nC_6H_{12}O_6$（108g）$+6nO_2$（193g）$\rightarrow nC_6H_{10}O_{51}$

（62 g）

由此反应方程式可知，植物体每累积产生 1 g 干物质需要固定 1.63 g CO_2，同时释放 1.20 g O_2。可以结合上述计算出的 NPP 值即干物质量来确定农作物固定二氧化碳和释放氧气的物质量。

①释放 O_2 的价值。评估总耕地生态系统释放 O_2 的价值，采用目前相关研究中通用的中华人民共和国卫生网站 2007 年春季氧气的平均价格。

②吸收 CO_2 的价值。评估总耕地生态系统固定 CO_2 的价值，采用目前国际上应用较为广泛的碳税法，碳税率则采用目前流行的环境经济学家常采用数值。

$$V_N = \mathrm{NPP} \times \left(1.63 \times P_C + 1.2 \times P_O\right) \tag{8-5}$$

式中，V_N—— 总耕地固碳释氧总价值，元/a；

P_C—— 市场固定 CO_2 的价格，采用目前流行的由瑞典政府提出的碳税率；

P_O—— 市场制造 O_2 价格，采用中华人民共和国卫计委网站 2007 年春季氧气平均价格。

表 8-5～表 8-8 为各项参数取值。

表 8-5　主要农作物的收获指数、含水率参考值

作物种类（i）	收获指数（R）	含水率（W）
水稻	0.445	0.140
旱粮	0.379	0.125
薯类	0.500	0.800
豆类	0.250	0.125
甘蔗	0.700	0.840
油料	0.170	0.090
蔬菜	1.000	0.830

表 8-6　从化区 2014—2017 年园地面积　单位：hm^2

类别	2014 年	2015 年	2016 年	2017 年	2018 年
园地面积	44 733.356	44 666.69	44 400.02	44 200.02	44 139.92

表 8-7　η（园地初级净生产力系数）取值　单位：t/（$hm^2 \cdot a$）

类别	数值
园地初级净生产力系数	10.95

表 8-8 P_C（固碳价格）和 P_O（释氧价格）取值 单位：元/t

类别	价格
P_C	1 200
P_O	1 000

（2）净化大气。

总耕地生态系统调节空气质量具体而言是吸收空气中的 SO_2、HF、NO_x 和清除粉尘。据学者研究，总耕地生态系统可以通过吸收、过滤、阻隔和分解等一系列的生理生化过程，净化由人类活动中排放到环境中的有毒气体（如 SO_2 等），具有降解污染物、净化环境的作用，并且旱田和水田均有吸收这些有毒气体的功能。另外，总耕地生态系统可以依靠自身特殊的结构和功能吸附、黏着一部分人类活动排放的粉尘，降低大气中的含尘量，发挥净化环境、调节空气质量的作用。

总耕地生态系统调节空气质量的价值估算，可以采用替代成本法逐项计算总耕地吸收 SO_2、HF、NO_x 和粉尘的价值然后汇总。具体模型为

$$V_{气} = S \times Q_{气} \times C_{气} \tag{8-6}$$

式中，$V_{气}$ —— 总耕地生态系统吸收 SO_2、HF、NO_x 和粉尘的价值；

S —— 总耕地面积，来源于从化区自然资源局提供的数据；

$Q_{气}$ —— 总耕地每年吸收 SO_2、HF、NO_x 和粉尘的效率，取值参考《迁西县农田生态系统服务价值核算研究》（表 8-9）；

$C_{气}$ —— SO_2、HF、NO_x 和粉尘的处理费用，取值参考《泰山森林生态系统服务功能及其价值评估》（表 8-10）。

表 8-9 $Q_{气}$（耕地污染物吸收效率）取值 单位：kg/hm^2

系数	吸收效率
SO_2	40
NO_x	29.6
滞尘	30

表 8-10　$C_{气}$（污染物排污费收费标准）取值　单位：元/kg

系数	污染物排污费收费标准
SO_2	1.85
NO_x	0.97
滞尘	0.23

（3）涵养水源。

总耕地生态系统可通过农作物截留水和土壤持水来保持降雨过程中的一部分水分，从而减少径流，起到涵养水源的作用。涵养水源的功能主要是土壤非毛管孔隙的作用。目前，国内外学者对于总耕地生态系统的涵养水源服务功能的研究已经非常成熟，且已总结出若干种评估其价值的方法和模型。

涵养水源是总耕地生态服务系统服务的一个重要组成部分，而水又维持着总耕地生态系统正常运行并保持生态平衡。本章采用降水总量与径流总量之差表示研究区总耕地生态系统的水源涵养量，以水源涵养量乘以水价得到水源涵养价值，计算公式如下：

$$V_w = \left(R_{\text{fall}} - R_{\text{off}}\right) \times \lambda \times P_w \tag{8-7}$$

式中，V_w—— 水源涵养价值，元/a；

R_{fall}—— 年降水总量，m^3（表 8-11）；

R_{off}—— 年径流总量，m^3，引用从化区水资源公报相关数据（表 8-11）；

λ—— 农作物播种面积和果园面积之和占总面积的百分比，%，根据惠州市国土局提供的相关数据计算而来（表 8-12）；

P_w—— 水价，元/m^3，取广州市普通居民用水价格（表 8-13）。

表 8-11　R_{fall}（年降水量）和 R_{off}（年径流量）取值

水量	2014 年	2015 年	2016 年	2017 年	2018 年	2019 年
年降水量/亿 m^3	41.00	45.20	45.80	36.19	34.12	46.46
年径流量/亿 m^3	24.94	28.08	28.45	22.48	19.15	26.84

表 8-12 λ（耕地和园地总面积占比）取值

系数	2014 年	2015 年	2016 年	2017 年	2018 年	2019 年
λ	0.294	0.294	0.292	0.291	0.290	0.290

表 8-13 P_w（水价）取值

类别	2014 年	2015 年	2016 年	2017 年	2018 年	2019 年
水价/（元/m^3）	1.32	1.84	1.98	1.98	1.98	1.98

（4）调蓄洪水。

总耕地在暴雨来临时具有调蓄洪水、缓解洪峰的功能。对于总耕地生态系统的调蓄洪水服务功能，目前研究的还较少，很多学者在进行总耕地生态系统价值评估时未涉及此项服务功能。李文华（2008）评估稻田生态系统服务功能价值评估时提出了稻田的调蓄洪水服务功能，并利用替代成本法进行了估算。

总耕地的调蓄洪水服务价值采用影子工程法进行估算，即人工建造具有同样功能的水库来替代总耕地调蓄洪水功能所需要费用。具体来说，首先根据总耕地面积及蓄水高度确定总耕地的蓄水量，然后引入影子价格——单位水库蓄水成本，最后得到总耕地调蓄洪水服务功能的价值。

$$V_K = Z \times I \tag{8-8}$$

式中，V_K—— 总耕地调蓄洪水的价值，元/a；

Z—— 农田的调蓄洪水水量，m^3，水田面积为从化区自然资源局提供的相关数据，根据《农田生态系统多功能价值评估》，稻田一般可以蓄积 0.2 m 的水量；

I—— 单位水库库容的工程费用，元/m^3，取值参考《新疆阿克苏地区生态价值评估——以种植—林果—生态林复合模式为例》（表 8-14）。

表 8-14 I（库容造价）取值 单位：元/m^3

类别	价格
库容造价	8.47

（5）土壤保持。

总耕地生态系统不仅为人类供给各种农产品、原材料，并发挥调节作用，还可以保持土壤。在降雨时，自然中的裸地会输出大量泥沙，并带走土壤中大量的 N、P、K 和有机质，导致土层变薄、土壤养分流水肥力降低以及河流和水库泥沙淤积，而总耕地的存在则会大大减少这些损失，起到很好的保持土壤的作用。

总耕地生态系统通过各种作物对地表的覆盖、根系稳定土壤、地表叶子截留雨水等防止或减少水土流失。除了总耕地自身的结构发挥作用之外，农民也在长期的农业生产中逐渐探索除了多种多样的水土保持措施以及小流域综合治理等生产模式，这对保持水土、蓄积养分、防止土壤侵蚀也发挥了很大作用，是总耕地生态系统重要的支持服务功能。

总耕地生态系统的土壤保持服务功能主要包括减少土壤侵蚀、保持土壤养分和减少泥沙淤积三方面。

①减少土壤侵蚀。

总耕地生态系统土表经济损失的减少采用机会成本法进行估算。计算方法为

$$V_e = S_e \times P_e / \left(\rho_e \times l \times 10\,000\right) \tag{8-9}$$

式中，V_e—— 总耕地减少土壤侵蚀的价值，元/a；

S_e—— 总耕地土壤保持量，t/a，耕地和园地的面积来自从化区自然资源局提供的相关数据，根据《农田生态系统多功能价值评估》，农田的土壤保持量为 1.661 6 t/hm^2；

P_e—— 从化区总耕地的平均收益，元/hm^2，耕地和园地的面积来自从化区自然资源局提供的相关数据，农业产值引用广州统计年鉴相关数据；

ρ_e —— 土壤容量，t/m^3，取值参考《农田生态系统多功能价值评估》；

l—— 土壤厚度，取值参考《农田生态系统多功能价值评估》（表 8-15）。

表 8-15　ρ_e（土壤容量）和 l（土壤厚度）取值

系数	数值
ρ_e	1.34 t/m^3
l	0.5 m

②保持土壤养分。

土壤侵蚀带走了大量的N、P和K等营养物质。根据土壤中的TN、TP、TK含量和总耕地每年减少的土壤侵蚀量估算土壤养分的保持量。计算方法为

$$V_R = \sum D_i \times P_i \tag{8-10}$$

式中，V_R——总耕地土壤养分保持的价值，元/a；

D_i——总耕地土壤N、P和K肥的折纯量，t/a，耕层土壤TN、TP和TK的含量取值参考《农田生态系统多功能价值评估》，N、P和K肥的折纯系数取值参考《泰山森林生态系统服务功能及其价值评估》；

P_i——各类化肥的价格，元/t，各类化肥价格取值参考《泰山森林生态系统服务功能及其价值评估》（表8-16）。

表8-16 D_i（耕层土壤 N、P和K含量）及 P_i（化肥价格）取值

营养元素	耕层土壤含量/（g/kg）	化肥	化肥价格/（元/t）
N	1.08	磷酸二铵	3 300
P	0.52	磷酸二铵	3 300
K	16.57	氯化钾	2 800

③减少泥沙淤积。

根据泥沙运动规律，土壤中总有一部分泥沙会淤积于水库、江河、湖泊。这部分泥沙会直接造成水库、江河、湖泊蓄水量的下降，减少地表有效水的蓄积。采用影子工程法估算总耕地生态系统减少泥沙淤积的价值。具体方法为

$$V_m = S_e \times r \times P_m / \rho_e \tag{8-11}$$

式中，V_m——总耕地减少泥沙淤积服务价值，元/a；

S_e——总耕地土壤保持量，t/a；

r——土壤侵蚀流失的泥沙淤积于水库、江河、湖泊的百分比，取值参考《农田生态系统多功能价值评估》；

P_m——水库工程费用，元/m^3，取值参考《新疆阿克苏地区生态价值评估——以种植—林果—生态林复合模式为例》；

ρ_e——土壤容量，t/m^3（表8-17）。

表 8-17　r（淤积泥沙占比）和 P_m（库容造价）取值

类别	数值
淤积泥沙占比	0.24
库容造价	8.47 元/m^3

（6）气温调节。

水稻田因具大范围持水与蒸发功能，故有大气调节、降低气温的功效，从而调节周边区域的气温和湿度，改善稻田及周边人居环境小气候。据研究，水稻全生育期间的蒸腾蒸发量为 557.8 mm，以每 1 hm^2 水蒸发带走的热量相当于 47.57 t 标准煤燃烧的热量来估算，并以煤炭价格计，可得到从化区的水田气温调节功能的价值。

$$V_T = Q_T / J_T \times P_T \tag{8-12}$$

式中，V_T—— 总耕地气温调节服务价值，元/a；

Q_T—— 水稻田蒸发带走的热量，kJ，1 hm^2 稻田蒸发 50 mm 水量所消耗的热量；

J_T—— 标准煤燃烧的热量，kJ/kg，取值依据《综合能耗计算通则》（GB 2589—2020）；

P_T—— 标准煤的价格，元/kg，取值参考《稻田资源价值体系构建及价值评估——以南京市为例》（表 8-18）。

表 8-18　气温调节价值计算系数取值

系数	取值
Q_T（1hm^2 稻田蒸发 50mm 水量所消耗的热量）	895 914 990 kJ
J_T（标准煤发热量）	29 307 kJ/kg
P_T（标煤价格）	340 元/t

（7）生态能源。

生态能源主要指秸秆、畜禽粪便产生的沼气，其核算公式如下：

$$M_E = \sum_{i=1}^{i} E_i \times P$$
$$E_i = M_i \times C_i \tag{8-13}$$
$$M_i = G_i \times W_i$$

式中，M_E—— 生态能源供给价值，元/a；

i—— 玉米秆、高粱秆、猪粪便等生物质种类；

C_i—— 第 i 种生物质转化沼气参数，m^3/kg；

M_i—— 第 i 种生物质的质量，kg；

G_i—— 第 i 种农作物的秸秆量或为第 i 种畜禽的个数；

W_i—— 第 i 种农作物的草谷比系数，kg/kg，或者第 i 种畜禽粪便排放系数，kg/只；

E_i—— 第 i 种生物质产生沼气量，m^3；

P—— 沼气市场价格，元/m^3。

（8）娱乐文化。

近年来，城郊休闲农业发展迅速。作为大城市郊区的总耕地生态系统，其文化与娱乐功能不可忽视，在研究中，可以采用意愿法和旅游花费法来确定总耕地在这方面的功能价值。但目前对生态系统此类服务价值的研究材料和方法都很少，有些研究由于方法等原因不做计算。本章中的该功能价值计算参考谢高地等对 Costanza 研究的修正值，园地折算为有效林地后进行计算。

$$V_f = A \times P \tag{8-14}$$

式中，V_f—— 总耕地文化娱乐价值，元/a；

A—— 总耕地总面积，hm^2，耕地和园地的面积来自从化区自然资源局提供的数据；

P—— 总耕地单位面积的文化娱乐价值，元/hm^2，取值参考《一个基于专家知识的生态系统服务价值化方法》（表 8-19）。

表 8-19 *P*（单位娱乐文化价值）取值

类别	取值
单位娱乐文化价值	76.35 元/hm^2

8.2.1.3　直接经济价值评价

（1）食物供给。

总耕地食物供给价值的计算公式参照式（8-1）。

根据总耕地食物供给价值量核算方法，核算从化区 2014—2019 年食物供给价值，粮食市场价格、农作物产量及成本价格如表 8-20 和表 8-21 所示。

表 8-20　P_i（农产品市场价值）取值　单位：元/t

系数	水稻	旱粮	红薯	大豆	甘蔗	油料	蔬菜
P_i	18 130	14 992	14 059	8 132	1 718	29 878	22 326

表 8-21　从化区 2014—2019 年主要农作物产量　单位：t

类别	2014 年	2015 年	2016 年	2017 年	2018 年	2019 年
水稻	109 787	108 352	103 769	103 919	61 913	60 656
旱粮	2 965	2 138	4 377	4 484	1 409	1 648
薯类	6 130	6 778	6 558	7 864.4	1 513	3 393.8
大豆	560	732	747	1 107	594	587
甘蔗	6 167	5 041	5 254	4 982	4 000	3 883
油料	8 717	8 814	8 843	8 911	8 342	7 198
蔬菜	338 344	367 902	369 902	327 857	291 157	306 474

表 8-22　C_i（农产品成本）取值　单位：元/t

产品	水稻	旱粮（玉米）	薯类	大豆	甘蔗	油料	蔬菜
成本	1 903	1 783.8	714.4	3 268	341.4	4 172	787.8

经计算得出 2014—2019 年总耕地食物供给价值，见表 8-23。

表 8-23　从化区 2014—2019 年总耕地食物供给价值　单位：万元

价值	2014 年	2015 年	2016 年	2017 年	2018 年	2019 年	变化值
总产值	995 053.5	1 058 350.4	1 057 689.5	966 538.1	792 619.4	824 095.8	−170 957.6
成本	52 544.3	54 556.8	54 250.2	51 215.6	38 889.8	39 550.7	−12 993.6
收益	942 509.2	1 003 793.6	1 003 439.3	915 322.5	753 729.6	784 545.2	−157 964.0

2014—2019 年，从化区总耕地食物供给价值总体趋势变幅较大，2019 年全区总耕地食物总产值较 2014 年减少 170 957.6 万元，降低了 17%。

（2）原材料供给。

总耕地原材料供给价值的计算公式参照式（8-2）。

从化区 2014—2019 年主要农作物产量见表 8-24；根据总耕地原材料供给价值量核算方法，核算从化区 2014—2019 年总耕地原材料供给价值量，核算结果如表 8-24 所示。

表 8-24 从化区 2014—2019 年总耕地原材料供给价值 单位：万元

类别	2014 年	2015 年	2016 年	2017 年	2018 年	2019 年	变化量
价值	944 852.60	1 006 140.79	1 005 759.23	917 644.45	755 167.28	786 001.71	−158 850.89

2014—2019 年，从化区总耕地原材料供给价值量变幅较大，2019 年全区总耕地原材料供给价值较 2014 年减少 158 850.89 万元，降低了 17%。

8.2.1.4 间接经济价值评价

（1）固碳释氧。

总耕地固碳释氧价值的计算公式参照式（8-4）和式（8-5）。

根据总耕地净初级生产力以及总耕地固碳释氧价值量的核算方法，分别核算从化区 2014—2019 年主要农作物净初级生产力和总耕地固碳释氧价值量。总耕地主要农作物净初级生产力计算结果、总耕地固碳释氧价值量核算结果见表 8-25 和表 8-26。

表 8-25 从化区 2014—2019 年主要农作物净初级生产力 单位：t

作物	2014 年	2015 年	2016 年	2017 年	2018 年	2019 年
水稻	212 172.6	209 399.4	200 542.3	212 172.6	119 652.1	117 222.8
旱粮	6 845.3	4 936.0	10 105.2	6 845.3	3 253.0	3 804.7
薯类	2 452.0	2 711.2	2 623.2	2 452.0	605.2	1 357.5
大豆	1 960.0	2 562.0	2 614.5	1 960.0	2 079.0	2 054.5
甘蔗	1 409.6	1 152.2	1 200.9	1 409.6	914.3	887.5
油料	46 661.6	47 180.8	47 336.1	46 661.6	44 654.2	38 530.5
蔬菜	57 518.5	62 543.3	62 883.3	57 518.5	49 496.7	52 100.6

表 8-26 从化区 2014—2019 年固碳释氧总价值 单位：万元

类别	2014 年	2015 年	2016 年	2017 年	2018 年	2019 年	变化量
价值	258 429.0	258 661.1	256 736.1	256 585.9	222 178.2	220 696.0	−37 732.98

2014—2019 年，从化区总耕地固碳释氧价值量变幅较大，下降了 14%，2014—2019 年总耕地固碳释氧价值量从 258 429.02 万元降低至 220 696.0 万元。

（2）净化大气。

总耕地净化大气价值的计算公式参照式（8-6）。

根据总耕地净化大气价值量核算方法，核算从化区 2014—2018 年污染气体净化价值量以及总耕地净化大气总价值量。总耕地污染气体净化价值量核算结果、总耕地净化大气总价值量核算结果见表 8-27 和表 8-28。

表 8-27 从化区 2014—2018 年总耕地污染气体净化价值 单位：万元

系数	2014 年	2015 年	2016 年	2017 年	2018 年
SO_2	431.17	430.19	428.21	426.24	425.74
NO_x	167.30	166.91	166.15	165.38	165.19
滞尘	40.20	40.11	39.93	39.74	39.70

表 8-28 从化区 2014—2018 年总耕地净化大气总价值 单位：万元

类别	2014 年	2015 年	2016 年	2017 年	2018 年	变化量
价值	638.67	637.21	634.29	631.37	630.63	−8.05

2014—2018 年，从化区总耕地大气净化总价值相对稳定，2014 年总耕地大气净化总价值从 638.67 万元降低至 2018 年的 630.63 万元，降低了 1.26%。

（3）涵养水源。

总耕地涵养水源价值的计算公式参照式（8-7）。

根据总耕地涵养水源价值量核算方法，核算从化区 2014—2019 年总耕地涵养水源价值量。总耕地涵养水源价值量核算结果见表 8-29。

表 8-29 从化区 2014—2019 年总耕地涵养水源价值 单位：万元

类别	2014 年	2015 年	2016 年	2017 年	2018 年	2019 年	变化量
价值	62 321.23	92 456.07	100 273.1	78 935.52	86 077.1	112 814.4	50 493.2

2014—2019 年，从化区总耕地涵养水源价值量均呈现上升趋势，全区总耕地涵养水源价值量从 62 321.23 万元增加至 112 814.4 万元，增长了 81%。

（4）调蓄洪水。

总耕地调蓄洪水价值的计算公式参照式（8-8）。

根据总耕地调蓄洪水价值量核算方法，核算从化区 2014—2019 年总耕地调蓄洪水价值。2014—2019 年，从化区水田面积和蓄积水量、总耕地调蓄洪水价值核算结果见表 8-30 和表 8-31。

表 8-30　从化区 2014—2019 年水田面积和蓄积水量

类别	2014 年	2015 年	2016 年	2017 年	2018 年	2019 年
水田面积/hm^2	21 108.68	20 935.13	20 609.50	20 219.04	16 837.00	16 819.00
蓄水量/m^3	42 217 364	41 870 258	41 218 999	40 438 075	33 674 000	33 638 000

表 8-31　从化区 2014—2019 年总耕地调蓄洪水价值　单位：万元

类别	2014 年	2015 年	2016 年	2017 年	2018 年	2019 年	变化量
价值	35 758.11	35 464.11	34 912.49	34 251.05	28 521.88	28 491.39	−7 266.72

2014—2019 年，从化区总耕地调蓄洪水总价值呈现下降趋势，全区总耕地调蓄洪水总价值从 35 758.11 万元降低至 28 491.39 万元，下降了 20%。

（5）土壤保持。

从化区 2014—2018 年总耕地平均收益和土壤保持量核算结果可知，总耕地减少土壤侵蚀价值核算，总耕地 N、P、K 流失量核算，总耕地保持土壤养分价值核算，总耕地减少泥沙淤积价值核算，总耕地土壤保持总价值结果见表 8-1 的 30～35。

①减少土壤侵蚀。

总耕地减少土壤侵蚀的计算公式参照式（8-9）。

2014—2018 年总耕地平均收益和土壤保持量、总耕地减少土壤侵蚀价值见表 8-32 和表 8-33。

表 8-32　从化区 2014—2018 年总耕地平均收益和土壤保持量

类别	2014 年	2015 年	2016 年	2017 年	2018 年
平均收益/（元/hm^2）	40 963.54	45 875.02	50 344.02	49 444.66	46 999.40
土壤保持量/t	96 815.94	96 594.39	96 151.30	95 708.21	95 596.25

表 8-33　从化区 2014—2018 年总耕地减少土壤侵蚀价值　单位：万元

类别	2014 年	2015 年	2016 年	2017 年	2018 年
价值	59.19	66.14	72.25	70.63	67.06

②保持土壤养分。

总耕地保持土壤养分的计算公式参照式（8-10）。

2014—2018 年总耕地减少土壤侵蚀价值、总耕地保持土壤养分价值见表 8-34 和表 8-35。

表 8-34　从化区 2014—2018 年总耕地减少土壤侵蚀价值　单位：t

类别	2014 年	2015 年	2016 年	2017 年	2018 年
减少 N 流失	104.56	104.32	103.84	103.36	103.24
减少 P 流失	50.34	50.23	50.00	49.77	49.71
减少 K 流失	1 604.24	1 600.57	1 593.23	1 585.89	1 584.03

表 8-35　从化区 2014—2018 年总耕地保持土壤养分价值　单位：万元

类别	2014 年	2015 年	2016 年	2017 年	2018 年	变化量
价值	500.31	499.16	496.87	494.58	494.00	−6.30

③减少泥沙淤积价值。

减少泥沙淤积的计算公式参照式（8-11）。

2014—2018 年总耕地减少泥沙淤积价值、总耕地土壤保持总价值见表 8-36。

表 8-36　从化区 2014—2018 年总耕地减少泥沙淤积价值　单位：万元

类别	2014 年	2015 年	2016 年	2017 年	2018 年	变化量
价值	14.69	14.65	14.59	14.52	14.50	−0.19

④土壤保持总价值。

表 8-37　从化区 2014—2018 年总耕地土壤保持总价值　单位：万元

类别	2014 年	2015 年	2016 年	2017 年	2018 年	变化量
价值	574.19	579.95	583.71	579.73	575.56	1.38

2014—2018 年，从化区总耕地土壤保持总价值变化较为稳定，全区总耕地土壤保持总价值从 574.19 万元增长至 575.56 万元，增长了 0.24%。

（6）气温调节价值。

总耕地气温调节价值的计算公式参照式（8-12）。

根据总耕地气温调节价值量核算方法，核算从化区 2014—2019 年总耕地气温调节价值量，核算结果见表 8-38。

表 8-38 从化区 2014—2019 年总耕地气温调节价值量 单位：万元

类别	2014 年	2015 年	2016 年	2017 年	2018 年	2019 年	变化量
价值	21 939.94	21 759.55	21 421.10	21 015.26	17 500.04	17 481.33	−4 458.61

2014—2019 年，从化区总耕地气温调节价值量均呈现下降趋势，全区总耕地气温调节价值从 21 939.94 万元降低至 17 481.33 万元，降低了 20%。

（7）娱乐文化。

总耕地娱乐文化价值的计算公式参照式（8-14）。

根据总耕地娱乐文化价值量核算方法，核算从化区 2014—2018 年总耕地娱乐文化价值，核算结果见表 8-39。

表 8-39 从化区 2014—2018 年娱乐文化价值 单位：万元

类别	2014 年	2015 年	2016 年	2017 年	2018 年	变化量
价值	444.87	443.85	441.81	439.78	439.26	−5.60

2014—2018 年，从化区总耕地娱乐文化价值逐年降低，降幅较小，总耕地娱乐文化价值从 444.87 万元降低到 439.26 元，降低了 1.2%。

8.2.1.5 农用地生态资产价值量总结

通过对从化区 2014—2019 年各类农用地生态资产的核算，得到的汇总结果如表 8-40 所示。

表 8-40　从化区 2014—2019 年农用地各类生态资产价值

单位：万元

农用地生态资产类型		2014 年	2015 年	2016 年	2017 年	2018 年	2019 年	2014—2018 年变化量
直接经济价值	食物供给	995 053.48	1 058 350.44	1 057 689.51	966 538.06	792 619.4	824 095.8	−202 434.08
	原材料供给	944 852.60	1 006 140.79	1 005 759.23	917 644.45	755 167.28	786 001.71	−189 685.32
	合计	1 939 906.08	2 064 491.23	2 063 448.74	1 884 182.51	1 547 786.68	1 610 097.51	−392 119.40
间接生态价值	固碳释氧	258 429.02	258 661.10	256 736.12	256 585.91	222 178.18	220 696.03	−36 250.84
	净化大气	638.67	637.21	634.29	631.37	630.63	—	−8.04
	涵养水源	62 321.23	92 456.07	100 273.11	78 935.52	86 077.1	112 814.4	23 755.87
	调蓄洪水	35 758.11	35 464.11	34 912.49	34 251.05	28 521.88	28 491.39	−7 236.23
	土壤保持	574.19	579.95	583.71	579.73	575.56	—	1.37
	气温调节	21 939.94	21 759.55	21 421.10	21 015.26	17 500.04	17 481.33	−4 439.90
	娱乐文化	444.87	443.85	441.81	439.78	439.26	—	−5.61
	合计	379 661.16	409 557.99	414 560.82	391 998.84	355 922.64	—	−23 738.52
总计		2 319 567.24	2 474 049.22	2 478 009.56	2 276 181.35	1 903 709.3	—	−415 857.92

由表 8-40 可知，从化区农用地生态资产价值量主要为下降的趋势，尤其是 2018 年从化区农用地生态资产较 2014 年有明显减少，直接经济价值减少 392 119.40 万元，间接经济价值减少 23 738.52 万元，农用地生态资产价值总共减少 415 857.92 万元，降幅 18%，结合从化区农用地资产实物量表不难发现，从化区自 2014 年以来，耕地面积、农产品产量均呈逐年下降态势。结合核算方法可见，各类农用地生态资产一般与耕地面积、农产品产量呈正相关关系。因此农用地生态资产的减少，主要与耕地面积减少有关。

8.2.2 森林生态资产核算

从化区森林资源丰富，是中国竹子之乡、中国南酸枣之乡，被评为全国重点林业县、全国国土资源节约集约模范县、全国绿化模范县。

2014 年，从化区林业用地面积为 114 200.06 hm^2，占全市土地面积的 57.62%；2018 年，从化区林业用地面积为 113 938.39 hm^2，占全市土地面积的 57.51%；总体而言，从化区林业资源较为丰富。与 2014 年相比，从化区林业面积减少了 261.67 hm^2，降低了 0. 11%。此次核算的林业资源包括林地、疏林地、灌木林地、未成林地、无林地、苗圃地和辅助林地，2014—2018 年，从化区的林业面积变化情况见表 8-41。

表 8-41 从化区 2014—2018 年森林生态资产实物量 单位：hm^2

类别	2014 年	2015 年	2016 年	2017 年	2018 年
小计	114 200.06	114 200.06	114 133.39	114 000.06	113 938.39
有林地	109 200.05	109 200.05	109 133.39	109 000.05	108 966.59
灌木林地	1 533.33	1 533.33	1 533.33	1 533.33	1 529.91
其他林地	3 466.67	3 466.67	3 466.67	3 466.67	3 441.88

2014—2018 年，从化区林地面积总体呈现下降趋势，全区林地面积从 114 200.06 hm^2 降低至 113 938.39 hm^2。

8.2.2.1 直接经济价值

（1）林地资源价值。

林地资源直接经济价值核算通用的方法如下：

物质产品生产是生态系统提供的最直接的服务功能，即属于直接使用价值。由于物质产品有明确的价值与价格，故可采用市场法对物质产品进行核算。市场价值法，是指对有价格的生态系统产品和功能进行估价的一种方法。通过市场来体现生态系统服务的价值，这是估算中最常使用也最简单的方法。

物质生产投入了大量的物质成本与人力成本，因而在核算过程中应扣除成本，得到的才是生态系统真正的价值。从化区生态系统物质生产功能价值可通过如下公式算出：

$$V=\sum S_i\times Y_i\times P_i-\sum W_i-\sum R_i \tag{8-15}$$

式中，V—— 物质产品价值；

S_i—— 第 i 类物质产品的面积，hm^2；

Y_i—— 第 i 类物质产品的单产，t；

P_i—— 第 i 类物质产品的市场价格，元；

W_i—— 生产第 i 类物质产品的物质成本投入，元；

R_i—— 生产第 i 类物质产品的人力成本投入，元。

（2）产果价值。

林果产值核算公式如下：

$$W_{产果}=\sum P_i\times Y_i\times A_i \tag{8-16}$$

式中，$W_{产果}$—— 产果价值，元/a；

P_i—— 第 i 种林果的市场批发价，元/kg；

Y_i—— 第 i 种林果的单位面积产量，kg/hm^2；

A_i—— 第 i 种林果的林分面积，hm^2。

8.2.2.2　间接经济价值

（1）固碳释氧。

固碳释氧是森林生态服务功能的主要组成部分。现阶段，全球变暖备受国内外专家学者关注。资料显示，全球现有森林储备的总碳量 1 146 Gt。《联合国气候变化框架公约》将森林生态系统定为碳量的储备库，权威机构统计每年因森林砍伐的释碳量为 1.6 Gt。对森林资源的保护及合理的经营管理可减少和合理控制碳的释放量，森林生态系统这一复杂的系统中，植物通过光合作用和呼吸作用释放氧气。

我国对固碳的研究较少，确定固碳收益，需要大量的经费进行技术支撑。2012年，国家林业局华东产权交易所成交了第一笔碳汇交易，阿里巴巴集团以8万元购买了一万吨的林业碳汇指标，为国内碳交易市场成熟积累了信用指标以及计费依据。营林企业通过碳交易使森林生态服务价值更加市场化、公允化，也可弥补森林价值量评价周期过长的尴尬。森林固碳制氧的价值属于生态服务价值，缺乏有效的市场机制，不能作为营林企业的主体收益进行计算。本书的固碳制氧价值利用市场碳交易价格以及制氧成本为计算基础。

①固碳价值。

$$U_{碳}=(C_{碳}A1.63R_{碳}B_{年}+K) \tag{8-17}$$

式中，$U_{碳}$—— 林分年固碳价值，元/a；

$R_{碳}$—— 二氧化碳中的含碳量，取27.27%；

$C_{碳}$—— 固碳价格，元/t（采用目前常用的由瑞典政府提出的碳税率）；

A—— 林分面积，hm^2（来自从化区林业局提供的相关数据）；

$B_{年}$—— 林分净生产力，t/hm^2（取值参考《粤西南亚热带森林演替过程中的生物量与净第一性生产力动态》）；

K—— 森林土壤碳密度，t/hm^2（取值参考《信阳市森林生态系统固碳释氧生态效益评估》）。

②制氧价值。

$$U_{氧}=C_{氧}1.19AB_{年} \tag{8-18}$$

式中，$U_{氧}$—— 林分年固氧价值，元/a；

$C_{氧}$—— 制氧价格，元/t（引用中华人民共和国卫计委网站2007年春季氧气平均价格）；

A—— 林分面积，hm^2（来自从化区林业局提供的相关数据）；

$B_{年}$—— 林分净生产力，t/（$hm^2 \cdot a$）（取值参考《粤西南亚热带森林演替过程中的生物量与净第一性生产力动态》）。

③固碳释氧价值。

$$FIV_1=U_{碳}+U_{氧} \tag{8-19}$$

式中，FIV_1—— 固碳释氧价值，元。

相关系数取值见表8-42。

表 8-42　相关系数取值

系数	数值
$B_{年}$（森林净生产力）/（t/hm^2）	18.73
K（土壤平均碳密度）/（t/hm^2）	193.55
$C_{碳}$/（元/t）	1 200
$C_{氧}$/（元/t）	1 000
$R_{碳}$	0.272 7

（2）净化大气。

①吸收污染物。

森林吸收污染物估算的方法常用的有阈值法、叶干重法和面积吸收能力法，其中阈值法根据植物达到吸收能力的阈值来估算；叶干重法根据实验测定叶片在一定期间含量变化作为吸收量，根据叶干重占植物的比例来计算吸收量；而面积吸收能力法是测算出单位面积的平均吸收能力后，扩展到大面积范围，我国的相关研究中常采用此法。

具体公式如下：

$$G_{SO_2 j} = A \times Q_{SO_2 i}$$
$$G_{NO_x j} = A \times Q_{NO_x i} \qquad (8\text{-}20)$$
$$G_{氟化物 j} = A \times Q_{氟化物 i}$$

式中，$G_{SO_2 j}$ —— 样地j的吸收量，t/a；

$G_{NO_x j}$ —— 样地j的吸收量，t/a；

$G_{氟化物 j}$ —— 样地j的吸收量，t/a；

A —— 样地面积，hm^2；

$Q_{SO_2 i}$ —— 样地类型i的平均吸收能力，t/（hm^2·a）；

$Q_{NO_x i}$ —— 样地类型i的平均吸收能力，t/（hm^2·a）；

$Q_{氟化物 i}$ —— 样地类型i的平均吸收能力，t/（hm^2·a）（取值参考《三峡库区森林生态系统服务功能评估研究》）。

②滞尘。

森林具有强大的吸滞粉尘的能力。具体计算仍采用面积—吸收能力法。计算

公式为

$$G_{滞尘j} = A \times Q_{滞尘i} \tag{8-21}$$

式中，$G_{滞尘j}$ —— 样地j的吸收量，t/a；

A —— 样地面积，hm^2；

$Q_{滞尘i}$ —— 样地i的平均吸收能力，t/（$hm^2 \cdot a$）。

本章采用影子工程法和市场价值法对从化区森林净化大气环境功能价值进行评估，影子工程法是一种恢复形式。

③吸收污染物价值量。

吸收污染物价值量计算公式为

$$U_{污染物} = G \times M \tag{8-22}$$

式中，$U_{污染物}$ —— 吸收污染物价值，元/a；

M —— 单位重量的治理费用，元/kg（取值参考《泰山森林生态系统服务功能及其价值评估》）；

G —— 实物量，t/（$hm^2 \cdot a$）。

SO_2、氟化物、NO_x等污染物的治理费用参考评估规范中给出的社会公共数据，其中，SO_2为1.20元/kg；氟化物为0.69元/kg；NO_x为0.97元/kg。

④滞尘价值量。

一般性粉尘排污费收费标准为0.23元/kg。滞尘价值量计算公式为

$$U_{滞尘} = G_{滞尘} + M_{滞尘} \tag{8-23}$$

式中，$U_{滞尘}$ —— 林分年滞尘的价值量，元/a；

$M_{滞尘}$ —— 滞尘治理费用，元/kg（取值参考《泰山森林生态系统服务功能及其价值评估》）；

$G_{滞尘}$ —— 林分年滞尘量，t/（$hm^2 \cdot a$）。

⑤森林净化大气价值。

$$FIV_2 = U_{污染物} + U_{滞尘} \tag{8-24}$$

式中，FIV_2 —— 净化大气总价值。

表 8-43　不同地类或森林类型吸收污染物能力

森林类型		吸收 SO_2/（kg/hm^2）	NO_x/（kg/hm^2）	滞尘/（t/hm^2）	氟化物/（kg/hm^2）
乔木林	针叶林	215.600	380	33.200	4.650
	针阔混交林	88.650		21.660	2.575
	阔叶林	152.125		10.110	0.500
竹林		97.436		10.827	1.290
灌木林		80.272		0.016	0.500
疏林地		40.136		—	—

（3）涵养水源。

森林涵养水源的价值体现在两个方面，分别为防洪价值以及增加水资源价值。森林年涵养水源量可根据式（8-25）进行计算。

$$Q = J \times R \times R' \tag{8-25}$$

式中，Q—— 森林涵养水源量，m^3；

J—— 区域年总降水量，mm（取自从化区统计年鉴资料）；

R—— 森林覆盖率，%（取自从化区自然资源局统计资料）；

R'—— 森林降水贮存量占有林地降水量的百分比，%，取 30%。

$$V_{防洪} = Q \times I \tag{8-26}$$

式中，$V_{防洪}$—— 森林防洪价值，万元；

Q—— 森林涵养水源量，m^3；

I—— 库容造价（取值参考《新疆阿克苏地区生态价值评估——以种植—林果—生态林复合模式为例》）。

统计从化区 2014—2019 年历年的降水量，以及历年森林覆盖率，代入式(8-26)中计算得到森林涵养水源量，再根据市场价格，库容成本取 8.47 元/m^3。因此，可得出该区森林防洪价值。

$$V_{水源} = Q \times P_w \tag{8-27}$$

式中，$V_{水源}$—— 森林水源总价值，万元；

Q—— 森林涵养水源量，m^3；

P_w—— 水价，元/m^3（取广州普通居民用水消费价格）。

相关研究显示，森林涵养水源的水质可达到居民生活用水标准，因此，取广州市居民生活用水的平均价格 1.98 元/m^3，得到该区森林提供水源价值。

$$V_{涵养水源} = V_{防洪} + V_{水源} \tag{8-28}$$

式中，$V_{涵养水源}$ —— 森林涵养水源总价值，万元；

$V_{防洪}$ —— 森林防洪价值，万元；

$V_{水源}$ —— 森林水源总价值，万元。

上述所得的森林防洪价值加上增加水源价值，可以得出该区森林涵养水源的总价值。

（4）土壤保持。

森林土壤保持的服务功能主要通过森林固土和森林保肥 2 个指标进行评价。水土流失主要是因为降雨对土壤的侵蚀，但在有植被的情况下雨水对土壤的冲击会相对减少。森林中的乔木、灌木层和枯枝落叶都能保持土壤结构完好，使地表径流量减少。同时，森林中有强大的根系网，土壤很难被冲刷或保持土壤中的N、P、K及有机质，如果土壤流失，这些营养元素也会流失，保护土壤的同时也有显著的保肥作用，因此森林土壤保持，包括固土和保肥两部分。

①固土价值。

$$V_{土} = KSGD \tag{8-29}$$

式中，$V_{土}$ —— 森林防止水土流失效益经济评价值，万元；

K —— 挖取每吨泥沙费用，取值参考《云南省景东县森林生态系统服务价值评估》；

S —— 有林地面积，参考从化区林业局提供的数据；

G —— 进入河道或水库中的泥沙与流失总量的比值（约为 1/2），取值参考《广东省森林效益计量及经济评价》；

D —— 有林地比同面积无林地减少的流失量，m^3/hm^2。

②保肥价值。

$$V_{肥} = DS\sum_{i=1}^{n} P_{1i} P_{2i} P_{3i} \tag{8-30}$$

式中，$V_{肥}$ —— 森林的保肥价值；

D —— 有林地比无林地减少的侵蚀量，取值参考《淳安县森林生态系统服务功能价值评价研究》；

S —— 有林地面积；

P_{1i}—— 森林土壤中 N、P、K 的含量（N 为 0.1746%，P 为 0.030%，K 为 0.378%），取值参考《广东省森林效益计量及经济评价》；

P_{2i}—— 纯 N、P、K 折算成化肥的比例（分别为 79/14，234/31，174/78）；

P_{3i}—— 各类化肥销售价格，取值参考《泰山森林生态系统服务功能及其价值评估》。

③土壤保持价值。

$$FIV_4 = V_{土} + V_{肥} \tag{8-31}$$

式中，FIV_4—— 土壤保持价值，元。

各参数取值见表 8-44 和表 8-45。

表 8-44　*K*（挖取每吨泥沙费用）、*G*（泥沙与流失总量的比值）及 *D*（单位有林地净土壤保持量）取值

系数	数值
K	9.402 985 元/t
G	0.50
D	169 t/hm^2

表 8-45　P_{1i}（营养元素含量）、P_{2i}（折算成化肥的比例）及 P_{3i}（化肥销售价格）取值

营养元素	P_{1i}/（元/t）	P_{2i}/（元/t）	P_{3i}/（元/t）
N	0.001 746	7.142 857	3 300
P	0.000 3	6.662 225	3 300
K	0.003 78	2	2 800

（5）病虫害控制。

生态系统通过增加物种多样性水平可以提高生态系统的稳定性，同时能够增加天敌而降低植食性昆虫的种群数量，从而起到控制病虫害的作用，核算公式如下：

$$\begin{aligned} V_{pc} &= Q_{pc} \times P_b \\ Q_{pc} &= NF_a \times \left(MF_r - NF_r \right) \end{aligned} \tag{8-32}$$

式中，V_{pc}—— 病虫害控制功能价值，万元；

Q_{pc}—— 病虫害控制功能量，km^2；

P_b—— 单位面积病虫害防治的费用，万元/km^2；

NF_a —— 天然林面积，km^2；

MF_r —— 人工林病虫害发生率，%；

NF_r —— 天然林病虫害发生率，%。

（6）栖息地保护。

生态系统为生物提供了生存与繁衍的场所，对生物多样性保护特别是重要珍稀、濒危野生动植物的生命维护和栖息地保护起到了重要作用，计算公式如下：

$$V_{hc} = K_{1i} \times K_{2i} \times S_i \times A_i \qquad (8\text{-}33)$$

式中，V_{hc} —— 生命维护和栖息地保护价值，元；

K_{1i} —— i 类森林自然度调整系数；

K_{2i} —— i 类森林生态区位调整系数；

S_i —— 单位面积物种保育价值，元/km^2；

A_i —— 森林面积，km^2。

（7）娱乐文化。

旅游可以帮助人们消除疲劳和保持身心愉悦，森林生态系统为人类提供了旅游的场所。但是森林旅游又有别于其他旅游，在森林中我们不仅可以野营、登山等，还可以呼吸新鲜的空气，森林旅游已越来越受到人们的关注。森林娱乐文化功能的开发有着广阔的发展前景和巨大的发展潜力，以森林旅游资源为依托而发展起来的森林旅游业已经成为林业的一个重要产业。

从化区近年来在生态旅游方面先行一步，打造了几个著名品牌。首先是森林度假品牌，利用北回归线上的绿洲南昆山、罗浮山这种优质资源，比如在南昆山上，较大的度假村就有 8 家，森林度假这个品牌在珠三角地区、在广东省内越来越响亮。森林娱乐文化价值计算公式如下：

$$\mathrm{FIV}_5 = Q \times A \qquad (8\text{-}34)$$

式中，FIV_5 —— 森林娱乐文化价值，元；

Q —— 森林单位面积的娱乐文化价值，元/hm^2（取值参考《青藏高原生态资产的价值评估》）；

A —— 森林面积，hm^2（参考从化区林业局提供的数据）。

森林旅游资源所产生的娱乐文化价值比较复杂，很难准确估算，本书采用中国不同陆地生态系统单位面积生态服务当量值进行计算。研究表明，森林生态系统的娱乐文化价值为 1 132.6 元/hm^2。

（8）生物多样性保护。

生物多样性是地球生命系统通过长期进化形成的宝贵资源和财富，保护生物多样性不仅对维持地球生态系统的功能至关重要，而且也关系到人类的生存与可持续发展。森林是陆地生态系统的主体，不仅维持生态系统的各项功能（碳、水、养分等循环），同时也为人类提供各种生态服务（各种林副产品生产、固碳释氧、保持水土和净化环境）。除人类之外，森林也为其他物种（尤其是珍稀濒危动物）提供多种服务，包括栖息地、食物和水等。计算公式如下：

$$\mathrm{FIV}_6 = L \times A \tag{8-35}$$

式中，FIV_6 —— 生物多样性保护价值，元；

L —— 森林单位面积的生物多样性保护功能价值，元/hm^2（取值参考《青藏高原生态资产的价值评估》）；

A —— 森林面积，hm^2（参考从化区林业局的数据）。

近年来，随着国内外对森林生态系统服务功能的深入研究，森林生态系统的生物多样性价值广受关注。很多研究者根据研究目的和生态系统特点，采用定量和半定量的方法进行评估，目前对生物多样性价值评估常用的方法包括物种保护基准法、影子工程法与意愿支付法等。本书采用中国不同陆地生态系统单位面积生态服务当量值进行计算。研究表明，森林生态系统的生物多样性保护功能的价值为 2 884.6 元/hm^2。

（9）降低噪声。

树木和草坪有很大的隔声和吸声作用，公园绿地能将噪声发源地间隔开。研究证明，一般林带可减少噪声 7 dB；高大稠密的宽林带可降低噪音 5～8 dB 甚至 10 dB，乔木、灌木、草地相结合的绿地，平均可以降低噪音 5 dB，高者可降低 2～8 dB，密植的灌木和乔木，可以降低噪声响度的 1/3。目前对森林生态系统降低噪声价值的估算方法是以造林成本的 15%计。

$$\mathrm{FIV}_7 = 15\%CA \tag{8-36}$$

式中，FIV_7 —— 林地降低噪声价值，元；

C —— 造林成本，元/hm^2（取 2013 年主要造林树种成本单价的均价，为 22 500 元/hm^2）；

A—— 林地面积，hm^2（参考从化区林业局的数据）。

（10）科研文化价值。

森林的科研文化价值计算公式：

$$FIV_8 = H \times A \tag{8-37}$$

式中，FIV_8—— 森林降低噪声价值，元；

H—— 森林单位面积的科研文化价值，元/hm^2（研究表明全球森林生态系统的科研文化功能价值平均值为 197.8 元/hm^2，取值参考《轿子山自然保护区森林生态系统服务功能价值评估》）；

A—— 森林面积，hm^2（参考从化区林业局的相关数据）。

8.2.2.3 直接经济价值评价

结合林地资源价值量核算方法，从化区森林生态系统物质生产价值直接取自从化区统计年鉴中历年林业总产值数据。2014—2017 年，林地资源价值核算结果见表 8-46。

表 8-46 从化区 2014—2017 年林地资源价值 单位：万元

类别	2014 年	2015 年	2016 年	2017 年	变化量
林业产值	11 298.00	12 605.63	13 966.00	13 610.88	2 312.88

2014—2017 年，从化区林地资源价值总体呈现上升趋势，全区林地资源价值量从 11 298 万元增加至 13 610.88 万元，增幅 20.47%。

8.2.2.4 间接经济价值评价

（1）固碳释氧。

森林固碳释氧价值计算参照式（8-17）～式（8-19）。

根据森林固碳释氧价值量核算方法，核算从化区 2014—2018 年森林固碳释氧量，核算结果见表 8-47。

表 8-47 从化区 2014—2018 年固碳释氧总价值 单位：万元

类别	2014 年	2015 年	2016 年	2017 年	2018 年	变化量
价值	2 886 673.74	2 886 673.74	2 884 911.43	2 881 386.79	2 880 502.29	−6 171.45

2014—2018 年，从化区森林固碳释氧价值总体呈现下降趋势，全市森林固碳释氧价值量从 2 886 673.74 万元降低至 2 880 502.29 万元，降幅 0.21%。

（2）净化大气。

森林净化大气价值计算参照式（8-20）～式（8-24）。

2014—2018 年，从化区森林吸收污染物和滞尘量结果、森林净化大气价值的核算结果见表 8-48 和表 8-49。

表 8-48　从化区 2014—2018 年森林吸收污染物和滞尘量

类别	2014 年	2015 年	2016 年	2017 年	2018 年
吸收 SO_2 量/kg	16 488 397	16 488 397	16 478 552	16 458 861	16 451 939
吸收氮氧化物量/kg	43 396 022	43 396 022	43 370 688	43 320 022	43 296 587
滞尘/t	1 494 647.2	1 494 647.2	1 493 757.6	1 491 978.5	1 491 263.6
吸收氟化物量/kg	123 283.93	123 283.93	123 211.86	123 067.73	122 997.87

表 8-49　从化区 2014—2018 年森林净化大气总价值　单位：万元

类别	2014 年	2015 年	2016 年	2017 年	2018 年	变化量
吸收 SO_2 价值	3 050.35	3 050.35	3 048.53	3 044.89	3 043.61	−6.74
吸收氮氧化物价值	4 209.41	4 209.41	4 206.96	4 202.04	4 199.77	−9.65
滞尘价值	34 376.88	34 376.88	34 356.43	34 315.51	34 299.06	−77.82
吸收氟化物价值	8.51	8.51	8.50	8.49	8.49	−0.02
大气净化价值	41 645.16	41 645.16	41 620.42	41 570.93	41 550.93	−94.23

2014—2018 年，从化区森林净化大气价值总体呈现下降趋势，全市森林净化大气价值量从 41 645.16 万元降低至 41 550.93 万元，降幅 0.23%。

（3）涵养水源。

森林涵养水源价值计算参照式（8-25）～式（8-28）。

根据森林涵养水源价值量核算方法，核算从化区 2014—2018 年森林涵养水源总价值，结果见表 8-50。

表 8-50　从化区 2014—2018 年森林涵养水源总价值　单位：万元

类别	2014 年	2015 年	2016 年	2017 年	2018 年	变化量
涵养水源总价值	732 089.7	923 919.6	948 263.2	748 553.7	614 592.9	−117 496.8

2014—2018 年，从化区森林涵养水源价值总体呈现先增后降的变化趋势，全市森林涵养水源价值量从 732 089.7 万元降至 614 592.9 万元，降幅 16%。

（4）土壤保持。

森林土壤保持价值计算参照式（8-29）～式（8-31）。

根据森林土壤保持价值量核算方法，核算从化区 2014—2018 年森林土壤保持总价值，结果见表 8-51。

表 8-51　从化区 2014—2018 年土壤保持总价值　　单位：万元

类别	2014 年	2015 年	2016 年	2017 年	2018 年	变化量
土壤保持价值	135 865.80	135 865.80	135 782.86	135 616.97	135 575.34	−290.47

2014—2018 年，从化区的森林土壤保持总价值呈现下降趋势，全市森林土壤保持总价值从 135 865.80 万元降低至 135 575.34 万元，降幅 0.20%。

（5）娱乐文化。

森林娱乐文化价值计算参照式（8-34）。

根据森林娱乐文化价值量核算方法，核算从化区 2014—2018 年森林娱乐文化价值，结果见表 8-52。

表 8-52　从化区 2014—2018 年森林娱乐文化价值　　单位：万元

类别	2014 年	2015 年	2016 年	2017 年	2018 年	变化量
娱乐文化价值	12 934.30	12 934.30	12 926.75	12 911.65	12 904.66	−29.64

2014—2018 年，从化区的森林娱乐文化价值总体呈现下降趋势，全市森林娱乐文化价值量从 12 934.30 万元降低至 12 904.66 万元，降幅 0.23%。

（6）生物多样性保护。

森林生物多样性保护价值计算参照式（8-35）。

根据森林生物多样性保护价值量核算方法，核算从化区 2014—2018 年森林生物多样性保护价值，结果见表 8-53。

2014—2018 年，从化区的森林生物多样性保护价值总体呈现下降趋势，全市森林生物多样性保护价值量从 32 942.15 万元降低至 32 866.67 万元，降幅 0.23%。

表 8-53　从化区 2014—2018 年森林生物多样性保护价值　单位：万元

类别	2014 年	2015 年	2016 年	2017 年	2018 年	变化量
生物多样性保护价值	32 942.15	32 942.15	32 922.92	32 884.46	32 866.67	−75.48

（7）降低噪声价值。

森林降低噪声价值计算参照式（8-36）。

根据森林降低噪声价值量核算方法，核算从化区 2014—2018 年森林降低噪声价值，结果见表 8-54。

表 8-54　从化区 2014—2018 年森林降低噪声价值　单位：万元

类别	2014 年	2015 年	2016 年	2017 年	2018 年	变化量
降低噪声价值	38 542.52	38 542.52	38 520.02	38 475.02	38 454.21	−88.31

2014—2018 年，从化区森林降低噪声价值呈现下降趋势，全市森林降低噪声价值量从 38 542.52 万元降低至 38 454.21 万元，降幅 0.23%。

（8）科研文化价值。

森林科研文化价值计算参照式（8-37）。

根据森林科研文化价值量核算方法，核算从化区 2014—2018 年森林科研文化价值，结果见表 8-55。

表 8-55　从化区 2014—2018 年森林科研文化价值　单位：万元

类别	2014 年	2015 年	2016 年	2017 年	2018 年	变化量
科研文化价值	2 258.88	2 258.88	2 257.56	2 254.92	2 253.70	−5.18

2014—2018 年，从化区森林科研文化价值总体呈现下降趋势，全区森林科研文化价值量从 2 258.88 万元降低至 2 253.70 万元，降幅 0.23%。

8.2.2.5　森林生态资产价值量总结

通过对从化区 2014—2018 年各类森林生态资产的核算，得到的汇总结果如表 8-56 所示。

表 8-56 从化区 2014—2018 年各类森林生态资产价值

单位：万元

森林生态资产类型		2014 年	2015 年	2016 年	2017 年	2018 年	本期变化量
直接经济价值	林地资源	11 298.00	12 605.63	13 966.00	13 610.88	13 610.88	2 312.88
间接经济价值	固碳释氧	2 886 673.74	2 886 673.74	2 884 911.43	2 881 386.79	2 880 502.29	−6 171.45
	净化大气	41 645.16	41 645.16	41 620.42	41 570.93	41 550.93	−94.23
	涵养水源	732 089.70	923 919.60	948 263.20	748 553.70	614 592.90	−117 496.80
	土壤保持	135 865.80	135 865.80	135 782.86	135 616.97	135 575.34	−290.46
	娱乐文化	12 934.30	12 934.30	12 926.75	12 911.65	12 904.66	−29.64
	生物多样性保护	32 942.15	32 942.15	32 922.92	32 884.46	32 866.67	−75.48
	降低噪声	38 542.52	38 542.52	38 520.02	38 475.02	38 454.21	−88.31
	科研文化	2 258.88	2 258.88	2 257.56	2 254.92	2 253.70	−5.18
	合计	3 882 952.25	4 074 782.15	4 097 205.16	3 893 654.44	3 758 700.70	−124 251.55
总计		3 894 250.25	4 087 387.78	4 111 171.16	3 907 265.32	3 772 311.58	−121 938.67

由表 8-56 可知，从化区 2014—2018 年森林生态资产价值量为先增后减的趋势，2018 年从化区森林生态资产较 2014 年有所减少，直接经济价值增长 2 312.88 万元，间接经济价值减少 124 251.55 万元，森林生态资产价值总共减少 121 938.67 万元，降幅 3.1%。主要原因是 2018 年降水量少，对森林成长、涵养水源等方面造成较大影响。

8.2.3　湿地生态资产核算

从化区湿地面积统计数据为自然资源局提供的历年农村土地利用现状“二级分类面积统计表”。2016 年，从化区湿地面积为 8 368.69 hm^2，占全区土地面积的 4.24%，与 2014 年相比，从化区湿地面积减少了 97.98 hm^2。此次核算的湿地资源包括河流、湖泊、水库、坑塘、内陆滩涂、沟渠等。2014—2018 年，从化区的湿地面积变化情况见表 8-57。

表 8-57　从化区 2014—2018 年湿地资源实物量　　单位：hm^2

湿地类型	2014 年	2015 年	2016 年	2017 年	2018 年	变化量
河流水面	1 733.33	1 733.33	1 733.33	1 733.33	1 728.28	−5.05
水库水面	2 866.67	2 866.67	2 866.67	2 866.67	2 866.67	−13.43
坑塘水面	2 266.67	2 266.67	2 266.67	2 266.67	2 266.67	−19.36
内陆滩涂	400.00	400.00	400.00	400.00	377.30	−22.70
沟渠	1 200.00	1 200.00	1 133.33	1 133.33	1 162.56	−37.44
合计	8 466.67	8 466.67	8 400.00	8 400.00	8 368.69	−97.98

8.2.3.1　直接经济价值

（1）水的供给。

淡水是生命的源泉，是人类生存和发展的宝贵资源。河流是淡水贮存和保持的重要场所，是人类依赖的最主要的淡水水源。其为人类和家畜、家禽及野生动物提供饮用水，为植物的生长发育和繁殖提供代谢用水，为农业灌溉用水、工业用水以及城市生态环境用水等提供保障。

水供给价值采用市场价值法计算，公式为

$$WDV_1 = \sum A_i \times P_i \tag{8-38}$$

式中，WDV_1 —— 水供给功能价值；

A_i——i 种用途的水量，引用从化区统计年鉴相关数据；

P_i——i 种用途的单位成本价格，参照《广州市自来水有限公司自来水价格表》。

表 8-58 P_i（各类用水单位成本价格）取值

领域	用水类型	水价/（元/m^3）
生产	农业	0.3
	工业	3.46
	城镇公用	3.46
生活	居民生活	1.98
生态	生态环境	3.46

表 8-59 从化区 2014—2017 年各类型用水量 单位：万 m^3

年份	2014 年	2015 年	2016 年	2017 年
生产用水	966.19	1 198.56	1 038.62	1 086.76
生活用水	1 726	2 067.46	2 215.21	2 361.76
生态用水	1 039.49	751.6	680.43	919.32
全年供水量	3 731.68	4 017.62	3 934.26	4 367.84

（2）水力发电。

河流因地形地貌的落差产生并储蓄了丰富的势能，水力发电是该功能的有效转换形式，众多的水力发电站由此而兴建，为人类提供了大量能源。我国水力蕴藏量特别丰富，约为 6.8 亿 kW，居世界首位，占全世界水力蕴藏量的 1/10 左右。至 20 世纪末，全国水电装机总量约为 4 770 万 kW，年发电量约为 1 560 亿 kW·h。从化区 90%以上的面积为中低山及丘陵，河流水系发达，建有众多水电站。

水能发电价值采用市场价格法计算，公式为

$$\mathrm{WDV}_2 = \sum E_i \times P_b \tag{8-39}$$

式中，WDV_2——发电价值；

E_i——i 电站的年发电量，单位 GDP 电耗、地区生产总值参考从化区统计年鉴相关数据，根据相关统计资料，我国能源结构中，水力发电占比为 16.8%；

P_b——单位电的成本价格，摘自广州市电费查询网。

表 8-60　从化区 2014—2017 年用电量　单位：万 kW·h

类别	2014 年	2015 年	2016 年	2017 年
全区供电总量	192 206	193 487	215 280	226 820.2
燃煤、燃气发电	149 920.68	150 919.86	167 918.40	176 919.77
水力发电量	32 290.61	32 505.82	36 167.04	38 105.8
核能发电	3 844.12	3 869.74	4 305.60	4 536.40

表 8-61　P_b（用电价格）取值

项目	取值/[元/（kW·h）]
居民用电价格	0.64

（3）水产品生产。

作为河流生态系统重要的生物资源，鱼类早已为人类所开发利用。除了为人类提供肉质食品，作为人类丰富的蛋白质来源外，鱼类还是人类补充维生素、多不饱和脂肪酸、微量元素的重要来源。除了鱼类、虾、贝、蟹等动物产品外，河流生态系统还为人类提供了大量的植物资源产品，如河岸生长的芦苇、河湾种植的香蕉、白菜、玉米等。因此，河流生态系统中丰富的动植物资源，为人类生产生活提供了必要的物质保障。

水产品生产功能价值。运用市场价值法计算水产品生产的经济价值，具体计算公式如下：

$$\mathrm{WDV}_3 = I \tag{8-40}$$

式中，WDV_3 —— 水产品生产功能价值；

I —— 水产业产值。

由于从化区统计年鉴相关资料中提供了历年淡水养殖产量，因此可用式（8-41）估算水产业产值。

$$I = M_{产量} \times P_f \tag{8-41}$$

式中，I —— 水产业产值，万元；

$M_{产量}$ —— 淡水养殖产量，t（参考从化区统计年鉴相关资料）；

P_f —— 水产品单位均价，万元/t（参考中国价格信息网和广东省物价局取 0.987 万元/t）。

8.2.3.2 间接经济价值

（1）固碳释氧。

湿地生态系统中的浮游植物和水生植物可以进行光合作用和呼吸作用与大气交换 CO_2 和 O_2，对维持大气中 CO_2 和 O_2 的动态平衡有着重要的作用。植物光合作用可以固定大气中的 CO_2，是生态系统中碳循环的重要碳源，一方面可以通过摄食传递给下一个营养级，另一方面由于植物自身的枯枝落叶或死亡等在河床中积累，形成富含有机质的淤泥。其释放的 O_2，可以提供给人类和其他生物进行呼吸作用，是地球生物维持生命活动必不可少的物质。

大气组分调节价值采用市场价格法计算，公式为

$$\mathrm{WIV}_1 = S_\tau K_\zeta T_c \mathrm{d} \tag{8-42}$$

式中，WIV_1 —— 固碳释氧功能价值；

S_τ —— 有水部分面积，参照从化区自然资源局提供的数据；

K_ζ —— 平均单位固定（释放）某物质的量，固碳速率参考《山东湿地生态系统服务功能价值评价》，释氧速率参考《青竹江河流生态系统服务价值初探》；

T_c —— 某物质单位固定（释放）价值，固碳价值采用目前常用的瑞典政府提出的碳税率，释氧价值采用中华人民共和国卫生部网站 2007 年春季氧气平均价格；

d —— 全年的天数。

不同湿地类型固碳释氧速率和固碳释氧价值系数见表 8-62 和表 8-63。

表 8-62 不同湿地类型固碳释氧速率

水面类型	固碳速率/[t/（m^2·a）]	释氧速率/[t/（m^2·a）]
河流水面	0.000 072	1.93×10^{-5}
水库水面	0.000 4	1.93×10^{-5}
坑塘水面	0.000 072	1.93×10^{-5}
内陆滩涂	0.000 21	1.93×10^{-5}
沟渠	0.000 072	1.93×10^{-5}

表 8-63　固碳释氧价值系数

类别	价格
单位固碳价值/（元/t）	1 200
单位释氧价值/（元/t）	1 000
d（全年的天数）/天	356

（2）污染物净化。

湿地生态系统具有一定的自净能力，其净化服务功能表现在一定程度上通过稀释、吸附、过滤、扩散、氧化分解等一系列物理、化学和生物作用将人类向环境排放的废弃物吸收利用使之得到降解和清除。一方面，生态系统中的水生植物可以减缓河水的流速，使水中的泥沙得以沉降，各种有机的和无机的溶解物和悬浮物被截留，使水质澄清；另一方面，生态系统中的植物、藻类、微生物等能够吸附水中的悬浮颗粒和许多有机的或无机的化合物，将其中的氮、磷等营养物质有选择地吸收、分解或同化，还可以将许多有毒有害的污染物质转化为无害的甚至是有用的物质，水生动物也可以对活的或死的有机体进行物理的或生物化学的切割和分解，然后加以吸收、加工和利用。这些生物在湿地生态系统中进行的各种新陈代谢，保证了各种物质在河流生态系统中的循环利用，有效地防止了物质的过分积累所形成的污染，水质因而得到保护和改善，水环境得到净化和改良。这种环境净化作用为人们提供了巨大的生态效益和社会效益。从化区每年都有一部分工业、农业和生活污水排放到河流中，通过河流的自净作用得以净化。

净化功能的价值公式为

$$\mathrm{WIV}_2 = Q_n P_n \tag{8-43}$$

式中，WIV_2——净化功能价值；

Q_n——因净化能力下降而减少的污水处理量，引用从化区统计年鉴相关数据废水排放总量数据（表 8-64）；

P_n——污水处理厂处理单位成本的价格，取《广州市居民生活用水的污水处理费标准》（表 8-65）。

表 8-64　Q_n（废水排放量）取值

类别	2014 年	2015 年	2016 年	2017 年
废水排放量/万 t	3 884.48	4 039.29	3 549.73	3 938.35

表 8-65　P_n（污水处理成本）取值

系数	数值
P_n/（元/m^3）	0.95

（3）调蓄洪水。

从化区湿地生态系统调蓄洪水的功能主要体现在河流、水库和坑塘。可分别用其最大蓄水能力（量）与常年枯水期的蓄水量之差（最大蓄水差额）来计算。根据实际调研、测量等数据，结合国内外研究的结果和当地政府管理部门的资料，可以把从化区湿地消落带蓄水深度差额定在 0.5～1 m，取中间值 0.75，乘以它们的面积可以算出调蓄洪水量，可以计算出湿地生态系统调蓄洪水的服务功能价值。

$$\mathrm{WIV}_3 = A \times L \times I \tag{8-44}$$

式中，WIV_3 —— 调蓄洪水价值，万元；

A —— 湿地面积，hm^2（引用从化区自然资源局提供的相关数据）；

L —— 消落带蓄水差额，m（取值参考《泾源县生态系统服务功能价值评估》）；

I —— 单位水库库容的工程费用，元/m^3，（取值参考《新疆阿克苏地区生态价值评估 —— 以种植—林果—生态林复合模式为例》）。

表 8-66　L（消落带蓄水差额）和 I（库容造价）取值

系数	数值
L/m	0.75
I/（元/m^3）	8.47

（4）娱乐文化。

淡水生态系统为人类提供了重要的美学文化和休闲娱乐等功能。不同的湿地生态系统深刻地影响着人们的美学倾向、艺术创造、感性认知和理性智慧，各地独特的生态环境在漫长的文化发展过程中塑造了当地人们特定的多姿多彩的民风民俗和性格特征，也直接影响着科学教育的发展，决定了当地的生产方式和生活水平，孕育着不同的道德信仰、地域文化和文明水平。

其娱乐文化功能价值采用中国不同陆地生态系统单位面积生态服务当量值进行计算。

$$\mathrm{WIV}_4 = Q \times S \tag{8-45}$$

式中，WIV_4 —— 湿地生态系统娱乐文化价值；

Q —— 单位湿地面积的娱乐文化价值，元/hm^2（取值参考《青藏高原生态资产的价值评估》）（表 8-67）；

S —— 湿地面积，hm^2（引用从化区自然资源局提供的相关数据）。

表 8-67　Q（单位湿地面积的娱乐文化价值）取值

系数	数值
Q/（元/hm^2）	4 910.9

（5）生物多样性保护。

生物多样性不仅为人类的生活提供了必不可少的物质，并且是生态系统维持平衡所必需的，生态系统中物种越丰富，其创造力就越大。自然界的所有生物都是互相依存、互相制约的。每一种物种的绝迹，都预示着很多物种即将面临死亡。生物多样性得到保护，对人类和自然都有着重要的意义。

湿地作为全球三大生态系统之一，在保护生物多样性方面发挥着重要的作用。湿地本身是大量生物繁衍生息的场所，同时也可以通过对生态环境的保护与改善间接地对维持生物的多样性产生积极的作用。

$$\mathrm{WIV}_6 = N \times S \tag{8-46}$$

式中，WIV_6 —— 湿地生态系统生物多样性保护功能价值；

N —— 单位湿地面积的生物多样性保护的价值，元/hm^2（取值参考《青藏高原生态资产的价值评估》）（表 8-68）；

S —— 湿地面积，hm^2（参考从化区自然资源局提供的相关数据）。

表 8-68 *N*（单位湿地面积的生物多样性保护的价值）取值

项目	数值
N/（元/hm^2）	2 212.2

（6）科研文化价值。

目前，在对湿地研究越来越关注的情况下，湿地作为生态学、环境科学、生物学、水文学等学科的自然研究基地，能够为众多科研单位提供科研场所。从化区多样的湿地生态系统类型、丰富的动植物资源等，为教育和科学研究提供了研究对象、试验材料。

$$\mathrm{WIV}_7 = L \times S \qquad (8\text{-}47)$$

式中，WIV_7——湿地科研文化价值；

L——单位湿地面积科研文化的价值，元/hm^2（取值参考《山东省湿地生态系统服务功能价值评价》）（表 8-69）；

S——湿地面积，hm^2（参考从化区自然资源局提供的相关数据）。

表 8-69 *L*（单位湿地面积科研文化的价值）

项目	数值
L/（元/hm^2）	5 560.34

8.2.3.3 直接经济价值评价

（1）水的供给

湿地水的供给价值计算参照式（8-38）。

根据湿地水的供应价值计算公式，得到从化区历年水的供给价值，如表 8-70 所示。

表 8-70 从化区 2014—2017 年水的供给价值 单位：万元

类别	2014 年	2015 年	2016 年	2017 年	变化量
生产用水价值	3 343.02	4 147.02	3 593.63	3 760.19	417.17
生活用水价值	3 417.48	4 093.57	4 386.12	4 676.28	1 258.80
生态用水价值	3 596.64	2 600.54	2 354.29	3 180.85	−415.79
供水总价值	10 357.13	10 841.12	10 334.03	11 617.32	1 260.19

由表可知，2014—2017 年，从化区的水资源供给价值总体呈上升趋势，全区水供给价值从 10 357.13 万元升至 11 617.32 万元，增幅将近 12.16%。

（2）水力发电。

湿地水力发电价值计算参照式（8-39）。

根据上述核算方法，核算从化区 2014—2017 年水力发电价值见表 8-71。

表 8-71　从化区 2014—2017 年水力发电价值　　单位：万元

类别	2014 年	2015 年	2016 年	2017 年	变化量
水力发电价值	20 665.99	20 803.72	23 146.91	24 387.71	3 721.72

由表可知，2014—2017 年，从化区水力发电价值呈上升趋势，上升了 3 721.72 万元，涨幅为 18%。

（3）水产品生产。

湿地水产品生产价值计算参照式（8-40）。

根据水产品生产价值量核算方法，核算从化区 2014—2019 年水产品生产价值，核算结果和变化情况见表 8-72。

表 8-72　从化区 2014—2019 年水产品生产价值　　单位：万元

类别	2014 年	2015 年	2016 年	2017 年	2018 年	2019 年	变化量
水产品生产价值	10 649.73	11 441.30	10 338.83	9 013.28	13 164.53	11 263.00	613.27

由表可知，2014—2019 年，从化区水产品价值呈现上升趋势，2019 年该值小幅上涨，增至 11 263.00 万元，相对 2014 年增幅为 613.27 万元，增长 5.75%。

8.2.3.4　间接经济价值评价

（1）固碳释氧。

湿地固碳释氧价值计算参照式（8-42）。

根据上述固碳释氧价值量核算方法，核算从化区 2014—2018 年湿地固碳释氧总价值，结果见表 8-73。

表 8-73 从化区 2014—2018 年湿地固碳释氧价值量 单位：万元

类别	2014 年	2015 年	2016 年	2017 年	2018 年	变化量
固碳释氧总价值	2 089.49	2 089.49	2 082.44	2 082.44	2 070.09	−19.40

由表可知，从化区 2014—2018 年湿地固碳释氧量价值量总体上呈下降趋势，下降了 19.40 万元，降幅只有 0.93%，下降的原因是从化区的湿地面积在逐渐减少。

（2）污染物净化。

湿地污染物净化价值计算参照式（8-43）。

根据污染物净化价值量核算方法，核算从化区 2014—2017 年湿地污染物净化价值，核算结果见表 8-74。

表 8-74 从化区 2014—2017 年湿地污染物净化价值量 单位：万元

类别	2014 年	2015 年	2016 年	2017 年	变化量
湿地污染物净化价值	3 690.25	3 837.33	3 372.24	3 741.44	51.18

由表可知，2014—2017 年，从化区湿地污染物净化价值增加了 51.18 万元，增长了 1.38%。

（3）调蓄洪水。

湿地调蓄洪水价值计算参照式（8-44）。

根据调蓄洪水价值量核算方法，核算从化区 2014—2018 年湿地调蓄洪水价值，结果见表 8-75。

表 8-75 从化区 2014—2018 年湿地调蓄洪水价值量 单位：万元

类别	2014 年	2015 年	2016 年	2017 年	2018 年	变化量
湿地调蓄洪水价值	53 784.53	53 784.53	53 361.03	53 361.03	53 162.13	−622.40

由表可知，受湿地面积减少的影响，2014—2018 年从化区湿地调蓄洪水价值总体呈下降趋势，5 年间减少了 622.40 万元，降幅约为 1.2%。

（4）娱乐文化。

湿地娱乐文化价值计算参照式（8-45）。

根据娱乐文化价值量核算方法，核算从化区 2014—2017 年湿地娱乐文化价值，结果见表 8-76。

表 8-76　从化区 2014—2018 年湿地娱乐文化价值量　单位：万元

类别	2014 年	2015 年	2016 年	2017 年	2018 年	变化量
娱乐文化价值	4 157.90	4 157.90	4 125.16	4 125.16	4 109.78	−48.12

由表可知，从化区 2014—2018 年湿地娱乐文化价值总体上也呈下降趋势，但与总价值相关不大，5 年间只减少 48.12 万元，降幅约为 1.2%。

（5）生物多样性保护

湿地生物多样性保护价值计算参照式（8-46）。

根据生物多样性保护价值量核算方法，核算从化区 2014—2018 年湿地生物多样性保护价值，结果见表 8-77。

表 8-77　从化区 2014—2018 年湿地生物多样性保护价值量　单位：万元

类别	2014 年	2015 年	2016 年	2017 年	2018 年	变化量
生物多样性价值	1 873.00	1 873.00	1 858.25	1 858.25	1 851.32	−14.75

由表可知，5 年间从化区的湿地生物多样性保护价值下降了 14.75 万元，降幅为 1.2%。

（6）科研文化价值。

湿地科研文化价值计算参照式（8-47）。

根据科研文化价值量核算方法，核算从化区 2014—2017 年湿地科研文化价值，结果见表 8-78。

表 8-78　从化区 2011—2018 年湿地科研文化价值　单位：万元

类别	2014 年	2015 年	2016 年	2017 年	2018 年	变化量
科研文化价值	4 707.76	4 707.76	4 670.69	4 670.69	4 653.28	−54.48

由表可知，2014—2018 年 5 年间，从化区的湿地科研文化价值下降了 54.48 万元，降幅为 1.2%。

8.2.3.5 湿地生态资产价值量总结

通过对从化区 2014—2018 年各类湿地生态资产的核算，得到的汇总结果如表 8-79 所示。

表 8-79 从化区 2014—2018 年各类湿地生态资产价值 单位：万元

湿地生态资产类型		2014 年	2015 年	2016 年	2017 年	2018 年	2014—2017 年变化量
直接经济价值	水供给	10 357.13	10 841.12	10 334.03	11 617.32	—	1 260.19
	水力发电	20 665.99	20 803.72	23 146.91	24 387.71	—	3 721.72
	水产品生产	10 649.73	11 441.30	10 338.83	9 013.28	13 164.53	−1 636.45
	合计	41 672.85	43 086.14	43 819.77	45 018.31	—	3 345.46
间接经济价值	固碳释氧	2 089.49	2 089.49	2 082.44	2 082.44	2 070.09	−7.05
	污染物净化	3 690.25	3 837.33	3 372.24	3 741.44	—	51.19
	调蓄洪水	53 784.53	53 784.53	53 361.03	53 361.03	53 162.13	−423.50
	娱乐文化	4 157.90	4 157.90	4 125.16	4 125.16	4 109.78	−32.74
	生物多样性保护	1 873.00	1 873.00	1 858.25	1 858.25	1 851.32	−14.75
	科研文化	4 707.76	4 707.76	4 670.69	4 670.69	4 653.28	−37.07
	合计	70 302.93	70 450.01	69 469.81	69 839.01	—	−463.92
总计		111 975.78	113 536.15	113 289.58	114 857.32	—	2 881.54

由表可知，从化区 2014—2017 年湿地生态资产价值量为增长趋势，2017 年从化区湿地生态资产较 2014 年有所增加，直接经济价值增长 3 345.46 万元，间接经济价值略降 463.93 万元，湿地生态资产价值总共增长 2 881.53 万元，增幅 2.57%。

8.2.4 矿产生态资产核算

从化区矿产资源丰富，有金属矿、非金属矿以及综合性矿产。从化行政区域各类矿产资源实物量见表 8-80。

8.2.4.1 矿产生态资产价值量核算方法

由于矿产资源市场成熟度较高、管理和运行比较规范，因此本书采用市场交易法核算矿产实物量价值，公式如下：

$$U_{矿产} = \sum_{i=1}^{n} Q_i \times S_i \tag{8-48}$$

式中，$U_{矿产}$—— 矿产生态资产价值量，元；

Q_i—— 各类矿产资源实物量，t 或 m^3（参考广州市地质调查院矿产资源储量统计数据）；

S_i—— 各类矿产资源单位价值，元/t 或元/m^3，各种矿产资源单价按照 2015 年的单价核算，部分矿产资源单价参考中国选矿技术网中的矿产行情。

表 8-80　从化区 2014—2017 年矿产资源储量

类别	2014 年	2015 年	2016 年	2017 年
铁矿/10^3t	1 107.58	1 107.58	1 107.58	1 107.58
铜矿/t	1 097.95	1 097.95	1 097.95	1 097.95
钼矿/t	2 161.05	2 161.05	2 161.05	2 161.05
锡矿/t	360.51	360.51	360.51	360.51
铌矿（褐钇铌砂矿）/t	313.78	313.78	313.78	313.78
铷矿/t	121 418	121 418	121 418	121 418
稀土矿（独居石砂矿）/t	370.1	370.1	370.1	370.1
普通萤石/10^3 t	68.28	68.28	68.28	68.28
建筑用大理岩/10^3 m^3	6 950	6 950	6 950	6 950
建筑用花岗岩/10^3 m^3	37 120.6	93 351	89 701	114 213.2

表 8-81　各类矿产资源单位价值

铁矿/（元/t）	440
铜矿/（元/t）	50 700
钼矿/（元/t）	257 500
锡矿/（元/t）	125 000
铌矿（褐钇铌砂矿）/（元/t）	515 000
铷矿/（元/t）	112 000
稀土矿（独居石砂矿）/（元/t）	27 500
普通萤石/（元/t）	305
建筑用大理岩/（元/m^3）	70
建筑用花岗岩/（元/m^3）	47

8.2.4.2 矿产生态资产价值量表

根据矿产资源实物量价值量核算方法，核算从化区及2014—2017年矿产资源价值量，核算结果见表8-82。

表8-82 从化区2014—2017年矿产资源总价值量 单位：万元

类别	2014年	2015年	2016年	2017年	变化量
矿产资源总价值	1 716 712	1 980 995	1 963 840	2 079 047.2	362 335.22

由表可知，2017年相较于2014年矿产资源总价值的大幅增长，主要是由建筑用花岗岩资源储量增长所致。

8.3 结果汇总

通过前面章节对从化区2014—2017年各类生态资产的核算，得到的计算结果如表8-83所示。

表8-83 从化区2014—2017年生态资产价值量 单位：万元

生态资产类型		2014年	2015年	2016年	2017年	变化量
总耕地	食物供给	995 053.48	1 058 350.44	1 057 689.51	966 538.06	−28 515.41
	原材料供给	944 852.60	1 006 140.79	1 005 759.23	917 644.45	−27 208.14
	固碳释氧	258 429.02	258 661.10	256 736.12	256 585.91	−1 843.10
	净化大气	638.67	637.21	634.29	631.37	−7.30
	涵养水源	62 321.23	92 456.07	100 273.11	78 935.52	16 614.29
	调蓄洪水	35 758.11	35 464.11	34 912.49	34 251.05	−1 507.06
	土壤保持	574.19	579.95	583.71	579.73	5.55
	气温调节	21 939.94	21 759.55	21 421.10	21 015.26	−924.68
	娱乐文化	444.87	443.85	441.81	439.78	−5.09
	合计	2 320 012.11	2 474 493.07	2 478 451.37	2 276 621.13	−43 390.94
森林	林地资源	11 298.00	12 605.63	13 966.00	13 610.88	2 312.88
	固碳释氧	2 886 673.74	2 886 673.74	2 884 911.43	2 881 386.79	−6 171.45
	净化大气	41 645.16	41 645.16	41 620.42	41 570.93	−74.23
	涵养水源	732 089.70	923 919.60	948 263.20	748 553.70	16 464.00

生态资产类型		2014 年	2015 年	2016 年	2017 年	变化量
森林	土壤保持	135 865.80	135 865.80	135 782.86	135 616.97	−248.84
	娱乐文化	12 934.30	12 934.30	12 926.75	12 911.65	−22.65
	生物多样性保护	32 942.15	32 942.15	32 922.92	32 884.46	−57.69
	降低噪声	38 542.52	38 542.52	38 520.02	38 475.02	−67.50
	科研文化	2 258.88	2 258.88	2 257.56	2 254.92	−3.96
	合计	3 894 250.25	4 087 387.78	4 111 171.16	3 907 265.32	12 130.56
湿地	水供给	10 357.13	10 841.12	10 334.03	11 617.32	1 260.19
	水力发电	20 665.99	20 803.72	23 146.91	24 387.71	3 721.72
	水产品生产	10 649.73	11 441.30	10 338.83	9 013.28	−1 636.45
	固碳释氧	2 089.49	2 089.49	2 082.44	2 082.44	−7.05
	污染物净化	3 690.25	3 837.33	3 372.24	3 741.44	51.18
	调蓄洪水	53 784.53	53 784.53	53 361.03	53 361.03	−423.50
	娱乐文化	4 157.90	4 157.90	4 125.16	4 125.16	−32.74
	生物多样性保护	1 873.00	1 873.00	1 858.25	1 858.25	−14.75
	科研文化	4 707.76	4 707.76	4 670.69	4 670.69	−37.07
	合计	111 975.78	113 536.15	113 289.58	114 857.32	2 881.53
矿产		1 716 712.00	1 980 995.00	1 963 840.00	2 079 047.20	362 335.22
总计		8 042 950.14	8 656 412.00	8 666 752.11	8 377 790.97	333 956.37

由表可知，从化区 2014—2017 年生态资产价值量为增长趋势，2017 年从化区生态资产价值为 8 377 790.97 万元，较 2014 年 8 042 950.14 万元增长了 333 956.37 万元，增幅 4.15%。可见，近年来从化区生态资产价值量是稳定增长的。

8.4　生态产品价值实现机制改革试验实施方案

为贯彻落实《中共中央、国务院关于建立健全城乡融合发展体制机制和政策体系的意见》《国家城乡融合发展试验区改革方案》的工作部署，加快国家城乡融合发展试验区广州（片区）建设，以从化区为试点，全面开展生态产品价值实现机制改革试验工作，特制定本实施方案。

8.4.1 总体要求

坚持以习近平新时代中国特色社会主义思想为指导，全面贯彻党的十九大和十九届二中、三中、四中、五中全会精神，牢固树立和深入践行“绿水青山就是金山银山”的发展理念，紧紧围绕提供更多优质生态产品以满足人民群众日益增长的优美生态环境需要主线，以建立健全生态产品价值实现体制机制改革为重点，积极探索政府主导、企业和社会各界参与、市场化运作、可持续发展的生态产品价值实现路径，构建人与自然和谐共生的新格局，实现从化试验区生态优美与百姓富裕的有机统一，将从化试验区生态优势转化为经济优势，为建设美丽中国、美丽广东打造“从化样板”。

——建立生态产品统计和价值核算体系。2022 年之前，建立一套科学、合理、可操作性强的生态产品统计和价值核算标准、核算评估机制和核算结果应用机制。

——形成生态产品价值实现模式。依托生态物质供给、生态调节服务、生态文化服务三大类生态产品优势，打造生态经济总部集聚区，发展特色生态农业、绿色工业、生态旅游业、生态文化产业，促进生态调节服务产品有效开发，探索生态产品价值实现路径，实现生态环境质量和居民收入同步提高，生态系统生产总值（GEP）和地区生产总值（GDP）同步增长；2025 年从化生态产品价值实现率显著提升。

——建立生态产品价值实现制度体系。围绕自然资源资产产权制度改革、生态产品交易市场培育、生态产品质量认证、生态产品政府采购、市场化、多元化生态保护补偿、社会资本参与生态保护、绩效评价考核和责任追究等方面，探索形成可复制、可推广的制度体系。

8.4.2 重点任务

8.4.2.1 探索建立生态产品价值核算体系

（1）指导建立生态产品价值核算标准。

以第三次全国国土调查为基础，对从化试验区开展自然资源基础调查与专项调查，掌握自然资源的数量、质量、分布、权属、保护和开发利用状况。开展生态资产实物量统计，建立生态产品名录，探索建立生态产品价值核算指标体系、技术规范和核算流程。

（2）指导建立生态系统生产总值（GEP）定期发布制度。

探索建立 GEP 核算统计制度，实现 GEP 按年度定期核算与发布，掌握从化试验区生态产品价值、供给状况及动态变化趋势。

（3）指导建立生态产品价值核算结果应用机制。

探索建立生态系统生产总值核算机制，生态系统价值总量及其变化、生态产品价值实现率等核算结果作为财政转移支付、市场交易、市场融资、生态补偿等的重要参考，适时启动生态产品价值核算结果目标责任考核制度。

8.4.2.2 探索多元生态产品价值实现路径

（1）创新发展生态农业。

发挥花卉、荔枝、柑橘、生态水稻、蛋鸡、生猪等产业优势，发展枢纽型现代都市农业，高标准打造绿色农产品生产供应的粤港澳大湾区菜篮子基地，积极创建省级和国家级现代农业产业园。

（2）做强林下经济产业。

推进林下种植，充分利用从化试验区丰富的森林资源发展种植业，结合当地气候特征，因地制宜发展林业香料、森林药材、森林食品等产业。以自然保护区、森林公园、湿地公园和林业产业基地为依托，充分发挥森林生态公共服务功能。

（3）大力发展生态工业。

发挥从化区优美生态优势，发展生态友好、低能耗、低排放、高附加值、产业提升带动作用明显的工业；依托从化生态工业设计研究院，开展绿色设计试点，完善绿色标识，推进绿色产品认证；围绕绿色工厂、绿色设计产品、绿色园区和绿色供应链开展绿色制造体系建设，鼓励传统工业企业对标国际先进生产水平，推动全产业链和产品全生命周期绿色发展。

（4）壮大生态旅游产业。

推进粤港澳大湾区北部生态文化旅游合作区建设，整合从化流溪河国家森林公园、石门国家森林公园、温泉、特色小镇、古驿道、马文化休闲度假等旅游资源，创新丰富从化旅游产品，因地制宜开发温泉休闲游、民宿亲子游、观光休闲游、古栈道漫游、探险游、科普游、马术主题游等旅游项目。探索从生态旅游经营收入中安排专项支持生态效益补偿等形式，让自然保护地共享旅游资源收益。

（5）创新发展康养产业。

加强与港澳地区医疗服务业的交流合作，依托水源清洁、气候适宜、空气负氧离子含量高等生态优势，着力打造穗港澳国际健康养生基地，打造康养产业区域公用品牌；建设中医药康养、温泉康养、禅修养生等一批示范基地项目。

8.4.2.3 建立生态产品交易制度体系

（1）探索实行自然资源资产有偿使用。

健全自然资源资产产权体系，明确自然资源资产产权主体与权责，加快自然资源资产统一确权登记。完善全民所有土地、水、矿产和森林等自然资源资产有偿使用制度。完善市、区两级矿业权出让收益分配制度、土地资源出让收益分配制度，收益分配倾斜从化试验区。

（2）健全生态产品市场交易体制机制。

依托广州碳排放权交易中心，完善碳排放权交易和生态补偿平台实践，完善碳排放权交易中和机制。引导碳交易履约企业、对口帮扶单位和实现社会责任的企业及非政府组织优先购买从化试验区林业碳汇项目产生的减排量。鼓励通过碳中和、碳普惠、市场化生态补偿等形成支持林业碳汇发展。探索建立水权交易机制。积极稳妥推进水权确权，合理确定区域取用水总量和权益，逐步明确取用水户水资源使用权。对用水总量达到或超过区域总量控制指标或江河水量分配指标的区，通过水权交易解决新增用水需求。鼓励取水权人通过节约使用水资源有偿转让相应取水权，加强对水权交易活动的监管，强化水资源用途管制。

（3）完善促进生态产品价值实现的金融支持体系。

发展普惠金融，创新推出以生态产品为对象的绿色信贷产品，设立生态产品贷款风险补偿资金，形成合理风险分担机制；建立健全农业信贷担保体系，推动破解农户“贷款难、担保难”问题，促进整合生态资产产权，探索生态资产收益权质押、集体林权抵押、生态补偿收益权质押等融资模式，推动生态保护、修复与利用等方面的融资。鼓励政府与符合条件的企业发行绿色债券，募集资金用于支持生态友好型绿色产业和生态环境保护与修复项目。引导金融机构打造生态保险，探索生态产品价格指数保险、绿色产品质量安全保险等创新产品，扩大生态保险对生态产品开发的覆盖面。

（4）完善生态领域信用监管体系。

健全企业的生态信用档案、正负面清单和信用评价机制，将破坏生态环境、违反开发承诺等行为纳入失信范围。探索建立生态信用行为与财政支持、行政审批、国有土地出让等挂钩的联合奖惩机制。

8.4.2.4　建立生态产品价值实现制度体系

（1）建立多元化生态保护补偿机制。

使损害者赔偿、受益者付费、保护者得到合理补偿。完善财政转移支付和纵向生态补偿机制，进一步提升从化试验区生态公益林、基本农田的补偿标准，按照生态产品价值增长定期调整；探索建立饮用水水源一级、二级保护区、自然保护地、生态保护红线等的纵向生态补偿机制，实现森林、湿地、水流、耕地等重点领域和禁止开发区域、重点生态功能区等重要区域生态保护补偿全覆盖。健全资源开发补偿机制，健全依法建设占用自然生态空间和压覆矿产资源的补偿制度。开展生态保护地区与受益地区横向生态保护补偿。完善广州流溪河流域下游地区对上游地区提供水环境质量目标的水资源予以补偿的机制。探索开展环境空气质量生态补偿。

（2）完善生态产品市场定价机制。

加快建立健全能够充分反映市场供求和资源稀缺程度、体现生态价值和环境损害成本的生态产品价格体系，完善污水处理收费政策、健全固体废物处理收费机制。进一步推动资源节约集约利用和生态环境保护，建立有利于节约用水的价格机制，探索从化试验区水源保护费用纳入自来水水价，专项用于水源保护。

（3）建立社会资本参与自然保护地建设机制。

积极引入公益组织力量，参与从化试验区公益保护地；引导农户共建共管公益保护地，拓展农户就业途径。健全自然保护地内自然资源资产特许经营权制度，激励社会投资主体从事生态保护修复；推动保护地商品林赎买和公益林收储，鼓励企业、个人出资开展碳汇林建设。

8.4.2.5　建立生态产品价值支撑体系

（1）打造生态产品品牌体系。

打造覆盖全区域、全产业、全品类的区域公用品牌“生态从化”。建立区域公用品牌质量标准体系，加强质量控制和授权使用管理，引导积极开展生态产品质量第三方认证并加强监管，建立区域公用品牌进入与退出机制，提升区域公用品牌的权威性。培育一批公用品牌示范企业，形成产业集群。强化生态产品质量追溯体系建设，实现“带证上网、带码上线、带标上市”。做强地理标志产品，创建一批农产品地理标志证明商标。

（2）推广绿色采购和低碳消费。

推广和实施政府绿色采购，按照国家发布的绿色采购清单，优先选择获得环境管理体系、能源管理体系认证的企业或公共机构，同等条件下优先采购从化试验区经统一绿色产品认证、绿色能源制造认证的产品，为从化试验区的产品进入市场创造条件。有序引导社会力量参与绿色采购供给，形成改善生态保护公共服务的合力。引导消费者积极购买节能环保型家电以及有机绿色农产品，加大绿色产品推介力度。推动建立绿色商场、绿色超市、绿色农贸市场等绿色流通主体，鼓励商场、超市、市场实施绿色产品促销手段，引导消费者优先选购绿色产品。

（3）推进开放合作交流。

深化与国内外专业机构、高等院校和科研机构合作，通过培训交流、项目合作等方式，培育提升生态产品价值实现领域相关人员的能力与水平。举办生态产品价值实现机制学术讨论会，加强国内生态产品价值实现机制试点地区的合作交流。

8.4.3 保障措施

8.4.3.1 加强组织领导

依托广州市城镇化工作暨城乡融合发展工作领导小组，加强各部门统筹协调，协调解决试点过程中遇到的困难和问题。建立市、区两级联动协调机制，从化区政府成立以区领导为组长的生态产品价值实现改革试验工作推进领导小组，明确工作机构和人员配备，制定阶段性实施计划和年度重点推进任务，确保落地见效。

8.4.3.2 加强政策支持

加大对从化试验区基础设施、能源资源节约、生态建设和环境保护等重点项目的支持。支持从化试验区成立绿色发展基金，发行绿色债券，鼓励银行、保险等金融机构依法合规加大对产业转型升级、资源节约、环境保护、生态建设及科技创新等项目的信贷投放力度。支持符合条件的生态产品价值实现模式创新，推动成果应用示范，开通项目、土地审批绿色通道。

8.4.3.3　加强宣传引导

积极宣传生态产品价值实现改革试点的典型经验和创新成果，大力培育普及生态文化，加快形成绿色价值观、消费观、发展观，形成政府积极引导、部门协作配合、社会共同参与的改革试点氛围。

表 8-84　国家城乡融合发展试验区广州（片区）生态产品价值实现机制改革重点任务分工

主要任务	序号	具体任务	牵头单位	参与单位
一、探索建立生态产品统计和价值核算体系	1	组织开展从化试验区专项调查，补充完善自然资源的质量、权属、保护和开发利用状况	从化区政府	市规划和自然资源局、市生态环境局、水务局、农业农村局、林业园林局
	2	探索建立 GEP 核算统计制度，开展生态资产实物量统计，建立生态产品名录，探索建立生态系统生产总值核算指标体系、技术规范和核算流程	市发展改革委、从化区政府	从化区政府、市统计局、市发展改革委、市规划和自然资源局、生态环境局、水务局、农业农村局、林业园林局
	3	开展 GEP 定期核算，建立 GEP 按年度定期发布制度，掌握从化试验区生态产品价值、供给状况及动态变化趋势	从化区政府、市发展改革委	市发展改革委、市统计局、市规划和自然资源局、市生态环境局、市水务局、农业农村局、林业园林局
	4	探索建立生态产品价值核算结果的应用机制，将核算结果作为财政转移支付额度、市场交易、市场融资、生态补偿等的重要参考	市规划和自然资源局、财政局、市发展改革委、地方金融监管局、生态环境局、从化区政府	水务局、林业园林局
二、探索多元生态产品价值产业实现路径	5	创新发展生态农业。发挥花卉、荔枝、柑橘、生态水稻、蛋鸡、生猪等产业优势，发展枢纽型现代都市农业，高标准打造绿色农产品生产供应的粤港澳大湾区菜篮子基地，积极创建省级和国家级现代农业产业园	市农业农村局、从化区政府	

主要任务	序号	具体任务	牵头单位	参与单位
二、探索多元生态产品价值产业实现路径	6	大力发展生态工业。发展生态友好、低能耗、低排放、高附加值、产业提升带动作用明显的产业；依托从化生态工业设计研究院，开展绿色设计试点，完善绿色标识，推进绿色产品认证；围绕绿色工厂、绿色设计产品、绿色园区和绿色供应链开展绿色制造体系建设，鼓励传统企业对标国际先进生产水平，推动全产业链和产品全生命周期绿色发展	市工业和信息化局、从化区政府	
	7	做强林下经济产业。推进林下种植，做大做强相关产业。发展森林景观利用产业	市林业园林局、从化区政府	
	8	壮大生态旅游产业。推进粤港澳大湾区北部生态文化旅游合作区建设，整合从化流溪河国家森林公园、石门国家森林公园、温泉、特色小镇、古驿道、马文化休闲度假等旅游资源，创新丰富从化旅游产品，因地制宜开发温泉休闲游、民宿亲子游、观光休闲游、古栈道漫游、探险游、科普游、马术主题游等旅游项目。探索从生态旅游经营收入中安排专项支持生态效益补偿等形式，让生态资源保护地共享旅游资源收益	市文化广电旅游局、体育局、从化区政府	市规划和自然资源局、生态环境局
	9	创新发展康养产业。加强与港澳地区医疗服务业的交流合作，依托水源清洁、气候适宜、空气负氧离子含量高等生态优势，着力打造穗港澳国际健康养生基地，打造康养产业区域公用品牌；建设中医药康养、温泉康养、禅修养生等一批示范基地项目	市卫生健康委、民政局、文化广电旅游局、从化区政府	市发展改革委、规划和自然资源局
三、建立生态产品价值实现制度体系	10	健全自然资源资产产权体系，明确自然资源资产产权主体与权责，加快自然资源资产统一确权登记	市规划和自然资源局、从化区政府	市林业园林局、水务局、农业农村局
	11	完善全民所有土地、水、矿产和森林等自然资源资产有偿使用制度	市财政局、规划和自然资源局、水务局、林业园林局	从化区政府

主要任务	序号	具体任务	牵头单位	参与单位
三、建立生态产品价值实现制度体系	12	完善市、区两级矿业权出让收益分配制度、土地资源出让收益分配制度，收益分配倾斜从化试验区	市财政局、规划和自然资源局	从化区政府
	13	完善财政转移支付和纵向生态补偿机制，进一步提升从化试验区生态公益林、基本农田的补偿标准，按照生态产品价值增长定期调整	市规划和自然资源局、财政局、农业农村局、林业园林局	从化区政府
	14	探索建立饮用水水源一级、二级保护区、自然保护地、生态保护红线等的纵向生态补偿机制，实现森林、湿地、水流、耕地等重点领域和禁止开发区域、重点生态功能区等重要区域生态保护补偿全覆盖	市规划和自然资源局、财政局、生态环境局、农业农村局、林业园林局	市水务局、从化区政府
	15	健全资源开发补偿机制，健全依法建设占用自然生态空间和压覆矿产资源的补偿制度	市规划和自然资源局、财政局	市生态环境局、从化区政府
	16	开展生态保护地区与受益地区横向生态保护补偿。完善广州流溪河流域下游地区对上游地区提供水环境质量目标的水资源予以补偿的机制。探索开展环境空气质量生态补偿	市生态环境局、规划和自然资源局、市财政局	市水务局、各区政府
	17	依托广州碳排放权交易中心，完善碳排放权交易和生态补偿平台实践，完善碳排放权交易抵消机制。引导碳交易履约企业、对口帮扶单位和实现社会责任的企业及非政府组织优先购买从化试验区林业碳汇项目产生的减排量。鼓励通过碳中和、碳普惠、市场化生态补偿等形成支持林业碳汇发展	市生态环境局	市规划和自然资源局、林业园林局、各区政府、广州碳排放权交易中心有限公司
	18	探索建立水权交易机制。积极稳妥推进水权确权，合理确定区域取用水总量和权益，逐步明确取用水户水资源使用权。对用水总量达到或超过区域总量控制指标或江河水量分配指标的区，通过水权交易解决新增用水需求。鼓励取水权人通过节约使用水资源有偿转让相应取水权，加强对水权交易活动的监管，强化水资源用途管制	市水务局、从化区政府	各区政府、广州碳排放权交易中心有限公司

主要任务	序号	具体任务	牵头单位	参与单位
三、建立生态产品价值实现制度体系	19	探索从化试验区水源保护费用纳入自来水水价，专项用于水源保护	市水务局、生态环境局	从化区政府
	20	引导金融机构创新推出以生态产品为对象的绿色信贷产品；设立生态产品贷款风险补偿资金，形成合理风险分担机制；建立健全农业信贷担保体系，推动破解农户“贷款难、担保难”问题，促进整合生态资产产权，探索生态资产收益权质押、集体林权抵押、生态补偿收益权质押等融资模式，推动生态保护、修复与利用等方面的融资。鼓励政府与符合条件的企业发行绿色债券，募集资金用于支持生态友好型绿色产业和生态环境保护与修复项目。引导金融机构打造生态保险，探索生态产品价格指数保险、绿色产品质量安全保险等创新产品，扩大生态保险对生态产品开发的覆盖面	市地方金融监管局、人行广州分行营管部、市农业农村局	市发展改革委、财政局、市规划和自然资源局、从化区政府
	21	积极引入公益组织力量，参与从化试验区公益保护地；引导农户共建共管公益保护地，拓展农户就业途径。健全自然保护地内自然资源资产特许经营权制度，激励社会投资主体从事生态保护修复；推动保护地商品林赎买和公益林收储，鼓励企业、个人出资开展碳汇林建设	市林业园林局、市规划和自然资源局	市生态环境局、水务局、从化区政府
	22	打造覆盖全区域、全产业、全品类的区域公用品牌“生态从化”	从化区政府	市农业农村局、市场监管局
	23	建立区域公用品牌质量标准体系，加强质量控制和授权使用管理，引导积极开展生态产品质量第三方认证并加强监管，建立区域公用品牌进入与退出机制，提升区域公用品牌的权威性	从化区政府、市市场监管局	市农业农村局
	24	培育一批公用品牌示范企业，形成产业集群	从化区政府	市农业农村局
	25	强化生态产品质量追溯体系建设，实现“带证上网、带码上线、带标上市”	从化区政府、市农业农村局	市市场监管局
	26	做强地理标志产品，创建一批农产品地理标志证明商标	从化区政府	市商务局、农业农村局

主要任务	序号	具体任务	牵头单位	参与单位
三、建立生态产品价值实现制度体系	27	完善生态领域信用监管体系。健全企业的生态信用档案、正负面清单和信用评价机制，将破坏生态环境、违反开发承诺等行为纳入失信范围。探索建立生态信用行为与财政支持、行政审批、国有土地出让等挂钩的联合奖惩机制	市生态环境局	市发展改革委、地方金融监管局、人行广州分行营管部、从化区政府
	28	推广和实施政府绿色采购，按照国家发布的绿色采购清单，优先选择获得环境管理体系、能源管理体系认证的企业或公共机构，同等条件下优先采购从化试验区经统一绿色产品认证、绿色能源制造认证的产品，为从化试验区的产品进入市场创造条件	市财政局	各市直部门、各区政府
	29	有序引导社会力量参与绿色采购供给，形成改善生态保护公共服务的合力。引导消费者积极购买节能环保型家电以及有机绿色农产品，加大绿色产品推介力度。推动建立绿色商场、绿色超市、绿色农贸市场等绿色流通主体，鼓励商场、超市、市场实施绿色产品促销手段，引导消费者优先选购绿色产品	市商务局	市工业和信息化局、农业农村局
	30	深化与国内外专业机构、高等院校和科研机构合作，通过培训交流、项目合作等方式，培育提升生态产品价值实现领域相关人员的能力与水平。举办生态产品价值实现机制学术讨论会，加强国内生态产品价值实现机制试点地区的合作交流	市发展改革委	从化区政府

第 9 章　粤港澳美丽湾区生态文明建设实践

——深圳福田区“绿水青山就是金山银山”路径转化

9.1　建设背景与意义

9.1.1　理论认识

“绿水青山就是金山银山”是习近平生态文明思想的主要理论基础和重要组成部分。2015 年 3 月，中共中央、国务院通过的《关于加快推进生态文明建设的意见》，把坚持“绿水青山就是金山银山”正式写入中央文件。2017 年 10 月，必须树立和践行“绿水青山就是金山银山”的理念被写进党的十九大报告，增强“绿水青山就是金山银山”的意识被写进新修订的党章，成为党的重要执政理念。“绿水青山就是金山银山”理念深刻阐述了人与自然的关系，揭示了经济社会发展与资源生态环境的辩证关系，为我国走向生态文明新时代和实现可持续发展指明了方向。

“绿水青山就是金山银山”理念是生态环境保护领域的重要指导思想，对于探索环境保护与经济社会协调发展意义重大。2016 年，环境保护部为落实习近平生态文明思想和党中央、国务院关于生态文明建设的决策部署，以浙江省安吉县为试点，开展“绿水青山就是金山银山”理论实践，并在全国范围内组织“绿水青山就是金山银山”实践创新基地申报活动，形成一批可复制、可推广、可持续的“绿水青山就是金山银山”实践模式。

“绿水青山就是金山银山”基地建设着重于“多模式”下转化路径的探索，极大丰富了“绿水青山就是金山银山”的理念内涵。开展“绿水青山就是金山银山”

基地建设，已成为各地探索打通转化路径的一致行动，将为全国各地推进生态文明建设树立标杆和样板，具有重要的示范引领作用。

9.1.2　福田区“绿水青山就是金山银山”实践的初步探索

改革开放 40 年的发展历程，实质上是我国不断探索社会发展规律的历程，也是不断优化发展方向、践行生态文明的缩影。习近平总书记在深圳经济特区建立 40 周年庆祝大会上的讲话指出“必须践行‘绿水青山就是金山银山’的理念，实现经济社会和生态环境全面协调可持续发展”。尤其近年来，福田区始终坚持以“绿水青山就是金山银山”理念为指导，全力打造与全球标杆城市中心城区相匹配的新时代“福田 2.0 版”，把可持续发展、绿色发展贯穿于全区经济社会发展的各阶段各环节全过程，正确处理好“绿水青山与金山银山”的辩证关系，逐步实现了“绿水青山就是金山银山”“既要绿水青山，也要金山银山”“绿水青山”与“金山银山”互生共融，一脉相承的人与自然和谐共生发展的福田“绿水青山就是金山银山”模式。

探索“绿水青山就是金山银山”。福田区自 1990 年建区以来，坚持以保障自然生态系统休养生息为基础，增值自然资本，以促进资源环境与经济社会的协调发展为目标，开展了“绿水青山就是金山银山”实践创新的初步探索。福田区生物资源丰富，主要分布在笔架山公园和福田红树林自然保护区。全国唯一一处位于中心城区的国家级红树林自然保护区，其毗邻拉姆萨尔国际重要湿地——米埔自然保护区，目前已共同构成了具有国际意义的深圳湾湿地生态系统，被国际保护自然与自然资源联盟列为国际重要保护组成单位之一。梅林水库仙湖苏铁自然保护小区，在梅林水库水源保护区内分布着 1 013 株成株野生仙湖苏铁及若干小苗，形成梅林水库仙湖苏铁种群，是迄今发现的全球最大仙湖苏铁野生种群。

“既要绿水青山，也要金山银山”。21 世纪初，福田区基本形成了产业结构与中心城区的功能定位，总部经济初具规模，以高端服务业“1+3”经济框架的中心城区产业定位，确立了金融业在全市的核心地位。以生态环境建设为重点，建设资源节约型、环境友好型社会，建设节水型城区，实施“环境立区”战略，推进国家级生态城区创建工作，基本形成了“既要绿水青山，也要金山银山”的格局。

践行“绿水青山”与“金山银山”互生共融。党的十八大以来，福田区深入贯彻落实生态文明建设总体部署和高质量发展要求，抓住粤港澳大湾区建设重大机遇，实施“三大新引擎”双轮驱动战略，绿色发展“含金量”不断提升。同时，福田区以“未来经济、未来生活、未来空间、未来交通、未来生态”定义先行示范城市新标准，规划“一轴两翼五廊”空间格局，构建面向未来的“福田 2.0 版”，以“绿水青山”与“金山银山”互生共融，为打造“绿水青山就是金山银山”实践创新的典范奠定了坚实的基础。

9.1.3 重大意义

福田区开展“绿水青山就是金山银山”基地建设，是回应习近平总书记对福田区的叮咛嘱托、传承改革创新基因勇当尖兵的必然要求。深圳是全国改革开放的试验田、先行地，而福田区是深圳改革开放的“排头兵”。党的十八大、十九大以来，习近平总书记先后两次亲临深圳考察指导，对福田区殷殷嘱托并寄予深切期望，赋予了福田区为深圳乃至全国推进改革创新、探索生态文明和绿色发展路径的光荣使命。开展“绿水青山就是金山银山”基地建设，是福田区回应总书记期盼、走在时代前列实现更高质量发展的必然要求。

福田区开展“绿水青山就是金山银山”基地建设，是落实习近平总书记对深圳重要批示指示精神、建设中国特色社会主义先行示范区的重要体现。建设中国特色社会主义先行示范区，是习近平总书记于 2018 年 12 月 26 日对深圳工作做出的重要指示。其核心要义包括在统筹推进“五位一体”总体布局和协调推进“四个全面”战略布局过程中做全方位、全过程先行示范。2019 年 8 月 18 日，《中共中央、国务院关于支持深圳建设中国特色社会主义先行示范区的意见》发布，要求深圳践行新发展理念，着眼于“高质量发展高地、法治城市示范、城市文明典范、民生幸福标杆、可持续发展先锋”，五个战略定位，成为竞争力、创新力、影响力卓著的全球标杆城市。明确提出，深圳要牢固树立和践行“绿水青山就是金山银山”的理念，打造安全高效的生产空间、舒适宜居的生活空间、碧水蓝天的生态空间。福田区开展“绿水青山就是金山银山”基地建设是全面贯彻落实深圳建设中国特色社会主义先行示范区的重要探索，是落实习近平生态文明思想和对深圳批示指示精神的重要体现，具有重大政治意义。

福田区开展“绿水青山就是金山银山”基地建设，是建设珠三角绿色发展先行示范区、落实粤港澳大湾区发展战略的重大举措。一方面，根据生态环境部和广东省达成的部省合作协议，力争到 2020 年，珠三角率先成为绿色空间科学合理、绿色经济先进发达、绿色环境清洁优美、绿色人文繁荣多样、绿色制度系统完善的国家绿色发展示范区。另一方面，要以珠三角协同香港、澳门建设一流大湾区和世界级城市群，打造高质量发展典范。福田区位于大湾区黄金入海口、“9+2”城市群核心区域，是全国经济高质量区，综合实力居全国百强区前列，绿色发展动能强劲，中心城区地位正全面凸显。当前又与绿色发展示范区、粤港澳大湾区、“一带一路”、自贸区、自主创新示范区等国家、省级战略高度契合，理应担当重任、顺势而为，积极开展“绿水青山就是金山银山”基地建设，辐射带动珠三角地区实现经济和环境跨越协调发展，为广东省率先建成国家绿色发展示范区引领示范，为打造粤港澳世界一流大湾区发挥核心引擎作用。

福田区开展“绿水青山就是金山银山”基地建设，是不断丰富和扩充“绿水青山就是金山银山”理论内涵，在全国发达中心城区打通“绿水青山就是金山银山”高水平转化路径的重要探索。福田区在发展中，形成了以“未来经济、未来生活、未来空间、未来交通、未来生态”定义先行示范城市新标准的绿色发展战略，以越来越少的资源、能源消耗和环境代价，实现了经济社会的高质量、可持续发展，成为全国领先的经济大区、科技强区、创新高地，实现人与自然和谐共生发展。在福田区打造全国经济发达中心城区“绿水青山就是金山银山”基地，是在高密度建成区、经济发达中心城区探索“绿水青山就是金山银山”高水平转化路径的重要实践，有利于形成可复制、可推广、可持续的经验，为全国其他同类型地区形成高质量、可持续的经济社会发展模式提供重要借鉴，具有重要的现实意义。

9.2 区域概况

9.2.1 自然地理概况

9.2.1.1 地理位置

深圳市福田区位于深圳市中南部，原经济特区中部，介于东经 113°59′～114°06′、北纬 22°30′～22°36′之间，东起红岭路与罗湖区相连，南临深圳河、深圳湾与香港新界的米埔、元朗相望，西至侨城东路、海园一路与福田区相接，北至白眉石、大脑壳、黄竹园等山脊与龙华区毗邻，东西方向跨度约 12 km，南北方向宽约 7 km（图 9-1）。福田区是深圳市委、市政府所在地，是深圳市的行政、文化、信息、国际展览和商务中心，也是深圳市重点开发和建设的中心城区和交通枢纽中心。

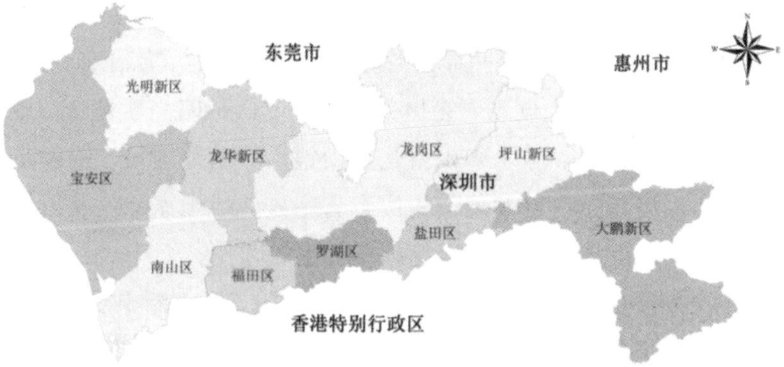

图 9-1 福田区地理位置

9.2.1.2 气候特征

福田区地处北回归线以南，面临大海，属南亚热带海洋性季风气候，夏季长达 6 个月，春秋冬三季气候较温暖，气候特征呈日照长，雨水充沛，冬暖夏凉，温和湿润，气候条件优越。年平均气温 22.2℃，年均日照时数为 2 134 小时，无霜期达 355 天以上，常年盛行东南风，近 5 年平均降水量为 2 032.3 mm。主导风向为东北风，其中，夏季风向多变，多为东风、东南风或西南风，冬季以东北风为主，多年平均风速为 2.7 m/s。其灾害性天气主要有热带气旋（台风）、暴雨、雷暴、龙卷风、干旱和低温阴雨等。

9.2.1.3 地形地貌

福田区总面积 78.66 km^2，属珠江三角洲平原城市群，福田区地势北高南低，北部为地势陡峭的低丘陵区，有风化基岩出露地表，地形起伏比较大；中部是地形呈波浪起伏的残丘台地，基岩埋深一般为 20～40 m；南部为地势低洼的海冲积地，地形平坦开阔。经过十多年的城市开发建设，福田区的地形地貌发生了巨大变化，除北部的梅林山体、南部的红树林保护区外，大部分区域已发展成为城市建成区。

9.2.1.4 河流水系

福田区辖区内共 7 条河流，分别为深圳河（福田段 6.7 km）、福田河（6.77 km）、新洲河（7.82 km）、皇岗河（1.79 km）、凤塘河（2.47 km）、小沙河（2.28 km）、笔架山河（9.06 km）。其中，集雨面积大于 10 km^2 的河流有深圳河、福田河、新洲河、凤塘河。辖区内河流分属深圳湾水系和深圳河流域两个水系，深圳湾水系（或称海湾水系）包括新洲河、凤塘河，入海河流直接汇入深圳湾海域。深圳河流域包括深圳河、福田河、皇岗河，其中深圳河为干流，福田河和皇岗河属于一级支流。

福田区列入省级人民政府批准的大陆海岸线总长 8 648 m，其中原有海洋自然岸线长度为 6 179 m、人工岸线 2 469 m，全部列入严格保护岸段；东起皇岗村、西至车公庙的深圳湾畔有一条面积约 304 hm^2 的红树林带（图 9-2）。

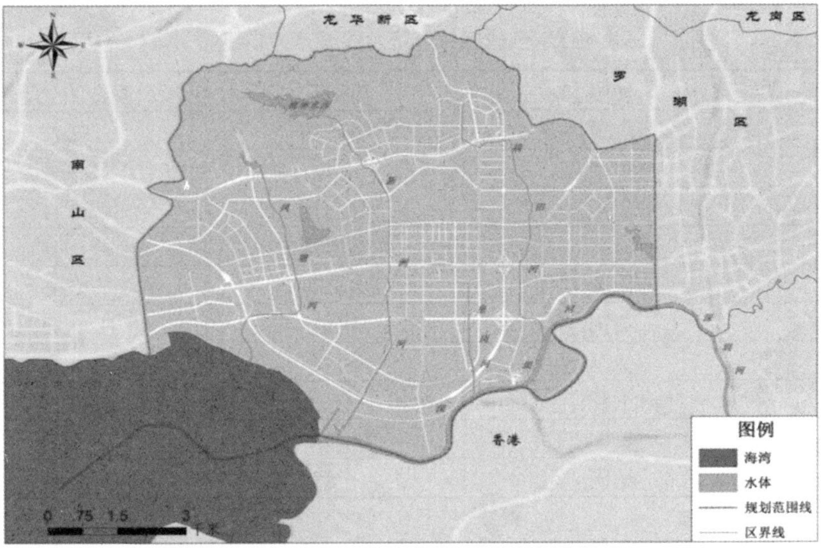

图 9-2 福田区水系

9.2.2 社会经济发展概况

9.2.2.1 行政区划

1990 年 1 月，经国务院批准，深圳市设立福田区（1990 年 10 月正式挂牌成立），至今下辖 10 个街道办事处（园岭、南园、福田、沙头、梅林、华富、香蜜湖、莲花、华强北、福保）、95 个社区工作站和 115 个居委会，行政区划结构完整。

9.2.2.2 人口状况

2019 年年末，全区常住统计人口 166.29 万人，其中常住户籍人口 107.08 万人，占全区常住统计人口比重的 64.4%；常住非户籍人口 59.21 万人，占全区常住统计人口比重的 35.6%。全区常住统计人口密度为 21 140 人/km^2，与 2018 年相比，增加了 371 人/km^2，在全市十区中排名第一，为全市平均水平的 3.2 倍；在全球经济发达城市中，人口密度低于香港（2.62 万人/km^2）、曼哈顿（2.76 万人/km^2），远高于东京特别区（1.45 万人/km^2）、伦敦（0.56 万人/km^2）、柏林（0.40 万人/km^2）、悉尼（0.18 万人/km^2）、洛杉矶（0.09 万人/km^2）、巴黎（0.09 万人/km^2）等城市（区）（表 9-1）。

表 9-1 全球部分经济发展城市人口密度

序号	所属国家	城市	人口密度/（万人/km^2）
1	美国	曼哈顿	2.76
2	中国	香港	2.62
3	中国	福田区	2.11
4	日本	东京特别区	1.45
5	中国	深圳市	0.65
6	英国	伦敦	0.56
7	德国	柏林	0.40
8	澳大利亚	悉尼	0.18
9	美国	洛杉矶	0.09
10	法国	巴黎	0.09

9.2.2.3 经济发展

（1）经济总量。

根据深圳市地区生产总值统一核算结果，2020 年全区实现地区生产总值 4 754.16 亿元，同比增长 3.6%，人均地区生产总值为 28.59 万元（约 4.4 万美元），按照世界银行 2018 年的标准（1.2 万美元），福田区人均 GDP 已达到高收入地区水平。其中，规模以上工业企业总产值 1 263.51 亿元。根据 2019 年世界银行数据，福田区人均 GDP

情况与二十国集团年度人均 GDP 相比较，达全国平均水平的 2 倍，超过沙特阿拉伯等 10 个国家（表 9-2）。图 9-3 为福田区 2015—2019 年经济发展趋势。

表 9-2　2019 年部分二十国集团的国家人均 GDP 情况

序号	国家	人均 GDP/美元	序号	国家	人均 GDP/美元
1	美国	62 794	11	沙特阿拉伯	21 600
2	澳大利亚	57 373	12	阿根廷	11 683
3	德国	47 603	13	俄罗斯	10 230
4	加拿大	46 232	14	中国	10 000+
5	英国	42 943	15	墨西哥	9 673
6	法国	41 463	16	土耳其	9 370
7	日本	39 289	17	巴西	8 920
8	意大利	34 483	18	南非	5 750
9	韩国	31 362	19	印度尼西亚	2 840
10	福田区	4 425			

注：人均 GDP 低于 995 美元为低收入国家；996～3 895 美元为中等偏下收入国家；3 896～12 055 美元为中等偏上收入国家；GDP 高于 12 055 美元为高收入国家。

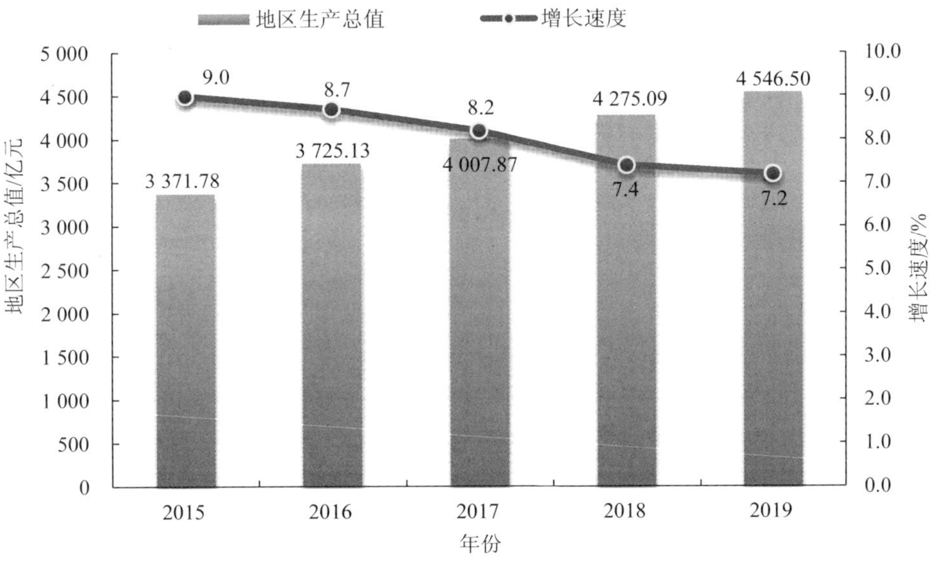

图 9-3　福田区 2015—2019 年经济发展趋势

（2）产业结构。

2020 年福田区地区生产总值达到 4 754.16 亿元，三次产业结构比为 0.04∶5.94∶94.02（图 9-4），产业结构持续优化，其中第二产业实现增加值 238.56 亿元，增长 10.8%；第三产业实现增加值 3 778.07 亿元，同比增长 4.39%。福田区主要行业为金融业，2018 年增加值 1 331.99 亿元，占 GDP 比重的 33.2%，其次为批发和零售业、房地产业（表 9-3）。同时，2018 年福田区战略性新兴产业实现增加值 523.63 亿元，比上年增长 9.3%，高于地区生产总值增速 1.9%，占地区生产总值比重的 13.0%。比较福田区产业结构在国际上的情况，为覆盖全球各地各类型发达国家样本，本书选取全国，以及北美洲的美国，欧洲的英法德，亚洲的日本和新加坡，由表 9-4 各样本的三产比例数据可见，这些国家第三产业占比主要集中在 52%～77%区间，福田区第三产业占比为全国水平的 1.8 倍，远超研究选取的发达国家，包括第三产业占比全球之首的美国（77.4%）。

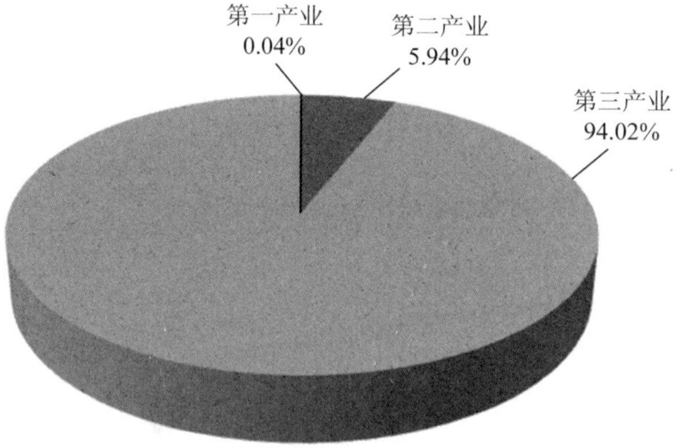

图 9-4　福田区产业分布

表 9-3　福田区 2018 年主要行业发展情况

主要行业	增加值/亿元	增长速度/%	占地区生产总值比重/%
金融业	1 331.99	3.4	33.2
批发和零售业	767.76	19.1	9.4
房地产业	301.88	15.7	7.5

表 9-4　2019 年福田区与中国及部分发达国家三次产业结构对比

国家	第一产业/%	第二产业/%	第三产业/%
福田区	0.04	5.94	94.02
中国	7.2	40.7	52.2
英国	0.6	18.0	70.5
德国	0.7	28.0	61.5
日本	1.2	29.1	69.1
新加坡	5.1	25.2	69.4
美国	0.9	18.2	77.4

9.2.3　资源能源概况

9.2.3.1　水资源概况

（1）水资源量与供水量。

2019 年福田区水资源总量为 7 854.65 万 m^3，同比降低了 10%，其中地表水资源量为 7 837.27 万 m^3，地下水资源量为 1 645.83 万 m^3，地表水与地下水重复计算量为 1 628.45 万 m^3。供水总量为 23 908.63 万 m^3，同比增加 563.34 万 m^3，其中境外调入水量占了 91.67%，污水处理会用量为 2 441.43 万 m^3，雨水利用量为 203.13 万 m^3。

（2）水资源利用情况。

2016—2019 年用水总量分别为 1.82 亿 m^3、1.89 亿 m^3、1.92 亿 m^3 以及 2.19 亿 m^3，达到用水总量控制要求。近几年的用水总量呈上升趋势，主要是居民生活用水量及城市公共用水量增加。同时，全区单位 GDP 用水强度持续稳步下降，2016—2019 年单位地区生产总值用水量分别为 5.11 m^3/万元、4.95 m^3/万元、4.77 m^3/万元和 4.35 m^3/万元，年度下降幅度分别为 7.80%、3.07%、3.50%和 8.86%。2016—2018 年，福田区单位地区生产总值用水量均远低于全市平均水平（10.22 m^3/万元、9.01 m^3/万元和 8.41 m^3/万元），以及全国平均水平（2018 年为 66.8 m^3/万元），处于全国领先水平（图 9-5）。

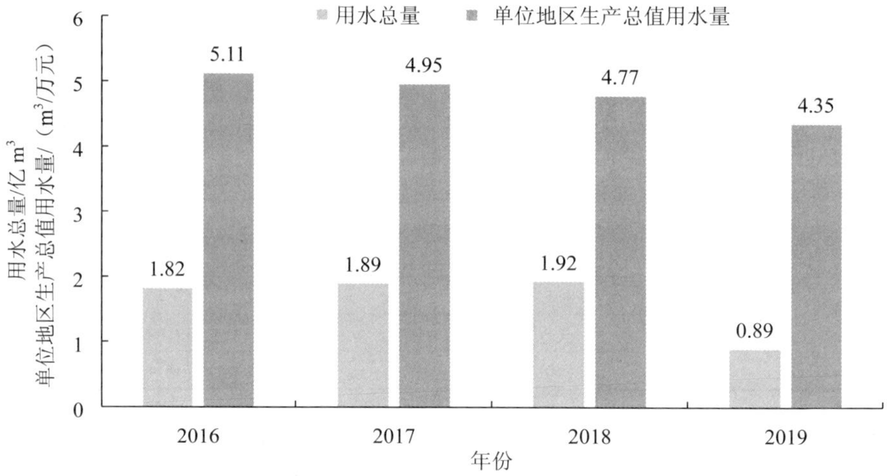

图 9-5 福田区用水总量与单位地区生产总值用水量趋势

（3）用水结构。

福田区用水结构主要包括工业用水、城市居民生活用水以及城市再生水利用。其中，工业用水量为 10 105 463 m^3，占总用水量的 5.3%；城市居民生活用水量为 85 923 924 m^3，占总用水量的 44.82%；城市再生水利用量为 34 763 428 m^3，占总用水量的 18.12%（表 9-5）。由数据可知，福田区城市居民生活用水量占比重，污水产生量较大，需加强污水管网设施，污水处理厂建设等方面工作。

表 9-5 2016—2018 年福田区用水分布统计

用水分布	2016 年	2017 年	2018 年
用水量/万 t	18 165	18 889	19 171
城市居民生活用水量及占比/（万 t；%）	8 464；46.6	8 620；45.6	8 592；44.8
商业、建筑业、服务业用水量及占比/（万 t；%）	6 231；34.3	6 455；34.2	6 655；34.7
工业用水量及占比/（万 t；%）	1 022；5.6	1 020；5.4	1 011；5.3
行政绿化用水量及占比/（万 t；%）	—	1 466；7.8	1 550；8.1
其他用水用量及占比/（万 t；%）	2 448；13.5	1 328；7.0	1 363；7.1

9.2.3.2 能源概况

福田区 2016—2017 年综合能源消费量为 662.43 万 t 和 680.06 万 t 标准煤，单位 GDP 能耗分别为 0.186 t 和 0.178 t 标准煤/万元，同期比较，单位 GDP 能耗分别下降了 3.73%和 3.8%，能源利用水平稳步提升，且能耗低于全国平均水平（0.52 t 标准煤/万元），以及发达国家美国平均水平（0.281 t 标准煤/万元）。

福田区 2016—2018 年供电量为 737 585 万 kW·h、777 292 万 kW·h 以及 785 170 万 kW·h，万元 GDP 电耗为 200 kW·h、203 kW·h 以及 195 kW·h（图 9-6），分别较上年同期下降 7.4%、1.5%、3.9%。

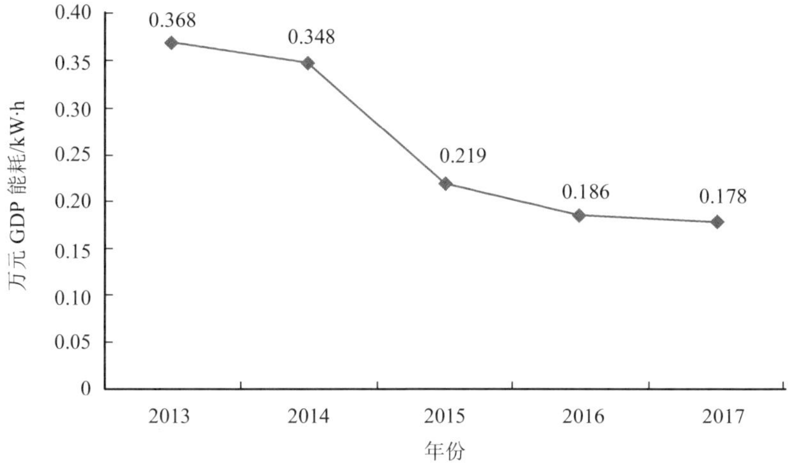

图 9-6 福田区 2013—2017 年万元 GDP 能耗变化

9.2.3.3 土地资源

福田区土地总面积为 78.66 km^2，其中位于基本生态控制线范围内、不可用作或者禁止用作建设用地的土地面积为 22.48 km^2，包括北部以梅林山体为主体的生态保护区、南部的红树林自然生态保护区和区内生态敏感区，占全区土地面积的 28.6%。

（1）土地利用现状。

福田区土地利用主要分为农用地、建设用地以及未利用地三大类。其中，农用地占总面积的 23%，建设用地占 69%及未利用地占 8%。园地、林地以及草地总面积占全区的 21.83%；水域及水利设施用地占全区面积 10.0%。基本生态控制线外可用于开发建设的区域总面积为 56.18 km^2，目前建设用地 54.49 km^2，开发利用率已达 96.7%（表 9-6）。

表 9-6 福田区 2016—2018 年土地利用变化 单位：km^2

年份	调查总面积	三大类			耕地	园地	林地	草地	城镇村及工矿用地	交通运输用地	水域及水利设施用地	其他土地
		农用地	建设用地	未利用地								
2016	7 865.92	1 829.85	5 439.81	596.26	7.80	161.35	1 559.97	4.25	4 942.05	388.21	783.39	18.90
2017	7 865.92	1 830.00	5 440.10	595.82	7.80	160.10	1 562.30	4.08	4 938.81	387.40	786.80	18.63
2018	7 865.92	1 821.29	5 449.35	595.28	7.75	159.73	1 554.00	3.54	4 948.05	387.40	786.80	18.63

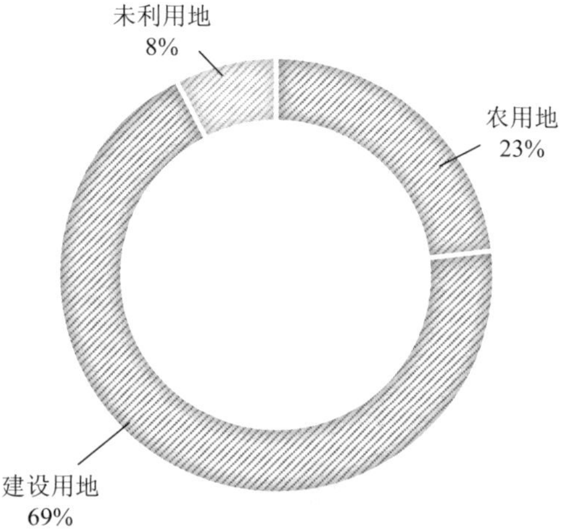

图 9-7 福田区 2018 年土地利用现状分布

（2）土地集约利用。

在土地资源已基本开发完毕的前提下，福田区进一步拓宽了产业发展空间，全力创造福田区经济高产田。福田区面对土地资源紧张的“瓶颈”，积极转变经济发展方式，由原来的平铺转为集聚，向空间要质量、要效益，充分发挥中心城区的先锋先导作用。2020 年，福田区税收地均集约度为 21.47 亿元/km^2，增长 12.2%；万元地区生产总值建设用地 1.58 m^2，下降 6.9%。地区生产总值地均集约度为 51.08 亿元/km^2，增长 7.4%，排名全市各区之首，土地集约利用程度与全球综合实力十强城市比较，仅低于纽约和芝加哥，高于洛杉矶、新加坡市、东京等 8 个城市。

表 9-7 福田与全球综合实力十强城市地区生产总值地均集约度比较

所属国家	城市	2019 年度 GDP/亿美元	面积/km^2	地区生产总值地均集约度/（亿美元/km^2）
美国	纽约	9 007.00	789.00	11.42
美国	芝加哥	5 150.52	606.20	8.50
中国	福田区	590.70	78.66	7.51
美国	洛杉矶	7 531.00	1 290.60	5.84
新加坡	新加坡	2 969.66	719.10	4.13
日本	东京	7 590.00	2 155.00	3.52
英国	伦敦	5 535.00	1 577.30	3.51
中国	北京	3 762.36	1 641.00	2.29
澳大利亚	悉尼	3 374.50	1 577.30	2.14
墨西哥	墨西哥城	3 100.00	1 500.00	2.07
中国	上海	4 150.22	6 340.00	0.65

9.2.3.4 生物资源

福田区植被的地带性代表类型为亚热带常绿季雨林，辖区内目前有林地面积近 3 万亩[①]，绿化覆盖率约为 46%。植被以桉树、相思树、灌木丛和人工果树树林为主。辖区内重点植物资源有水蕨、仙湖苏铁、樟以及土沉香（图 9-8）。同时，福田区拥有福田国家级红树林自然保护区（全国唯一一个位于市区腹地的国家级自然保护区），具有丰富的动植物资源。

图 9-8 福田区部分重点保护植物

① 1 亩≈666.667 m^2。

辖区内重点保护植物资源主要分布在笔架山公园和梅林水库。国家二级重点保护植物—水蕨主要分布在笔架山公园；国家一级重点保护植物—仙湖苏铁、国家二级重点保护植物—樟和土沉香主要分布在梅林水库。为更好地保护野生植物资源，市政府于 2014 年 3 月设立了“深圳市梅林水库仙湖苏铁自然保护小区”。

福田国家级红树林自然保护区地处深圳湾东北岸，东起新洲河口，西至深圳湾公园，形成沿海岸线长约 9 km 的“绿色长城”，总面积达 368 hm^2，其中红树林面积约为 80 hm^2，有红树植物 9 科 16 种，本地自然生长的红树植物有秋茄、白骨壤、桐花树、海漆、老鼠勒等 7 种。福田红树林保护区记录有鸟类约 200 种，其中卷羽鹈鹕、白肩雕、黑脸琵鹭、黑嘴鸥等 23 种为珍稀濒危物种。每年有 10 万只以上长途迁徙的候鸟在深圳湾越冬和停歇，是东半球国际候鸟通道上重要的“越冬地”和“中转站”（图 9-9）。

图 9-9 福田区重点保护动物

9.3 成效与问题分析

9.3.1 “绿水青山就是金山银山”实践探索进展与成效

9.3.1.1 绿色发展水平迈上新台阶

经济发展质量不断提高。2020 年实现地区生产总值为 4 754.16 亿元，地均生产总值与地均税收位列全市第一，建成全国含金量最高的中央商务区。全面落实最严格的水资源管理制度。万元生产总值用水量降低至 3.84 m^3，约为全国平均水平 61 m^3/万元的 6.3%，获评 2019 年度首批广东省节水型社会示范区，重点用水行业节水型企业建成率 100%、规模以上工业企业用水计量率达 100%。能源利用水平进一步提高。万元地区生产总值电耗为 184.02 kW·h，约为全国平均水平，比“十二五”末期下降约 22.8%。推动区域绿色低碳循环发展。以推动区域集约高效发展为目标，以保税区为重点，打造循环发展示范园区。全面提升公众节能绿色低碳发展理念。对绿色、新能源汽车、合同能源管理、节能环保专业服务、绿色建筑等项目依条件予以支持，扶植高新企业发展。绿色建筑量质齐升。严格落实绿色建筑与建筑节能要求，推动绿色建筑发展，新建绿色建筑比例达到 100%，福田区环境监控基地大楼、深圳建科大楼等获国家绿色建筑最高等级认证。现代化交通体系基本建成。地铁站点密度为全市最高，公交站点 500 m 100%全覆盖，公交车、出租车 100%纯电动化，绿色出行比例不断提升。

9.3.1.2 生态环境取得新提升

生态环境持续改善，获评第三批“国家生态文明建设示范区”称号，守护着全国唯一位于城市中心的国家级红树林自然保护区，黑脸琵鹭、黄嘴白鹭等全球濒危鸟类在福田红树林林自然保护区内栖息，全球最大仙湖苏铁野生种群在梅林水库保护区内生长。地表水环境质量实现根本性转变。深圳河、福田河、新洲河等主要河流水质达到地表水Ⅴ类标准，深圳河国考断面首次实现年均值达标，旱季水质达到地表水Ⅳ类标准，为 1982 年有监测数据以来最好水质。梅林水库水质优于国家二级标准，实现连续 12 年 100%达标。3 条黑臭水体和 4 个小微黑臭水体按时保质消除黑臭，达到水体整治目标，清澈河流成为中心城区亮丽的风景线。大气环境质量稳步提升。2020 年 $PM_{2.5}$ 平均浓度为 20.8 μg/m^3，远低于 25 μg/m^3 的欧盟目标浓度限值，蓝天白云成为新常态。噪声污染情况得到有效控制。辖区 2 类功能区声环境（梅林一村）和 3 类功能区声环境（八卦岭）稳定达到国家标准。“百园福田”成为深圳中心区一张金字招牌。全区森林覆盖率 35.07%、人均公园绿地面积为 21.66 m^2，132 个公园形成以“市政公园+社区公园+绿化公园带”为框架的公园集群。绿化覆盖率 43%，与纽约、东京、伦敦的世界一流城市比肩。“花开四季，彩绘福田”花城景象日渐丰富。

9.3.1.3 环境治理能力逐步完善

系统推进污水收集处理提质增效。累计完成约 50 km 市政供水管网改造，供水管网漏损率控制在 10%以内。辖区污水收集处理率达到 97.7%，全区 2 114 个小区全部完成正本清源改造，率先实现了雨污分流的全覆盖、源头暗涵清洁基流入河与荔枝湖污水零直排片区的创建。大力推进蓝天保卫战。畅通大气防治联防联治通道，出台系列专项工作计划，空气优良率始终处于高位水平。固体废物处理能力显著提高。逐步建立主要生活垃圾大分流处理，实现垃圾回收和资源化再利用；采用先进的微生物处理技术，彻底无害化分解各类有机物；完成楼层撤桶工作，在各住宅小区设置回收点，定时定点投放厨余垃圾。2019 年以全市约 4%的面积、13%的人口，实现厨余垃圾收运量占比全市总量约 40%的成效。深入推进“一点一策”噪声治理。首推“政企联创共建生态堡垒”，率先查封超时作业设备，为全市噪声治理提供新思路。实行最严格环境执法监管。全区沿河排污口100%得到整治。

9.3.1.4 环境治理机制不断完善

全国率先建立循环经济评价技术标准体系。探索构建全国首个中心城区生态文明核算体系，连续 4 年开展自然资源资产与负债研究工作，积极探索生态补偿制度、离任审计制度、生态环境损害责任追究制度，生态文明建设“四梁八柱”逐步完善。创新监管手段，加大监管力度。利用科技手段和量化考核，提高巡查科技信息化水平，进一步扩大“天眼 3.0”的监测区域和监测频率，实现对违法行为的“早发现、早制止、早处置”。全面深入推进辖区河长制各项工作。形成“区—街道—社区”三级联动管理机制，全面落实“互联网+河长制”要求，组织使用广东智慧河长 App 等信息化软件。全面推进环境卫生改革。首创环卫 PPP 模式，率先推动“物管城市”，引入无人扫地机，新能源环卫车，城区市容焕然一新。

9.3.1.5 生态环保宣教体系日趋完善

不断创新公众共建共治共享新途径。以“两微一端”为主要阵地，全力推进信息公开工作。率先创新“政府搭台、专业指导、市民自治”模式，拓展市民参与城市建设新路径。推出“图+文+音+影像”四位一体全天候的媒体宣传模式。打造“福田金牌小义工”“低碳竞赛”“春晖家长学校”等各具特色宣传品牌，发挥品牌效应，有效提升宣传效果。自然教育硕果累累。6 个自然教育中心落成，数量居全市首位。福田红树林生态园科普展馆成为政府支持、多方参与、社会公益组织建设和运营的自然教育先行典范。稳步推进红树林自然保护区的保护。2016 年完成保护区内功能区调整，2017 年完成《广东内伶仃福田国家级自然保护区总体规划（2017—2026 年）》编制，全面提高保护区的管理水平，保护内伶仃岛的森林生态系统和野生猕猴种群，福田红树林滨海湿地生态系统及鸟类栖息环境的生态安全。践行共建共治共享理念，创新生态环保宣教体系。采用“政府+社会公益性组织+专业管理委员会”的管理模式，委托国内首家民间发起的环保公募基金会——红树林基金会，开展生态公园的日常综合管理、生态环境保育和自然科普教育任务。探索建立首个国家级自然保护区内的自然教育中心，全职专业教育人员从 2015 年的 1 名增加至 3 名，与教育系统合作让学校走进保护区，“十三五”期间累计举办教育活动 427 次，参与者 13 699 人次。持续举办深港滨海湿地保育论坛。由保护区和红树林基金会共同发起，联合香港世界自然基金会与多家国内外专业机构，持续举办深港滨海湿地保育论坛，聚焦环深圳湾综合生态保护体制的创新改革、深圳湾湿地可持续发展的综合性作用等议题，提升湿地保护议题的专业性，推动深港两地湿地环境的协同保护。

9.3.1.6 强化生态红线保护，生态空间不断优化

改革开放以来，福田区产业规模快速增大，建设用地不断增加，在发展经济的同时，如何加强自然生态空间的保护，成为一道亟须解决的难题，21 世纪以来，福田区逐步开始探索生活、生产、生态“三生”融合发展空间，通过划定受保护地区范围，加强生态保护，在维护全区生态功能的同时，较好地实现了环境保护与经济社会协调发展。

截至 2020 年年底，福田区绿化覆盖率 43%，已建成各类公园 132 个，人均公园绿地面积提升至 21.66 m^2，远高于全国平均水平（14.1 m^2）。福田区生态保护红线总面积 10.85 km^2，占全区土地面积的 13.8%，基本形成了符合福田区保护与发展并重的发展理念的生态空间保护格局。“十四五”期间，坚持尊重自然、顺应自然、保护自然理念，将辖区山、水、林、湖、海资源相融合，构建“一环、双核、两带、三廊、多节点”的生态安全格局体系，保障区域生态安全；从强化生态保育带建设、推进滨海生态景观带建设、优化重要生态节点建设等方面，优化城区生态空间；从实施生态红线监管评估及生物多样性保护等方面，严格生态

空间监管，营造绿色城市风貌典范区。

早在 1984 年，广东省就建成内伶仃岛—福田自然保护区，全面保护岛内野生动植物，保护区在 1988 年晋升为国家级保护区，2006 年被国家林业局列为国家级示范保护区。同时，认真谋划建设红树林博物馆，建成全市首家国家级红树林公园，公园成为国际候鸟重要的中转站、栖息地，每年有数万只候鸟南迁北徙在此停留。

目前，全区 70 km^2 的土地受到了严格保护，水源保护区、山体、水体等生态系统正常运转，生态环境状况指数逐年增加，2018 年森林覆盖率达 34.89%，国家二级保护兽类猕猴恢复至 900 多只，中华白海豚重现蛇口海域。

9.3.1.7 绿色高质量发展，建设高质量发展的高地

绿色高质量发展，成就全国“含金量”最高 CBD。2020 年，福田区 GDP 为 4 754.16 亿元，第三产业占 GDP 比重达 94%，达到世界一流中心城区水平。在 78.66 km^2 的土地上，聚集了 30 万家企业，拥有世界 500 强总部 3 家、中国 500 强总部 13 家，国家高新技术企业 1 200 家，地均 GDP 达 60.4 亿元/km^2，成为中国“含金量”最高的 CBD。

绿地低碳发展成效显著，建设高质量发展的高地。全区地均 GDP 和税收稳居全市各区之首，万元 GDP 建设用地、水耗、电耗均远低于全市平均水平，其中万元生产总值用水量降低至 5.26 m^3，约为全国平均水平的 8.7%。福田以不到全市 4%的面积承载了全市 12.4%的人口，近 17%的 GDP 总量，成为高质量发展的高地，在全国处于领先地位。

9.3.2 存在问题和挑战分析

9.3.2.1 绿色发展水平距离世界一流仍有差距

2020 年福田区地区生产总值达到 4 754.16 亿元，三次产业结构比为 0.05∶8.53∶91.42，经济产业结构还不够协调，经济增长内生动力不足，新兴产业对经济的拉动作用有限，仍有较大的提升和改进空间。高端制造、高技术产业发展不够充分，自主创新能力还不够强。福田区人均地区生产总值为 4.0 万美元，比香港和新加坡市两个国际化中心城区分别低了 15.8%和 29.5%。2020 年福田区万元 GDP 用水量为 3.84 m^3，供水管网漏损率为 7.8%，而新加坡在 2016 年已将万元 GDP 用水量降低为 3.55 m^3，供水管网漏损率控制在 5%以下。

高密度城区资源能源供需压力巨大。福田区作为深圳市核心区，辖区面积 78.66 km^2，占全市总面积的 4%，2019 年常住人口为 166.29 万人，占全市常住人口的 12.4%。土地资源有限，建设用地开发利用率已达 96.7%，土地人口资源承载力空间较为紧迫。福田区 2019 年实际用水量为 2.19 亿 m^3，已逼近用水总量控制红线，水资源短缺情况突出。随着社会经济的进一步发展，预计到 2025 年，福田区常住人口将增长至 192.05 万人，生态资源短缺情况将更加突出，福田区生态资源节约、生态环境保护压力将日益增大。

9.3.2.2　公众对高品质美好环境质量的追求与中心城区发展需求

水环境仍需进一步改善。截至 2019 年年底，福田区河流水质实现根本好转，深圳河国考断面首次实现年均值达标，但现有监测断面中皇岗河河口、凤塘河河口 2 个河流断面水质仍未达到地表水Ⅴ类标准，主要超标污染物为 TP、NH_3-N 及 COD。皇岗河与凤塘河流程较短，且以暗涵为主，河流水质达标难度较大。同时，黑臭水体治理成效仍不稳固，雨季污水溢流导致河流水质反弹情况时有发生。此外，感潮河段受潮水顶托影响，水质情况仍不理想。

臭氧成为大气环境主要污染物。空气质量改善进入“瓶颈”期，臭氧浓度超标问题日益突出。2019 年福田区环境空气质量轻度污染 33 天，中度污染 8 天，重度污染 2 天，空气质量优良率（AQI）为 87.9%，未达到“十三五”规划目标。每年 8—11 月，受高压底部影响，风力微弱，扩散条件不利，出现污染辐合，区域污染气团传输和本地污染排放出现污染累积；同时，日间太阳辐射强烈，天气干燥，气温较高，加速大气中氮氧化物、VOCs 等前体物间的反应，造成臭氧浓度迅速上升，出现污染情况。辖区 O_3（8 h）浓度居高不下，O_3（8 h）超标天数逐年增加，2019 年最高浓度值达 301 μg/m^3，超标天数达 41 天，约为 2015 年超标天数的 3 倍，成为影响辖区空气质量的主要污染物。

自然生态保护需进一步完善。福田红树林国家级自然保护区是全国唯一处在城市腹地、面积最小的国家级保护区，与香港米埔自然保护区隔水相望，共同组成了深圳湾红树林湿地生态系统，为我国南方重要湿地之一，是东半球国际候鸟南北迁徙通道上重要的“中转站”“停歇地”和“加油站”。但是随着周边城市建设的不断推进，保护区内交通噪声污染、城市光污染、周边生活污水污染、海洋固体垃圾污染问题突出，对鸟类的觅食、繁衍造成较大影响。同时由于周边水体污染，红树林保护区内鱼塘淤积，水草生长过旺，呈现生境退化趋势。此外，海桑、无瓣海桑、薇甘菊、三角叶蟛蜞菊、光荚含羞草、北美紫菀等外来物种的过快生长，也影响了本土植物的生长，降低了生物多样性。

9.3.2.3 “绿水青山就是金山银山”转化体制机制有待完善

近年来，福田区不断探索“绿水青山就是金山银山”转化机制，全力推进生态文明建设，在全国范围内创新开展环保实绩考核、率先推行“环评备案制”等，环境治理制度、生态保护机制等各项措施不断建立完善，但如何进一步改革创新，在环境污染治理、生态空间管控、绿色高质量发展、绿色金融机制等方面制定更加科学合理机制制度，如何进一步完善“绿水青山就是金山银山”转化机制，充分体现“绿水青山就是金山银山”的发展理念，仍需福田区不断探索，敢于担当，先行先试去研究解决。

9.3.2.4 “绿水青山就是金山银山”文化挖掘和弘扬仍需加强

福田区临近深圳湾，拥有积淀深厚的海洋文化和红树林文化，但在开发利用生态资源和人文资源过程中，对“绿水青山就是金山银山”文化的挖掘不够深入，亟须重视对红树林生态文化、海洋文化精神的认识理解、追求和弘扬。结合海洋文化精神，盘清生态资源家底、精准把握特色、发掘独特优势，开展生态保护、海洋文化等培训，建立红树林博物馆、海洋文化体验基地，将文化资源优势转化为产业、产品优势，建立福田区独特的“绿水青山就是金山银山”文化品牌，扩大福田绿水青山的经济、文化影响力。

福田区位于粤港澳大湾区建设的最前沿，粤港澳大湾区建设作为习近平总书记亲自谋划、亲自部署、亲自推动的国家战略，给福田区跨越式发展带来的既是机遇也是挑战。如何紧抓粤港澳大湾区发展机遇，占领湾区发展制高点，推动城区发展质量持续变优、生态环境持续变美、城区综合竞争力持续提高，这是福田区下一个阶段践行“绿水青山就是金山银山”需要迎接的新挑战。

9.3.3 可复制可推广可持续的“福田特色”典型案例

9.3.3.1 生态经济，“自然生态+”粤港澳大湾区深入合作平台

（1）“生态+科创”共建粤港澳大湾区唯一以科技创新为主题的特色平台。

以福田红树林国家级自然保护区为依托，形成“生态+科创”共创粤港澳大湾

区唯一以科技创新为主题的特色平台。福田国家级红树林自然保护区是全国唯一一处位于中心城区的国家级自然保护区，毗邻拉姆萨尔国际重要湿地—香港米埔自然保护区，共同构成了具有国际意义的深圳湾湿地生态系统，被国际保护自然与自然资源联盟列为国际重要保护组成单位之一，也是中国“人与生物圈”网络组成单位之一。保护区总面积 368 hm^2，生物资源丰富，有白肩雕、东方白鹳两种国家一级保护鸟类，每年有 10 万只以上候鸟在此歇脚“加油”或过冬，被列为国际生物多样性和湿地生态保护的重要湿地，是集林、鸟、水、鱼于一体独特的生态资源（图 9-10）。

图 9-10 福田红树林国家级自然保护区——国家一级保护鸟类黑脸琵鹭

2019 年 2 月 18 日，《粤港澳大湾区发展规划纲要》（以下简称《纲要》）发布，赋予了河套深港科技创新合作区重大使命，合作区成为大湾区唯一以科技创新为主题的特色平台。

2020 年 10 月 14 日，习近平总书记出席深圳经济特区建立 40 周年大会并发表重要讲话，亲自点题、亲自部署“规划建设好河套深港科技创新合作区”。根据《纲要》，合作区虽只有约 4 km^2，包括香港园区 0.87 km^2，深圳园区 3.02 km^2。在规划方面，已形成“1+N”的规划体系，其中“1”是由国家层面所制定的合作区总体规划，“N”是由深圳和香港共同研究形成，包括空间规划、科技创新规划、交通规划以及生态规划、环境规划等，这些规划将共同形成支撑合作区未来发展的总体框架。《纲要》发布两年来，在深港两地的共同努力下，五大领域取得重大突破，现代化、国际化的科技园区雏形已现，河套深港科技创新合作区的发展取得了一系列重大突破，主要体现在园区发展规划、土地空间整备、科研制度创新、科创资源聚集、生态环境改善五个方面。其中，先期 37 万 m^2 优质科研空间已投入使用，建成 4 个创新载体。深圳园区实质推进和落地科研项目 138 个，生命科学项目 56 个，信息科学 48 个，材料科学 9 个，其他协同科目 25 个，一批具有前沿性、前瞻性、顶尖的科研团队的重大科研项目已入驻运营，如香港科技大学创新创业项目等香港高校科研项目、未来网络国家重大科技基础设施、金砖未来网络研究院中国分院、国家药监局药品、医疗器械审评检查大湾区分中心、大湾区数据研究院、国际量子研究院等。集成电路、半导体、人工智能、生物医药等领域，都需要利用深港两地的资源。因此，推进更深层次的科研管理机制创新，加快已落户的高精尖科研机构及项目的建设运营，不断集聚高端科创资源和人才，布局建设新一批重大科研设施、平台和项目，坚持深港协同开发等都将是河套深港科技创新合作区未来重点发展方向（图 9-11）。

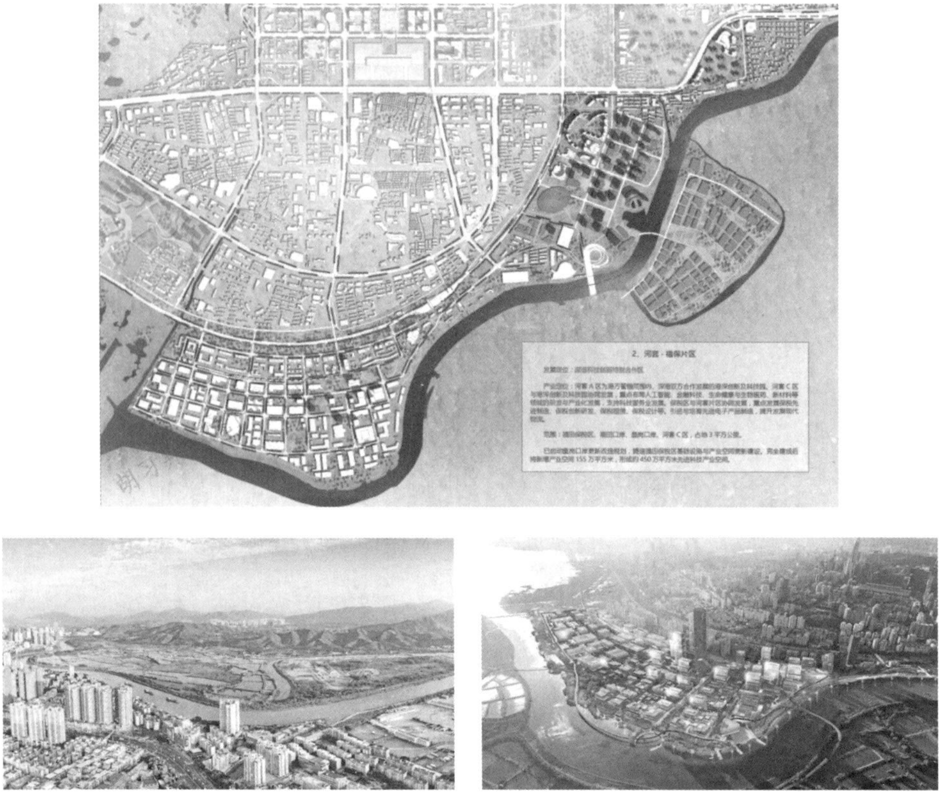

图 9-11　河套深港科技创新合作区

（2）“生态+区位+贸易”，促进深港经济深度合作。

福田保税区于1991年5月28日经国务院批准设立，1993年2月正式封关运作，园区东接福田口岸、南邻香港、西抵红树林保护区、北靠福田中心区，围网内面积1.35 km^2。20多年来，依托毗邻香港的区位优势和先行先试的体制机制优势，充分发挥了福田保税区作为国家对外开放窗口的示范作用，是国内发展成就比较突出和极具竞争力的保税区域之一。

深港两地，一湾相融，一水相连。以福田红树林自然保护区为依托，福田保税区位于深圳河畔的深圳园区，对岸是香港米埔自然保护区，另一边是福田红树林自然保护区，是国家唯一一个在特大城市、中心城区所拥有的国家级自然保护区，自然生态本底很好。2020年深圳河口水质达地表水Ⅳ类标准，为1982年有监测数据以来的最高水平。

福田保税区作为先导区，实施精准招商策略，引资与引技、引智紧密结合，定向引进一批符合片区产业发展导向的优质企业和项目，匹配产业空间和高端人才，加快新动能成长，发挥集聚效应，形成有影响力的产业集群。在功能定位上提出将福田保税区与皇岗口岸片区以及河套片区整体建设成为深港跨境自由贸易区，并赋予CEPA试验区的功能，将福田保税区打造成中国经贸规则试验区、深港合作先导区，使福田保税区引领中国保税区转型升级。福田保税区充分发掘深圳河经济走廊毗邻香港的区位优势，重新定位深圳河经济走廊（落马洲河套地区—皇岗口岸片区—福田保税区）在粤港澳大湾区国家战略中的作用，推动深圳河经济走廊在前海深港现代服务业合作区的基础上形成深港合作2.0版本（或跨境自贸区），促进深港合作从深港产业布局、经济发展等经济建设领域向深港城市规划、治理体制、法制建设等城市管理合作等纵深方向推进承载着深圳外贸“稳增长”和“促科创”的双重使命。据报道2020年1—9月，深圳福田保税区进出贸易额逾2 686亿元人民币，同比增长6.6%，增长势头稳步向好。福田保税区地处深圳河畔、福田中心地带，集口岸功能、保税政策与区位优势于一身，以不足万分之八土地面积贡献了超过一成的深圳市外贸进出口值（图9-12）。

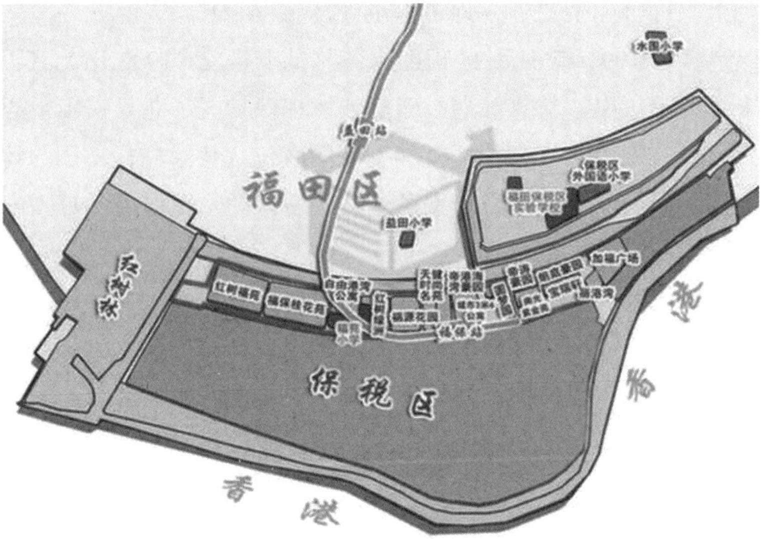

图 9-12　福田保税区

9.3.3.2　“生态+总部经济” 现代高端服务业案例

作为福田“三大新引擎”之一，香蜜湖片区总体规划为融汇国际交流、高端金融、文化创意、商业休闲等功能，兼具国际品质、深圳特色的“城市新客厅”。福田区将持续推进金融总部核心区建设，不仅对接深交所注册制改革，做强香蜜湖产融创新/上市加速器，推出香蜜湖“金融+”系列指数品牌，更将筹建香蜜湖金融生态联盟，创办香蜜湖全球金融高端论坛，建设国家文化与金融合作示范区，全力支持打造国家南方金融中心。2020 年，福田区 GDP 为 4 754 亿元，第三产业占 GDP 比重达 94%，达到世界一流中心城区水平。在 78.66 km^2 土地上，聚集了 30 万家企业，拥有世界 500 强总部 3 家、中国 500 强总部 13 家，国家高新技术企业 1 200 家，地均 GDP 分别达 60.4 亿元/km^2，成为中国“含金量”最高的 CBD。持续发力总部经济，推动市区总部企业超过 500 家、总部经济占 GDP 比重提高至 50%，全力打造“湾区总部之都”。

（1）推出“绿色金融+”系列指数品牌。

平安国际金融中心是深圳第一高楼，也是最新的地标建筑（图 9-13）。建筑主体高度 600 m，由地下室共 5 层，地上塔楼共 118 层组成，建成后成为中国第一高楼，世界第六高楼。平安金融中心的定位是集办公、商业、会议中心、观光、奢华精品酒店等于一体的核心商务区高端综合体。福田成功引进平安理财有限责任公司、安信资管等 23 家持牌金融机构，金融总部企业持续集聚。强化服务实体经济能力，打造创新创业金融中心。出台《深圳市福田区支持金融业发展若干措施》，支持辖区企业利用债券融资工具开展融资服务，鼓励保险机构对符合区产业发展方向的企业提供贷款保证保险。出台融资支持专项政策，鼓励金融机构在疫情期间向辖区重点产业提供融资支持，驱动机构发放贷款 633.56 亿元。支持企业利用债券工具直接融资，支持资金合计 1 800 万元，撬动社会资金规模达 105.99 亿元。

图 9-13　平安国际金融中心

（2）“生态+信息”，新一代信息技术产业。

近年来，福田区聚焦战略性新兴产业，加大基础研究、技术攻关、产品应用，构建了全过程创新生态链。目前，福田区已集聚了 1 800 余家战略性新兴企业，其中新一代信息技术企业占比超过 1/4。2020 年新一代信息产业增加值达 262.23 亿元，占全区战略性新兴产业增加值的 40%。福田成立了全市首个以“5G 研发及应用”产业为主导的高端创新产业园，目前已引进广东省 5G 中高频器件创新中心、粤港澳 5G 应用创新中心和新一代无线信息技术公共服务平台等多个高端创新载体，47 家新一代信息技术领域上下游相关企业，涵盖研发设计、生产、服务集成平台、采购、物流供应、零售、产品应用企业全产业链。

引入北科瑞声、加推科技、德明利技术股等智能科技产业领域企业34家，建设亚马逊全球智能硬件中心等重大项目。出台《福田区支持新一代人工智能产业发展若干政策》，共受理17家企业的人工智能企业备案认定。导入华为云福田人工智能及软件开发云创新中心，为近100家企业提供全场景AI解决方案与软件开发云服务。引导园区支持230家企业，合计发放3 124万元。引进天使荟、阿里云创新中心等重大孵化平台，助力构建智能科技企业孵化育成支持体系。建成福田区政务数据开放创新实验室和数据“沙箱”环境，获世界智慧城市大奖中国赛区“包容与共享城市”奖。进一步优化支持先进制造业发展专项资金政策，加快推动重点企业技术改造和设备更新，打造全自动化生产线和“黑灯工厂”。建设5G基站5 260座，多功能智能杆3 000根。打造智能视频平台，有效压缩违法犯罪生存空间。建成企业智能服务系统，自动为12 000家企业匹配政策清单，实现智能拨付，效率大幅增加。引入深圳市网联安瑞网络科技有限公司，依托其在福田区建成小型网络空间内容与认知安全大数据中心、网络舆情态势感知与预警研判大数据平台等。

新一代信息技术产业链党委将深入推进“党建+企服”模式，以实施全产业链战略为总牵引，围绕提升产业链现代化水平，聚焦产业发展重点难点，精准推进强链、补链、连链、延链，为新一代信息技术产业链构建“人才链”“空间链”“资金链”“服务链”四大延链。

整合福田区社会产业空间资源，打造人工智能、5G、硅园、硅楼等专业楼宇，对符合入驻专业楼宇条件的企业给予实际租金70%、最高800万元/年的支持。并为企业提供天使投资、股权投资、投后增值等多层次服务，完善信贷支持科技创新机制，帮助链上企业对接优质金融资源，减轻企业融资压力。

2021年福田也将强化创新核心地位，实施头部企业“聚龙计划”，集聚发展一批新一代信息技术企业，培育和引进一批“链主”企业和生态主导型企业，打造“科技+”产业集群。

（3）“三大引擎”引领再造新福田。

福田区坚决贯彻落实、扎实推进市党代会各项工作部署，打造河套深港科技创新合作区、香蜜湖新金融中心、环中心公园活力圈“三大新引擎”，突出科创、金融、时尚“三大产业”，瞄准中央创新区、中央商务区、中央活力区“三大定位”，全力抓好经济发展、城区治理、民生保障、改革创新、党的建设“五项重点工作”，把市党代会精神转化为福田全面建设社会主义现代化典范城区的生动实践。

作为“三大新引擎”之首的河套深港科技创新合作区，目前正焕发新活力。2019 年，《粤港澳大湾区发展规划纲要》发布，赋予了河套深港科技创新合作区重大使命。2020 年，深圳市政府出台支持深圳园区建设若干意见，明确了产业布局。意见指出，深圳园区将聚焦信息、生命、材料科学与技术领域，合作引进一批港澳及国际化的基础与应用基础研究机构，落户一批国家制造业、技术及产业创新中心。两年发展，河套深港科技创新合作区规划实现重大突破、土地空间实现重大突破、制度创新实现重大突破、科研载体聚集实现重大突破、园区发展环境亦实现了重大突破。

在“三大新引擎”中，环中心公园活力圈是市民更能直观感知的部分。根据规划，环中心公园活力圈以笔架山、中心公园和福田河为中心，北至北环大道，南接深圳河，东至华强北步行街，西至彩田路，涉及区域面积近 10 km^2，不仅在公园城市化上下足功夫，也在产业前置化、棚改规模化、交通复合化等方面进行规划建设（图 9-14）。

图 9-14　环中心公园活力区

（4）“健康+”及生物医药产业。

完成《福田区生物医药产业发展情况报告》和《福田区生命健康产业发展研究报告》。启动广中医深圳医院的医学检验 IOS 15189 认证工作，完成第一部分检验数据采集。中山大学附属第八医院、广中医深圳医院完成 P2 实验室扩建，福田区第二人民医院和福田区妇幼保健院新建两个 P2 实验室。引入深港智慧医疗机器人开放创新平台、大湾区菌群与人类健康创新中心等项目，指导福田区慢性病防治院与相关企业联手构建“互联网+”高血压糖尿病管理新模式。制定相关产业政策就体育赛事举办、体育企业信贷贴息及产业发展空间等方面予以支持。利用公共闲置用地、公园边角地带、社区空地开展多功能复合型足球场地建设。完成易建联篮球训练中心提升改造工程，打造国家级篮球人才训练基地。推动广中医深圳医院新大楼投入使用，成为全国首家五星级中医院。出台《福田区促进中医药传承创新发展建设高质量发展的基层中医药服务典范城区实施方案（2020—2025 年）》，着力建设基层中医药服务典范城区。

9.3.3.3 低碳经济，“绿色金融+”助力碳中和产业案例

利用各种低碳技术、方法和手段推进低碳城区建设。开展碳排放总量达峰路径研究，降低城区总体碳排放量，力争率先实现碳排放总量达峰。践行绿色发展理念，采取以生态环境为导向的城市开发模式推进“三大新引擎”建设，推动全区碳排放总量和强度的降低。以低碳导向完善温室气体清单编制工作机制，建立福田区温室气体排放管理信息系统，用清单报告支撑低碳发展规划或减排行动方案的制定和实施，用数据为决策服务。严格执行温室气体排放目标考核方案，落实责任。持续推进能源结构优化，提高清洁能源消费比重。强化交通低碳发展，推广新能源汽车及其他清洁燃料汽车，鼓励绿色出行和自愿停驶。

积极推进深圳国家气候投融资促进中心落户福田，优化完善应对气候变化国家自主贡献重点项目库，在全国范围内持续遴选气候项目。充分发挥深圳气候投融资促进中心核心作用，发起设立国家级气候投融资基金，更大程度灵活吸引境外长期、低成本资金投资于国家自主贡献重点项目入库项目，助力深圳打造成为我国气候投融资国际窗口。在气候领域持续探索可持续、可推广的投融资模式，充分发挥财政资金的引导作用，优化、完善气候投融资机制。

积极落实碳普惠制，推动低碳社区与低碳建筑创建试点创建，调动全社会践行绿色低碳行为的积极性，树立低碳、节约、绿色、环保的消费观念和生活理念。积极推进国家绿色金融改革试验区创建工作，探索开展国际绿色金融交流与合作，引导金融资源投向湾区绿色产业领域。深入探索绿色金融服务实体经济的连接方式，开发绿色金融促进绿色产业发展的创新模式。探索推进深港科技创新合作区近零碳排放区建设，建立绿色低碳循环发展的经济体系，助力国际一流湾区绿色发展。

深港科技创新特别合作区（深方园区）近零碳排放区试点项目。

深港科技创新特别合作区（深方园区）碳排放总量分析了三种情景下，合作区碳排放总量分别为 31.8 万 tCO_2、26.7 万 tCO_2 和 22.0 万 tCO_2，人均碳排放分别为 1.1 tCO_2/人、0.9 tCO_2/人和 0.8 tCO_2/人。三种情景下的 2035 年碳排放量及构成预测如表 9-8 所示。

表 9-8　三种情景下 2035 年碳排放量及构成预测

类别	现状基准	2035 年		
		低碳情景	超低碳情景	近零碳情景
制造业碳排放/万 t CO_2	23.6	12.8	10.6	9.1
建筑碳排放/万 t CO_2	17.2	14.5	12.9	11.2
交通碳排放/万 t CO_2	2.1	3.3	2.3	1.2
废弃物碳排放/万 t CO_2	1.5	1.3	1.0	0.7
绿地碳汇/万 t CO_2	0.06	0.07	0.10	0.14
碳排放总量/万 t CO_2	44.3	31.8	26.7	22.0
人均碳排放/（t CO_2/人）	3.1	1.1	0.9	0.8

现状产业、建筑、交通、固废碳排放占比分别为 53.3%、38.8%、4.8%和 3.3%。预计到 2035 年，低碳情景中合作区建筑部门占碳排放总量的比重最大（54.4%），其次为产业（40.4%）和交通（10.4%）。近零碳情景中仍是建筑为主要排放部门，占比达到 50.9%（图 9-15）。

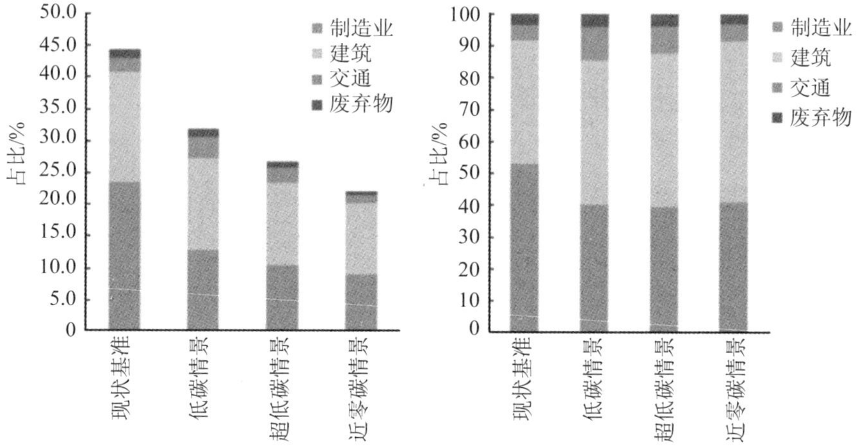

图 9-15　不同情景下各行业碳排放占比

实现近零碳排放城区示范工程建设的主要途径包括：

①能源结构优化：可再生能源利用技术、分布式能源技术、先进储能技术、智能电网技术等；

②建筑碳排放减排：参照近零碳排放建筑相关的技术要求；

③产业/企业碳减排：参照近零碳排放园区相关的技术要求；

④交通：建设慢行系统网络；大力发展轨道交通、公共交通以及BRT、提高新能源汽车比例、建设智能交通运输管理系统、绿色机场、绿色港口等；

⑤路灯碳排放减排：所有照明光源使用LED灯，并提高新能源路灯应用比例；

⑥废弃物处理碳排放：使用节水器具，加强节水宣传，并充分利用雨水和中水回收、处理、再利用；垃圾分类回收，垃圾焚烧发电技术、有机垃圾厌氧发酵技术、沼气发电技术；增加公众低碳生活意识，减少衣食浪费等；

⑦碳汇：提高城区绿地率，鼓励建设街边公园，优化植物群落，鼓励种植乔木，增加林地面积；

⑧碳中和：通过购买CCER（中国核证自愿减排量）、购买林业碳汇、广东省碳普惠制核证减排量等，抵消项目碳排放。

9.3.3.4 "生态+文化"，"环中心公园"共建共治共享

（1）"百园福田"，宜居宜业宜游。

近年来，福田区始终坚持生态红利全民共享，持续创造更多优质生态产品，优化提升辖区生态人居环境，不断满足人民群众对美好生活的追求。全区建成公园132座，人均公园绿地面积21.66 m^2，国际园林花卉博览会、笔架山公园、莲花山公园、中心公园和红树林自然保护区、香蜜公园等风格独特的城市艺术建筑群和自然景观为市民提供了良好的公共活动空间，"百园福田"品牌日益凸显，建成全市首个社区公园群，成为公园密度最大、公园类型最多的行政区。辖区内绿道长度总计156 km，其中省立绿道14 km，城市绿道、社区绿道142 km，基本实现城区公共绿地系统的有机串联和衔接，省立、城市、社区三级绿道互联互通，成为公众休闲娱乐的新去处（图9-16）。

深圳市民中心位于深圳福田中心区中轴线上，是深圳的标志性建筑，是集政府办公、博物馆、会堂等多功能于一体的综合性建筑，也是市民娱乐活动的场所。深圳市民中心从设计到建造都极具现代城市理念和时代特色。市民中心背靠莲花

山，内设深圳博物馆、市民广场，周围环绕深圳书城、深圳音乐厅、数字图书馆、深圳少年宫，深圳会展中心，广受游客关注（图 9-17）。

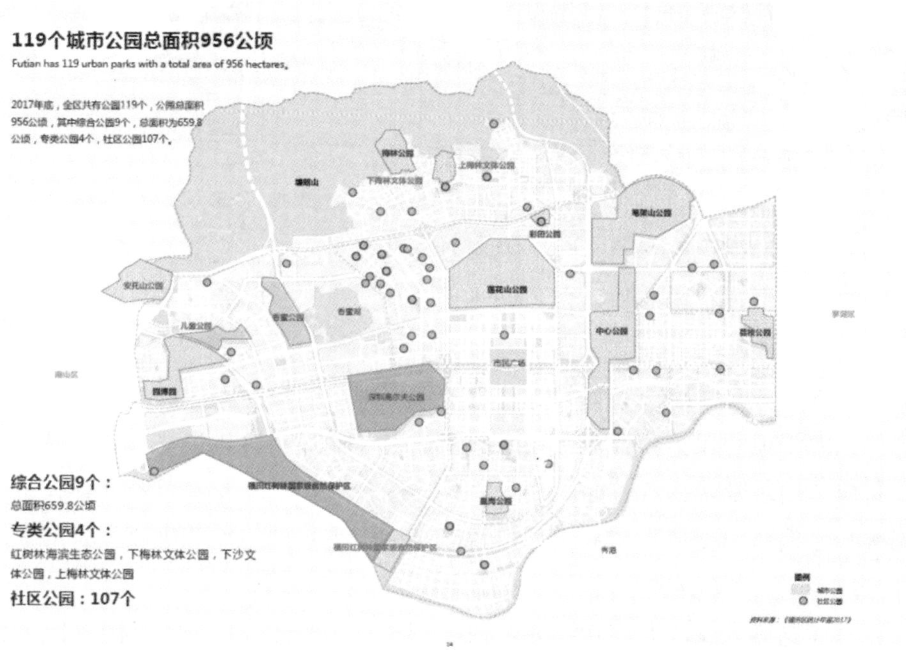

图 9-16　2017 年度福田区公园分布

图 9-17　市民中心公园 莲花山公园

强力推进“人居环境攻坚战”，因地制宜探索“综合整治+”城中村治理新模式，精准施策力促城中村“蝶变”。福田下辖95个社区100%已创建成“广东省四星级宜居社区”，其中，益田社区、福中社区和福安社区等5个社区获评广东省五星级宜居社区；梅林一村和益田村创建成为国家级“绿色社区”，梅林一村还荣获联合国“国际最适宜人居”银奖及“最佳健康生活方式奖”，下沙社区被评为广东省第一个“生态示范社区”。

（2）共建共享“国家级生态环境教育基地”。

生态公园总面积约为38 hm^2，是集生态修复、科普教育、休闲游憩等功能于一体的红树林湿地生态专类公园。生态公园是全国首个由政府委托民间环保机构管理的市政公园，红树林基金会（MCF）承担着生态公园的管理运营、生境提升和科普教育任务。

红树林基金会（MCF）始终深耕于滨海湿地，立足深圳，致力于以红树林为代表的滨海湿地的保护和教育。红树林基金会（MCF）组建了一个涵盖保育、教育、科研、筹款及传播等方面的专职团队。在各级政府、专家学者、企业和公益机构等合作伙伴的支持下，MCF开启了以深圳湾为基础的社会化参与的自然保育模式。

恢复候鸟栖息滩涂约 6 000 m^2：研究制定《福田红树林生态公园湿地生态修复项目方案》，召开专家评审会，对生态控制区外来红树无瓣海桑及其他外来入侵植物进行清除，营造适合水鸟栖息的滩涂。

为市民提供了一个近距离体验红树林湿地、亲近自然的空间，公园的科普展馆通过各类生动、有趣的互动设施，精彩细致的展陈设计，为访客了解深圳湾湿地的珍贵和美丽提供了深入浅出的学习体验。

福田区教育局、福田区科学技术协会、广东内伶仃福田国家级自然保护区管理局与红树林基金会（MCF）合作开展“福田区中小学生红树林科普教育活动项目”，带领学生们走进红树林湿地，参与湿地教育课程。

2020年下半年，共有近21个福田区的班级987名师生走进红树林湿地。2020年，志愿者参与服务1 202人次，累计服务时数3 662.5小时，这些活动包括各类公众导览、科普教育、清理外来入侵物种、净滩、红树林复种带领等活动，也包括科普展馆和自然力乐园的日常运营和讲解。尤其是社区志愿者，贡献了 3 301

个小时的服务时数，共有 96 人次的社区志愿者参与服务，上岗服务率超过 50%（图 9-18）。

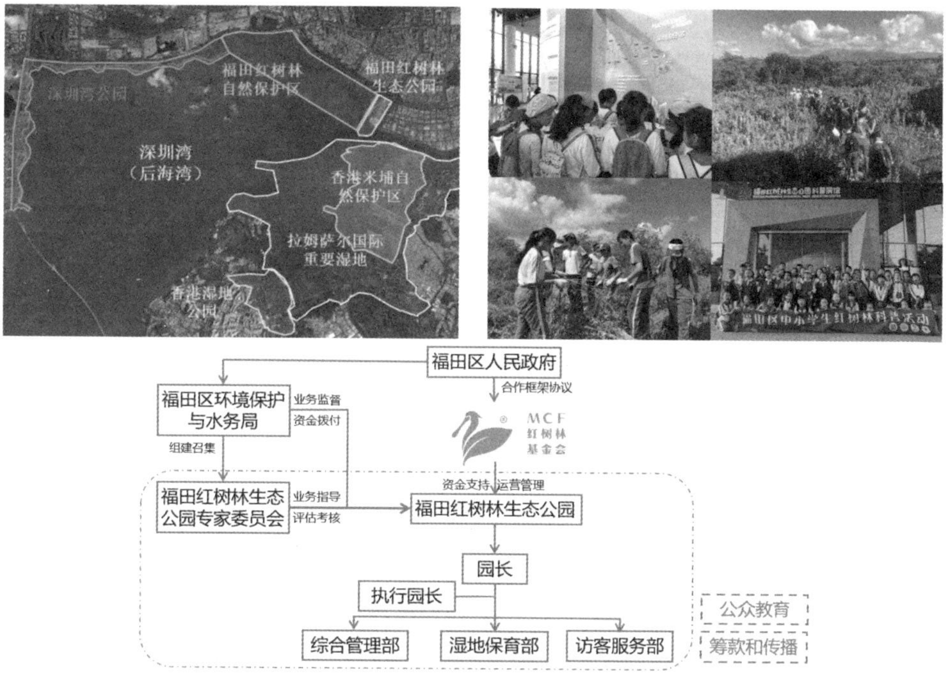

图 9-18 国家级生态环境教育基地——红树林湿地生态公园

（3）守护“活化石”，推进科普交流。

据统计，目前深圳共有国家重点保护野生植物 12 种。国家一级重点保护野生植物 1 种，即仙湖苏铁；国家二级重点保护野生植物 11 种，分别为桫椤、黑桫椤、大叶黑桫椤、小黑桫椤、粗齿桫椤、苏铁蕨、水蕨、金毛狗、珊瑚菜、土沉香、樟。

苏铁植物是现存于地球上最古老的种子植物，其在全球生物多样性保护中担当着十分重要的角色。而以深圳地名命名的仙湖苏铁也属苏铁科，是珍稀植物之一，被誉为“活化石”。早在 1989 年，仙湖苏铁被曾在仙湖植物园苏铁园工作 10 多年、植物学博士后王定跃在深圳仙湖植物园发现并命名，这一成果目前也得到国内外同行认同。

作为深圳唯一的国家一级重点保护野生植物。深圳市梅林水库仙湖苏铁自然保护小区内国家一级保护植物，也是迄今为止发现的全球最大仙湖苏铁野生种群。

仙湖苏铁，数量：80cm 以上仙湖苏铁 1 107 株（丛）；广东省重点保护动物：豹猫；三有动物：野猪、绿翅金鸠、绿鹭、夜鹭。在珍稀物种保护及梅林水库保护中已开展的工作内容与成效。除仙湖植物园外，位于深圳市中心区的梅林水库库位的仙湖苏铁自然保护小区内也分布着仙湖苏铁。从 2008 年开始，深圳市水务部门就开展了仙湖苏铁的抢救性保护工作，保护区内的仙湖苏铁被保护得非常好。自 2011 年以来，经过 11 年的艰辛保育，梅林水库仙湖苏铁种群规模扩大 5 倍以上，截至 2020 年，梅林水库有 80 cm（自然高）以上仙湖苏铁 1 107 株（丛），80 cm 以下幼苗若干。小区累计采收仙湖苏铁种子 5 万多粒。保护小区内的生物多样性资源十分丰富，除上千株仙湖苏铁外，还有 48 种以上的鸟类、12 种爬行动物、15 种两栖动物和数千种昆虫。

2017 年，仙湖苏铁作为形象大使亮相国际舞台——第 19 届国际植物学大会（IBC2017），向全世界 7 000 多名植物学家展示深圳注重生态保护的良好形象，备受各界关注。仙湖苏铁首届市民开放日活动与“深圳水文化大讲堂”2020 年第 5 期（总第 19 期）活动合并举行，大讲堂围绕仙湖苏铁的起源与发展，与大家进行科普交流。

仙湖苏铁的种子及小苗曾在深圳市野生动植物保护管理处、深圳市公园管理中心梅林山公园、广州市林业与园林局广州市绿化公司等单位用于迁地育苗及科研，发挥了巨大的生态效益和社会效益（图 9-19）。

图 9-19　国家一级保护植物“活化石”仙湖苏铁

（4）共建“生态堡垒”，深入基层绿色教育。

建立“生态堡垒”模式，按照“一中心一特色”的原则，借助党群服务中心阵地，建设“绿水青山就是金山银山”文化教育基地，发挥党群服务中心引领作用，为公众提供生动直观、特色鲜明、功能多样的环境宣传教育场所，通过“大讲堂”“微课堂”“小体验”等形式，开展形式多样、寓教于乐的生态环境宣教活动，全面倡导绿色生活、低碳生活，全面构建全民学习、参与支持生态环境保护的全社会行动体系（图 9-20）。

图 9-20　共建“生态堡垒”

中粮大悦广场项目是福田区城市更新重点项目，位于福田区梅林街道梅丰社区，该社区前身为梅林食品加工区，将打造成为“深圳 CBD”的新活力中心节点。该项目有 20 万 m^2 的规模，由研发办公、总部办公、配套宿舍和商业配套空间组成。项目实施建成后，打造一个集产业研发、总部办公和人才宜居于一体的新型活力区，极大提升梅林片区的产业体系、公共配套和城市价值。

项目共建单位共同签约，启动“生态堡垒”党建共创绿色行动，包括党员生态先锋岗示范行动、环境对标行动、整体创建行动、亲民沟通行动、降噪减噪行动等。施工单位党员“生态先锋岗”和党员“生态监督岗”集体上岗，党建引领、绿色共建将提升工地生态环保自觉性和绿色文明新水平。

2021年是党史教育年，福田区创建“生态堡垒”与学史力行有机融合。工地污染防治是打赢三大攻坚战的主场，福田在全区200个建设工地推进“生态堡垒”绿色行动，在城市民生建设中同步保护生态，保护城市家园。“生态堡垒”绿色行动让工地更美丽，通过各种作品，把生态之美、建设之美分享给市民。

9.4 总体思路

9.4.1 指导思想

贯彻落实习近平生态文明思想，深入践行“绿水青山就是金山银山”理论，围绕深圳市建设中国特色社会主义先行示范区、创建社会主义现代化强国城市范例定位，福田抢抓“双区”建设和深圳综合改革试点重大历史机遇，聚焦河套深港科技创新合作区、香蜜湖新金融中心、环中心公园活力圈“三大新引擎”，发力科创、金融、时尚“三大产业”，加快实现三大战略性功能定位，不断探索中心城区让“绿水青山”与“金山银山”永相伴，“绿水青山”服务“金山银山”，“绿水青山”创造“金山银山”的环境与经济协同高质量发展的“绿水青山就是金山银山”创建新模式，为全国经济发达城区、中心城区实践“绿水青山就是金山银山”提供了可借鉴、可推广的宝贵经验。

9.4.2 基本原则

9.4.2.1 坚持对标国际，协调转化

对标国际，以改善生态环境质量、保护和优化绿水青山空间、提升宜居宜业竞争力为重点，推进生态空间山清水秀、生活空间宜居舒适、生产空间集约高效，促进福田区域良性互动，经济与环境协调高品质发展，实现城区整体生态品质的全面提升。创建全国首个绿色金融与碳中和的“绿水青山就是金山银山”特色转化模式，形成绿色金融支撑的市场化机制协同推进下“绿水青山”提供的生态产品转化为“金山银山”，从而满足新时代人民对优质生态产品的需求，实现人与

自然和谐共生的现代化。

9.4.2.2 坚持优质发展，点绿成金

坚持创新引领和绿色可持续，将“绿水青山就是金山银山”理念贯穿社会经济建设全过程，紧抓粤港澳大湾区建设重大机遇，积极推动科创、金融、时尚“三大产业”，中央创新区、中央商务区、中央活力区“三大定位”，高标准打造一批绿色示范项目，夯实“绿水青山”与“金山银山”转化基础，建设国际绿色金融改革创新试验区，助力深圳打造成为我国气候投融资国际窗口。

9.4.2.3 坚持改革为基，创新机制

深度融合改革开放血脉，进一步解放思想、创新工作方式，探索创新在全国有重大影响力，践行“绿水青山就是金山银山”理念的新的管理机制、工作机制、考核机制。强化市场对资源配置的优势，发挥政府和市场“两只手”协调作用，促使“绿水青山”与“金山银山”共生共融体制机制。

9.4.2.4 坚持惠民利民，彰显特色

坚持以人民为中心，依托经济发展优势，增富与民，持续增加居民可支配收入。持续提供更多优质生态环境公共供给产品，满足人民日益增长的优美生态环境需求，增强居民获得感、幸福感。推动全民参与，积极传承传统文化精髓及福田“绿水青山就是金山银山”文化创新特质，助力建设现代化世界级宜居宜业典范城区。

9.4.3 总体目标

以“绿水青山就是金山银山”理念为指导紧抓粤港澳大湾区建设机遇，对标国际先进城市建设水平，紧抓“双区”建设的重大历史机遇，深化“绿水青山就是金山银山”理论实践，坚持走可持续发展的绿色之路，以发展生态文明巩固提升中心城区功能和地位，将生态优势转化为经济优势和经济产业发展优势，着力打造更具有竞争力的区域性“国际金融中心”，更具辐射力的“科技创新中心”和更具有影响力的“服务交流中心”，不断探索中心城区“绿水青山就是金山银山”建设新模式及发展绿色发展的经验模式，为深圳市率先打造人与自然和谐共生的美丽中国典范、加快建设中国特色社会主义先行示范区贡献“福田力量”。

以打造全国发达中心城区“绿水青山就是金山银山”实践创新典范为目标，以更严的管理机制监管力度打造美好生态环境，以更优的生态环境公共产品集聚

创新资源，以更低的资源能源消耗支撑持续高质发展，以更高的绿色发展增大群众民生福利，突出“五绿”，建设“五区”，不断探索高度发达中心城区“绿水青山”转化路径，将福田打造成为全国“绿水青山就是金山银山”实践创新基地的标杆城区，助力深圳建设中国特色社会主义先行示范区，率先打造人与自然和谐共生的美丽中国典范。到 2023 年：

——突出绿色产品供给，建设一流环境质量标杆区。空气质量优良天数比例稳定保持 90%以上；$PM_{2.5}$ 年均浓度达到世界卫生组织第二阶段标准，降低至 25 μg/m^3 以下；水环境持续改善，集中式饮用水水源水质持续保持 100%达标，大沙河水质达到或优于III类；确保生态保护红线面积不减少，实现污染场地安全利用；全力保护内伶仃岛国家自然保护区等生态功能区，丰富物种多样性，森林覆盖率保持 34%以上，确保生态资源状况稳定增长。

——突出绿色生产水平，建设可持续发展先锋区。地区生产总值与单位占地产值均保持全国县区级单位前列，经济发展更加高质量、绿色低碳，单位地区生产总值用水量、单位地区生产总值能耗、单位地区生产总值碳排放强度达到深圳市下达目标，继续保持全国较低水平；推动科技创新产业快速发展，战略性新兴产业增加值占 GDP 比重大于 42%，科研产出质量和市场应用水平继续全国领跑，地区生产总值地均集约度为 60.44 亿元/km^2。

——突出绿色生活方式，建设优质乐居宜业典范区。打造优质绿色公共服务体系，积极引导和推动绿色低碳生活，公众绿色出行率不低于 50%；实施全域旅游战略，旅游接待游客量和旅游收入稳定提高；建设亲民惠民的公园城市，建成区绿化覆盖率保持稳定在 43%以上，海绵城市比例超过 20%，实现新建绿色民用建筑比例 100%，居民人均生产总值提高到 30 万元以上，城镇居民人均可支配收入超过世界银行确定的高收入水平。

——突出绿色发展机制，建设福田特色全面创新引领区。以绿色发展为导向的生态文明建设考核、环境治理、公众参与、生态补偿等制度不断完善；探索开展城市 GEP 核算等绿色评价机制，实施年度生态系统生产总值（GEP）核算；推动建立生态产品市场化机制，积极保障碳达峰与碳中和、大气环境持续提升、城市绿化、节水节能改造、市容环境提升各类项目建设资金，确保生态环保投入占 GDP 比重不低于 3%，探索构建新型生态环境治理机制。完善环境信用评价、环境违法信息强制性披露等生态环境保护政策。

——突出绿色文化创新，建设粤港澳大湾区文化展示区。保护和传承历史传统文化，打造文旅品牌，推广红树林等生态产品，提高生态效益；发展现代创意文化和文旅事业，打响粤港澳大湾区文化交流品牌，建设全覆盖的基层生态环境宣传载体，大力开展“绿水青山就是金山银山”建设宣传和实施绿色示范创建，推动基层“绿水青山就是金山银山”文化蓬勃发展，提高公众意识和公众满意率。

9.4.4　建设指标

参照《“绿水青山就是金山银山”实践创新基地建设管理规程（试行）》，结合福田区“绿水青山就是金山银山”实践创新基地建设实际及未来发展战略，突出城市对高品质生态环境质量、高品质绿色发展的追求，打造宜居宜业的世界级创新型滨海中心城区，探索作为全国发达中心城区“绿水青山就是金山银山”转化的有效路径和实践模式，制定福田区“绿水青山就是金山银山”建设指标体系。福田区“绿水青山就是金山银山”建设指标体系具体如表 9-9 所示。

表 9-9　福田区“绿水青山就是金山银山”建设指标体系

目标层	任务层	指标层		指标目标值	现状值	备注
		序号	指标			
构筑绿水青山	环境质量	1	环境空气质量优良天数比例	>90%	98%	已达标
		2	$PM_{2.5}$年均浓度*	≤25 μg/m^3	20.8	已达标
			集中式饮用水水源水质达标率	100%	100%	已达标
			地表水水质达到或优于III类水的比例	>90%	达到国家省市责任目标	可达标
			地下水水质达到或优于III类水的比例	稳定提高	稳定提高	可达标
		3	受污染耕地安全利用率	>95%	100%	已达标
			污染地块安全利用率	>95%	100%	已达标
	生态状况	4	林草覆盖率	>18%	43%	已达标
			物种丰富度	稳定提高	稳定提高	可达标
			生态保护红线面积	不减少	不减少红线面积为 13.55 km^2	可达标
			单位国土面积生态系统生产总值	稳定提高	稳定提高	可达标

目标层	任务层	指标层		指标目标值	现状值	备注
		序号	指标			
推动两山转化	民生福祉	5	居民人均生态产品产值占比	稳定提高	稳步提高	可达标
			城镇居民人均可支配收入*	稳定提高	＞8 万元	可达标
	生态经济	6	绿色、有机农产品产值占农业总产值比重	稳定提高	—	全区不涉及农业
			生态加工业产值占工业总产值比重	稳定提高	—	
			生态旅游收入占服务业总产值比重	稳定提高	0.92%	可达标
			战略性新兴产业增加值占 GDP 比重*	＞42%	73%	已达标
			地均 GDP 产值*	＞60 亿元	60.4 亿元/km^2	已达标
			万元 GDP 水耗*	＜4.1 m^3/万元	3.83 m^3/万元	已达标
			万元 GDP 能耗*	稳定降低	0.159 t 标准煤/万元	领先全国水平
	生态补偿	7	生态补偿类收入占财政总收入比重	稳定提高	—	—
	社会效益	8	国际国内生态文化品牌	获得	获得	国家生态文明示范区、国家自然保护区等称号
			公共交通分担率*	＞50%	90%	可达标
			建成区绿化覆盖率*	不减少	不减少	可达标
			新建绿色民用建筑比例*	100%	100%	已达标
			“绿水青山就是金山银山”建设成效公众满意度	＞95%	参考生态文明满意度	可达标
建立长效机制	制度创新	9	“绿水青山就是金山银山”基地制度建设	建立实施	进一步完善	可达标
			生态产品市场化机制	建立实施	进一步完善	可达标
	资金保障	10	生态环保投入占 GDP 比重	＞3%	＞3%	可达标

注：标“*”为福田区“绿水青山就是金山银山”建设特色指标。

9.5　重点任务

9.5.1　守护“绿水青山”，对标一流环境质量标杆区

积极强化自然生态空间管控，全面优化改善大气环境、水环境、海湾环境，不断丰富物种多样性，确保生态资源状况稳定增长，构建天更蓝、地更绿、水更清的“山、湖、河、海、生物”自然景观，保障生态产品供给能力，打造绿水青山本底。

9.5.1.1　深化“提气”行动，打造福田蓝可持续品牌

（1）臭氧污染成因与预警体系研究。

开展臭氧污染成因和防治路线研究。开展臭氧污染成因和防治路线研究，厘清臭氧污染的演变规律、影响因素和控制途径，推动臭氧与 $PM_{2.5}$ 协同治理。结合全市臭氧污染防治方案和路线图，加强与罗湖、福田等区域大气污染协同防治，全力推进福田区臭氧污染治理工作。

健全区域臭氧污染预警监控体系。利用大数据、人工智能、物联网等先进技术建立大气污染臭氧热点网格精细化监管平台。搭建臭氧和挥发性有机物三维立体综合监测网络，重现臭氧及前段污染物在大气中产生、传输、扩散、反应的完整过程，助力污染源精准溯源。

（2）挥发性有机物污染控制。

强化工业（企业）污染管控。严禁使用高污染燃料锅炉，对符合规定的天然气锅炉实施低氮改造；新建、扩建天然气锅炉必须配置低氮燃烧器，NO_x 排放浓度不高于 30 mg/m^3。全面清理非法生产和使用高挥发性有机物含量涂料、油墨、胶粘剂、清洗剂等物料的生产线。探索辖区工业企业技术改造，推进低挥发性有机含量原辅材料替代。

积极推广道路交通设施 VOCs 减排。新建、改建、扩建的交通安全设施工程类项目，道路桥梁、人行道护栏翻新、道路交通隔离栏翻新、道路标线和标识涂装作业必须使用低挥发性有机物含量涂料。

加强加油站油气管控。开展辖区内的加油站、储油库回收设备全覆盖监督检

测，严格处罚违法违规行为。推动油气回收在线监控系统建设，年汽油销售量大于 5 000 t 的加油站全部完成油气回收在线监控系统建设。

（3）城市扬尘污染控制。

强化工地扬尘污染管控。严格落实工地扬尘污染防治“七个 100%”。落实工地扬尘防治“网格化”巡查，增强网格员现场识别、处置扬尘污染问题的能力。强化绿色施工示范效应，打造优秀绿色示范工地。推广扬尘污染防治第三方治理模式，从源头控制扬尘。持续提升扬尘源污染智慧化管理水平，建设用地面积大于 5 000 m^2 的建筑工地、混凝土搅拌站、砂石建材堆场安装 TSP 在线监测装置和视频监控系统。

严格落实道路扬尘管控。提高道路冲洗、洒水、清扫频次，城市道路适宜机扫道路机扫率达到 98%以上。加强辖区重点区域、重点道路渣土运输检查，严格开展泥头车带泥上路和沿途撒漏及其他交通违法的执法。采取复绿、硬底化或者铺盖防尘网等有效措施，严格执行土地裸露超过 24 小时铺盖防尘网，实现全区具规模的裸土“清零”。

（4）机动车尾气控制。

推广使用新能源汽车。持续推行公务租车优先选用纯电动车政策，党政机关和公共机构每年更新车辆优选纯电动汽车。继续落实节能、新能源车船减免车船税的政策，新增网约出租车纯电动化。

严格管控机动车污染。加强对辖区柴油车超过 20 辆重点货运企业的监管工作，加大对其尾气排放的抽检力度。按“双随机”模式，定期和不定期开展物流园、客运站等车辆停放集中的重点场所以及物流运输等重点单位的车辆监督抽测。针对性加强中重型柴油车、异地号牌柴油车、老旧汽油车排放检测，并加大不达标车辆处罚力度。全面检查辖区内非道路移动机械，加大老旧、超标排放非道路移动机械执法抽查力度。

（5）生活面源污染控制。

积极探索，持续创新，强化环境保护属地监管责任，将餐饮油烟巡查纳入环境监管网格化管理，建立日常巡查及油烟处理设备运行管理台账，强化科技支撑，搭建福田区餐饮油烟污染源管理一张图。加强餐饮油烟监管执法，重点餐饮业安装油烟在线监测设备，提升环境餐饮油烟治理与管理的科技化水平。

9.5.1.2　巩固提升碧水质量，持续提升水生态环境

（1）全面改善水环境质量。

①构建全收集全处理治污体系。全面构建"源头减排—过程控制—末端治理"的系统化治水体系，实现污水全量收集、全面达标处理。完善污水收集系统，福田水质净化厂形成"四路进水"主干系统；针对区域老化和管径偏小、局部污水无出路等问题，提出改造方案。持续开展"点（小区）—线（管网）—片（零直排片区）—面（流域）"织网工程。大力开展清污分离，加快取消总口截污、点截污等截留设施，将生态基流、地下水等清水从污水管网中剥离。适时建设雨水分散调蓄设施、强化雨水分流管网统筹监管，提升区域面源污染防治水平。稳步推进福田水质净化厂和滨河水质净化厂提标拓能工程建设，提升污水收集处理效能；结合城市更新改造及重点片区打造，开展分散式污水处理设施研究探索。

②打造最严格水环境治理监管体系。依托污水零直排区创建，完善全市 GIS 管网台账及排水专业化管理监督体系。全面推进排水管理进小区，促进小区排水管渠管养专业化，从源头解决排水管理"最后一公里"问题。持续推进流域污水零直排工作，打造"污水零直排示范城区"。强化生产性排水管理，施工降水或基坑排水经处理达标后方可排入雨水管网或直排水体；督促施工单位做好沉砂池运行管理，防止泥浆水直排管网或河道；垃圾转运站均实施雨污分流，作业污水不得直排雨水管网。完善水土保持工作机制，强化水土保持监督执法与水土流失监测力度，加大对工程施工现场的巡查频率、次数与覆盖度。健全监测机构，加强监测站点布设，完善水土流失监测网络，推动监测工作向精细化、规范化发展。

③稳步提升水生态环境。对梅林水库库周 0.06 km^2 进行生态修复，将梅林水库右岸交通道库尾改造为林地过滤带，局部边坡较陡或有塌方形成地段进行整治。实施福田河中上游段生态修复示范工程，采用梯级生态阻控技术控制福田河上游面源污染，构建顶级生物群落与滤食性水生动物种群，引导生态景观恢复与重建。建立河道生态长效补水机制，利用天然基流、水库、水质净化厂尾水等补水来源，保证河流生态基流。建设美丽生态河湖，打造河畅水清、鱼翔浅底、鸟栖水岸的"量—质—生态"三位一体健康水生态，提升河湖自净能力。

④营造山海水韵水生态体系。加强海绵城市建设，继续推行海绵城市建设鼓励政策，激发全社会海绵城市建设热情。高质量开展梅林—彩田片区、福田保税

区海绵城市规划建设，打造海绵城市片区建设标杆。稳步推进碧道建设，构建“一带两廊两湖”的碧道主干网络，增添城市亲水体验。贯通福田河、新洲河山海通廊，构建山、海、城一体化都市生态游憩网，将良好河湖生态环境转化为福田区最普惠的民生福祉和绿色福利。

⑤加强水环境治理技术与模式创新。开展工地黄泥水，农贸市场、垃圾转运站高度浓度废水，汽修店、洗车场清洗废水等各类生产性排水处理关键技术研发，提高城市非工业排水的治理水平，支撑水环境质量的持续改善提升。加强河道管养模式创新，推进“物业管理模式进河道”等先进河湖管养模式在福田区的创新应用，努力打造引领河湖管养的福田样板。

（2）全面防范地下水污染。

①加快全区地下水水质调查。在地下水基础环境状况调查评估的基础上，结合重点行业企业用地土壤污染状况调查，持续推进工业集聚区、加油站、高尔夫球场等重点区域周边地下水基础环境状况调查，摸清地下水水质状况。

②构建地下水环境监测信息平台。按照“大网络、大系统、大数据”的建设思路，构建全区地下水环境监测信息平台，加强重点区域地下水监管，严防新增地下水污染，以科技手段助力福田区地下水环境监管水平的进一步提升。

③建立地下水污染防治管理体系。建立健全地下水资源开发利用、地下水污染状况调查评估、地下水污染风险防控和修复、地下水环境监测等相关制度。建立涉地下水管理部门的数据互联互通，在地下水区域污染和场地污染协同防治方面积极探索，先行示范，优化福田区地下水环境监测网络，提升福田区地下水环境监管能力。

（3）严格饮用水水源保护。

①加强水源保护区综合管理。进一步加强梅林水库一级水源保护区的封闭管理，严格防范城市绿道、碧道开发建设对饮用水水源带来的潜在隐患。建立健全保护区日常巡查长效机制，持续开展雨季专项行动，增强水源地风险应急处置能力，保障梅林水库水质稳定达到Ⅱ类水质。

②持续开展入库河流环境状况评估。做好水质日常监测工作，重点关注水质动态变化，对水质超标问题，及时采取措施、查明原因、控制风险、消除影响，确保入库河流水质不受污染，保障饮用水水源安全。

（4）稳步提升近岸海域水环境。

①提升精细化管理水平。强化顶层设计与管理，深化海域资源本底调查，收集整合海洋环境、水文、地形、生物等基础数据，建立健全陆海联动监测体系，实现海洋生态环境的精细化、信息化管理，支撑辖区海岸带精细化保护和利用。加强深圳河湾区域生态环境的监测与预警研究，防范深港科技创新合作区建设对深圳河湾生态环境造成不良影响。健全排水精细化管理体制机制，构建入海排口分类管理体系。

②强化海洋污染源头防控。坚持陆海统筹与流域系统控制，加强陆源水环境污染治理。探索建立"海域—流域—陆域水环境控制单元"体系，加强与福田、罗湖等相邻区域间的联防联治。加大河道管养力度，严格落实河道管理范围内的保洁责任，防止垃圾通过河道入海。加强海域巡查力度，严厉打击向海洋倾倒垃圾的违法行为。推动海漂垃圾清理常态化，督促海域使用单位落实海洋垃圾清理责任。

③近岸海域生态保护与修复。坚持保护优先，自然恢复为主理念，严格落实海洋生态红线管理与红线区分类分区管理，守住自然生态安全边界。加强红树林自然保护区、深圳河河口、滨海湿地等生态系统的保育和修复，推动福田红树林国家级自然保护区与香港米埔自然保护区的协同保护，保护深圳河湾良好的自然生态环境。

9.5.1.3 持续建设净土空间

（1）建立全区土壤环境智慧管理平台。

开展土壤环境质量调查，掌握全区土壤环境质量状况。建立污染地块管理名录，明确各污染地块的责任主体。加快建立土壤环境智慧管理平台，集成全区土壤环境质量调查数据、重点污染源监控、土地规划用途、责任主体等数据信息平台和公共服务、信息公开、行政管理等业务支撑平台，提高土壤环境管理的科技化水平。

（2）完善建设用地土壤污染状况调查、评估及修复机制。

加强建设用地土地规划、出让、转让、用途变更、续期、整备（收回）、储备等全生命周期监管力度。完善建设用地土壤污染状况调查、风险评估、风险管控及修复管理体系。跟踪、评估现行建设用地土壤环境调查评估工作指引和建设用地土壤污染状况调查报告评审工作程序的执行情况和实施效果，及时修订。

（3）开展污染地块土壤污染风险管控和修复试点。

以土壤环境质量调查数据和土地规划为依据，制定全区土壤污染风险管控和修复计划。选取深圳市深投环保科技有限公司龙尾路梅林生产车间，开展典型污染地块土壤污染风险管控与治理试点修复，督促相关责任主体编制土壤污染状况详细调查报告、风险评估报告和修复方案。加强污染土壤修复过程的环保措施落实、污染物排放与处理处置、环保设施运行等监管。

9.5.1.4 深化“红线”管控，筑牢城市生态安全屏障

（1）构建生态安全格局。

坚持“绿水青山就是金山银山”理念，尊重自然、顺应自然、保护自然，通过城市更新推进基本生态网络和体系建设，有机串联辖区山、水、林、湖、海资源，推进陆海统筹，构建“一环、双核、两带、三廊、多节点”山海相连的生态安全格局，实现区域生态空间互联互通，打造安全韧性中心城区。

“一环”：指福田区环城林带，通过加强现有林地保护和海岸带防护林的建设，为建成区构筑生态屏障，改善建成区环境质量。

“双核”：指以红树林自然保护区为核心的南部滨海湿地生态区，对标米埔自然湿地公园，全面推进滨海湿地保护；以梅林水库仙湖苏铁保护小区为核心的北部岭南自然山林生态区，加强辖区生物多样性保护。

“两带”：即深圳中央山脊生态屏障带与深圳河—红树林保护区绿色发展带。利用自然绿道串联安托山—梅林山—笔架山，建设临山公园带，打造福田北部生态安全屏障。充分发挥红树林生态公园和米埔自然保护区的生态优势，打造世界级湿地公园，西连深圳湾公园带，东连福田河、布吉河，创造福田的滨海绿色发展空间。

“三廊”：依托安托山、新洲河、福田河等建设山海廊道，有机串联南北核心生态区、中央山脊生态屏障带与深圳河—红树林保护区绿色发展带，打破生态空间破碎化困境，形成青山绿水、山水交融的生态格局。

“多节点”：以辖区中部的香蜜湖公园、中心公园、莲花山公园等生态公园为生态园区，充分发挥其重要的生物多样性保护、水源涵养和土壤保持等生态系统功能，同时也为居民提供休闲娱乐的场所。

（2）优化城区生态空间。

①强化生态保育带建设。加强森林、湿地、绿地的保护与恢复，有效连接各大区域森林、湿地、绿地等各类生态系统，使其成为市域组团隔离带、通风走廊和生物廊道，满足本地区关键物种迁徙的需要。

②加快关键点位恢复建设。重点控制辖区生态廊道中关键点位的开发建设，清退影响节点贯通的建设用地；对节点内桉树、相思等群落和果园进行改造，以乡土树种替代原来单一的群落类型；对节点范围内的水土流失区域进行控制；对清退的建设用地的裸露地表进行植被恢复与重建；对节点内的入侵植物进行物理、生态防控；对无法清退的建设用地、道路沿线进行生态化改造。

（3）推进滨海生态景观带建设。

以现代化大都市布局为基础，将全区山、水、林、湖、海等自然生态元素与都市楼宇、道路等高度融合，营造出“全景+湾景+河景+街景”的公共景观节点，打造优良的城市中心区生态环境，提供一流的生态服务功能，将“绿水青山”资源持续转化为民生福利。完善都市生态游憩网，塑造集“林、海、城”于一体的滨海生态城市特色，打造风光秀丽的滨海生态景观带。

（4）优化重要生态节点建设。

①打造公园里的中心区。对标世界先进水平，进一步加强公共绿化带改造，优化绿色公共服务供给，消除物理边界和城市“空间孤岛”。启动深圳绿轴、森林入城、公园提质、精品绿道、花开福田等一批符合福田现代化典范中心城区定位的绿化景观建设，打造人与自然和谐共生的理想城区。

②大力推广立体绿化。依托城市更新、绿色建筑等重点工作，同步推进立体绿化。通过屋顶绿化、垂直绿化、绿墙、阳台绿化、桥体绿化等形式，进一步提升城市立体可视绿量。大力鼓励和调动社会资本积极参与屋顶、建筑立面等立体绿化的共同建设和管理。

③建设“中央山”山体公园群。以梅林山、大脑壳山为核心节点，连接塘朗山、银湖山，建设“中央山”山体公园群。推进山体生态还原、高压电缆下地等景观修复，设计“云中栈道”“云中驿站”“云中舞台”等特色节点，策划云中马拉松、云中音乐会等品牌活动，建设世界级城市“云端”步道群，增强自然生态的服务能力。

9.5.1.5 严格生态空间管控

（1）实施生态空间立体监管。

①严格落实“三线一单”空间管控。划定并严守生态保护红线，加强对生态保护红线内各类保护地的管理，从严查处生态保护红线内的已有建设项目。严格落实资源利用上线，对能源、水、土地等战略性资源消耗总量实施管控。严守环境质量底线，分阶段、分区域设置大气、水和土壤环境质量目标，强化区域、行业污染物排放总量控制。结合深圳市建设项目环境准入规定及综合改革试点实施方案，列出福田区建设项目环境“准入”清单。

②建立生态红线立体监测。利用无人机遥感监测和互联网平台建立福田区生态红线监测评估系统，定期对生态红线区域范围进行低空航拍，并结合“3S”技术，对生态红线范围进行实时监控，对生态服务功能极重要、生态环境极敏感和极脆弱地区重点监控。

（2）实施生物多样性保护。

①建立辖区动植物资源基础数据库。开展生物多样性和珍稀野生植物种群本底调查与评估，建立生物多样性台账和外来物种数据库，借助“互联网+大数据+智能硬件”，逐步建立生物多样性监测评估和预警体系。持续开展仙湖苏铁日常监测，并采用红外线设备等科技监管手段作为辅助，开展梅林水库野外动植物的生物多样性调查。

②外来物种入侵防治。利用化学、生物和人工清除、群落改造等方法，每年开展1～2次防治和综合治理工作，重点加强关键生态节点、自然生态保护区、郊野公园的外来物种防治，保护辖区生物的多样性。

③建立区域生物多样性保护动态监管体系。加强区域间和流域内的协调，完善跨区域生物多样性廊道。加强沟通协调，构建动态的生物多样性监测网络体系、资源成果共享机制以及打击破坏生物多样性违法行为的跨部门协作机制，共同维护地区生物多样性资源。

④水生生物多样性保护。开展主要干流、重要支流、自然保护区等水体的水生生物受威胁状况评估，掌握重要水生生物动态变化情况，明确亟须保护的生态系统、物种和重要区域，整合现有资源，开展水生生物多样性保护。

9.5.1.6　深化“织网”工程，建立智慧环境监控体系

（1）建立“空天地源一体化”大气环境监测体系。

探索构建涵盖大气环境立体观测、大气颗粒物激光雷达扫描监测、VOCs 走航观测和大气环境热点网格精细化观测四个部分的“空天地一体化”大气环境监测网络。布设大气颗粒物激光雷达扫描设备，对重点区域进行 24 小时在线大气环境质量面状扫描监测。对重点区域开展走航观测，全面掌握不同气象条件、不同时段及不同点位 VOCs 主要物种及分布特征，锁定重点污染区域。综合运用地面监测、云计算、卫星遥感、物联网、大数据分析以及人工智能等技术，对污染防治的“关键少数”进行重点监管，落实管理责任到街道，实现“科学化、精细化、常态化”环境管理模式的创新与转变。

（2）建立“厂—网—河—库—海”一体化水质监测感知网。

以福田区环境监控监测平台为基础，加强仪器设备的维护保养，老旧、破损监测设备的更新，建设覆盖全区的“厂—网—河—库—海”一体化水质监测感知网。开展全区水环境水质、水位、水量监测及数据分析，全面掌握水环境质量动态变化。

（3）建立覆盖全区的生态监测系统。

根据深圳市城市生态系统监测点位，结合福田区生态资源和城市人口分布特点，开展城区生态中人居环境适宜性 4 类 25 项指标的自动化监测监管。站点属性包括生态监测站、空气监测站，利用空气微生物在线监测仪、微生物四项自动监测仪、全自动花粉监测仪、负离子检测仪等设备对负氧离子、空气微生物、花粉、BVOC 等指标开展监测。

（4）构建全区智慧环境管理平台。

构建由环境质量监测子系统、污染源在线监控子系统、智慧环保执法子系统与智慧环境数据中心 4 个部分组成的智慧环境管理平台。灵活运用物联网、云计算、大数据等新技术，汇集环境质量历史和实时数据，逐步纳入地理信息、环评、污染源监管执法、智能监控等数据，提高平台数据分析利用能力，实现由简单的环境质量分析向智能监测、智能预警、智能应急、智能决策等方面转变。

9.5.2 深化高质量绿色发展，建设可持续发展先锋区

9.5.2.1 推进绿色生产方式

（1）构建绿色发展格局。

以营造产业生态与推动产城融合为导向，构建“一核、两廊、三带、八大片区”总体发展布局，建设中央商务区、中央创新区、中央活力区，打造福田区产业发展新阵列。

“一核”：以中央金融商务区为发展核心，大力发展金融业、专门专业服务业、信息与科学技术服务、商贸服务等现代服务业，着力打造总部管理功能核与金融服务功能核。

“两廊”：以笔架山、中心公园休闲运动轴和塘朗山、安托山、园博园、红树林绿地景观轴为生态廊道。进一步完善生态廊道休闲、景观、科普、娱乐等复合功能，结合城市绿道升级，构建纵横交织的绿色文化生活网络。

“三带”：主要包括北部“智能科技产业带”、中部“深圳国际金融产业带”、南部“深港创新合作带”，加快高端产业集聚，差异化布局优质创新型产业，筑成产业动力引擎。

“八大片区”：主要包括中心活力区、河套—福保片区、香蜜湖片区、车公庙—天安片区、华强—上步片区、梅林—彩田片区、金地—沙头片区、八卦岭片区，不断激活八大片区绿色经济生态活力，加快建成“世界级湾区现代产业引领区”。

（2）深化资源高效利用。

①推动重点领域节能。继续实施能源消费总量和强度双控行动。严格落实工业节能要求，推进清洁生产，鼓励重点企业实施用能总量控制。从标准、设计、建设等方面积极推动可再生能源建筑发展。严格落实节能审查制度，鼓励商用和民用节能，开展商业、旅游业、餐饮等行业能源审计。强化公共机构节能，纳入区政府机关办公建筑和高能耗的大型公共建筑建立楼宇能源管理系统。

②加快建设节水型城市。强化用水总量和强度控制，建立城市节水管理长效机制。深化工业领域节水，淘汰高耗水、高污染的行业与企业，改良生产工艺，提高工业用水重复利用率。建立工业节水激励机制，强制推行城市高耗水项目节

水改造。开展节水型载体创建工作，区属机关全部建成节水型单位，新建公共机构必须达到节水型单位标准。加大非常规水资源利用，再生水利用率提升至55%。建设雨水收集利用设施，加大雨水资源回收利用。推进供水管网改造及增强探漏监测，更换智能水表，精进供水管网运行管理，确保供水管网漏损率不超过7%。

③引导城区空间高质利用。充分发挥国土空间规划在空间开发保护方面的基础和平台功能，统筹引导城市空间管控和合理利用。建立节约集约用地评估考核机制，鼓励建设用地集约综合开发利用，积极推进存量低效用地再开发利用。探索开展生态环境导向的城市开发（EOD）模式，推进生态环境治理与生态旅游、休闲康养等产业融合发展。

9.5.2.2 全面践行绿色生活方式

（1）推动城市绿色更新。

加强重点生态廊道、斑块区域城市更新项目的管控，促进城市更新与自然景观资源相融合。加强重要生态空间保护和修复，推动城市生态保育和休憩功能相融合发展。严格禁止生态保护红线、水源保护区等重点生态用地范围内的拆除重建类更新行为。将绿色低碳化等贯穿在城市更新计划、规划、实施、管理的全过程。

（2）完善绿色交通体系。

将绿色发展理念融入城市慢行系统和景观系统，打造后疫情时代会呼吸的绿色城区，激发片区城市活力，形成宜人宜居、人文突出、互联互通的公共绿色体系。以现代大数据平台为基础，利用“互联网+”技术，加强智能交通系统建设与智能交通科技应用，提升综合交通管理能力与运输效率。切实提升绿色低碳公路建设理念，推广新型节能环保技术及新型低碳材料在区域道路系统建设中的应用，鼓励施工废弃物循环利用。

（3）加快建设慢行系统。

依据福田区城市空间发展结构，构建三级慢行网络，串联主要公园、休闲公建、生态空间及沿线游览点，衔接重点片区，展现城市活力与魅力。加快自行车通道网络建设，加强自行车道与绿道网、滨海休闲廊道等设施相互衔接，综合提升慢行交通的连续性、可达性，方便居民休闲健身功能。持续推进福田中心区慢行交通示范区建设，多样化立体慢行空间体系，增加城市空间价值。

（4）持续建设宜居社区。

积极探索社区建设的新思维、新方法，高标准推进五星级宜居社区创建工作，培育更多、更具有文化特色的五星级社区。对已通过评审的四星级和五星级宜居社区开展自查与改进，巩固宜居社区创建成果，提升社区宜居水平。

（5）鼓励公众绿色消费。

积极倡导节约简朴、保护自然的绿色生活理念，引导市民养成良好的节能节水生活习惯。以政府机关、事业单位为重点，开展以节约办公用品、降低办公能耗水耗为重点的活动，提高办公用品重复利用率，做好办公设备节能。完善政府采购信息平台及采购情况公示系统，提高绿色产品政府采购的比例，明确每年政府采购绿色产品比例不低于 80%。提高资源节约器具普及率，进一步推广高效节能、高性价比的 LED 照明产品以及节水器具，每年在售用水器具中节水型器具占比 100%，限期淘汰不符合节水标准的用水设施及产品。以已获得“宜居社区”称号的小区为重点，推进节水、节能型小区的建设。

9.5.2.3 积极培育绿色生态文化

（1）强化生态环境保护教育。

①强化青少年基础教育。强化学校生态环境保护教育体系建设，针对不同年龄阶段和不同学科要求，制定差异化的生态环境教育方式。把生态环境知识和课程纳入国民教育体系，重点加强青少年生态环境保护意识教育，全力提升青少年生态环境保护意识。

②塑造企业绿色发展观。组织定期召开企业生态环保培训会议，开展企业清洁生产、节能减排等相关知识培训，引导企业以低碳、环保为核心，将绿色发展理念与企业核心文化相结合，形成“节约资源、减少污染、绿色生产”生产经营理念及具有本土特色的企业生态文化，塑造绿色企业形象。

③塑造政府生态政绩观。建立体现科学发展观和正确政绩观要求的党政领导干部实绩考核评价体系，积极引导各级政府官员转变传统的唯 GDP 论英雄的发展观点，确立生态价值的根本性地位，形成“不仅要增加 GDP，也要提高生活质量”的城市建设理念。

（2）建立生态环保宣教体系。

①凝心聚力形成环保宣教大格局。按照上级要求开展生态环保宣传工作，明

确生态环保宣传任务、时间及责任单位，推动各级政府、企业、公众自觉贯彻全区生态环境发展建设战略意图，形成“政府主导、企业贯彻、公众参与”各方配合、全民参与、富有成效的宣教大格局及社会行动体系。

②多措并举丰富生态环保宣传方式。全面拓展生态环保宣传方式，深化“互联网+”利用，以微博、微信、政府网站、抖音、今日头条等为主阵地，打造系列生态环保品牌宣教活动，全面宣传生态环保知识、工作进展及成效。探索大数据、5G、物联网等技术运用，实现生态环保宣传精准投放。强化传统宣传平台利用，全方面宣传生态环保知识；打造生态宣教精品，进一步培育公众生态环保自觉性。

（3）强化绿色生活方式推广。

①持续开展“绿色”系列创建活动。每年开展福田区“绿色”系列创建工作，明确“绿色机关”“绿色学校”“绿色商场”“绿色酒店”“绿色医院”“绿色企业”“绿色家庭”等创建要求及流程，做好绿色创建指导及咨询。

②加大绿色生活方式宣传推广。利用微信、微博平台定期开展绿色生活方式宣传活动，打造全区绿色低碳宣传特色品牌。积极利用世界地球日、世界节水日等开展绿色生活方式宣传，提高公众节水节能意识，引导公众优先采购再生产品、绿色产品、能效标示产品、节能节水认证产品和环境标志产品。

③持续提升绿色环境教育水平。推动更多的环境教育基地、自然学校及环境设施向公众开放，向广大市民提供环境教育服务。依托自然生态保护区、垃圾分类科普教育基地等场地，打造绿色生活特色主体宣教中心。发动社会力量，编写常见动物、常见植物的识别手册，满足普通植物爱好者及植物学研究专家不同层次的需求。以街道为单位加强城区绿色环保文化发展的空间改造，重点开展基层生态文化设施规划与建设，构建“共建、共治、共享”的生态环保新格局。

9.5.2.4 “三大新引擎”高质量发展

“十四五”期间，福田区将以河套深港科技创新合作区、香蜜湖片区、环中心公园活力城区三驾马车为总牵引，落实新发展理念，持续强化“金融+科技+文化”现代产业体系，打造福田首善之区高质量发展的发动机，推动中心城区高质量发展，先行示范，当好尖兵，建设高质量发展高地与可持续发展先锋。

（1）深入推进深港科技创新合作区协同发展。

深港科技创新合作区地处深港“直接结合部”，利用双重制度优势以及探索运用国际先进规则的优势，以科技创新为主轴、以制度创新为核心、以国际合作为特色、以深港协同为抓手，推动重大科研项目和平台集聚，构建国际一流的科技创新服务体系，全力建设中央创新区与深港协同生态发展典范。

（2）全力推进建设香蜜湖新金融中心。

位于福田区“一轴两翼五廊”空间格局“中轴西翼”，以山海绿廊为南北轴线、以林荫大道为东西脉络搭建空间骨架，打造活力多元、品质高端的城市新客厅和新金融中心。探索完善绿色金融组织体系、标准体系、信息化管理体系，加强国际绿色金融交流合作。争取全球可持续金融中心、深圳国家气候投融资促进中心落户，建设国家绿色金融改革创新试验区。依托片区生态景观构筑生态山海绿廊，联通塘朗山、香蜜湖公园、深圳高尔夫及深圳湾。进一步提升轨道交通支撑，打造立体城市。打造活力客厅，提供可漫步的活力街区体验。

（3）加快打造环中心公园活力城区。

对标纽约中央公园、东伦敦科技城等世界一流城市公园和国际技术中心，进行规划建设，推动公园与城市高度融合，打造环中心公园活力圈。重塑福田河活力景观带，适当增加居民进入公园便捷通道。融合总部经济、科技研发、创意设计等高端产业，打造多姿多彩的文化生活和优美宜人的生态环境，建设万众期待的都市活力中心。围绕中心公园打造“U 形产业环”，以四新项目带动，扩大有效投资，增强中心城区高质量发展动能。以滚动开发模式，优先推进环中心公园活力圈核心区城市更新项目，牵引带动周边片区品质提升，以存量更新带动片区潜力地块发展，提升片区城市空间价值。

9.5.2.5 以新发展理念提升应对气候变化能力

2020 年 9 月 22 日，习近平总书记在第七十五届联合国大会一般性辩论上首次提出我国二氧化碳排放力争于 2030 年前达到峰值，努力争取 2060 年前实现碳中和；12 月 12 日，习近平总书记在气候雄心峰会上发表题为《继往开来，开启全球应对气候变化新征程》的重要讲话，继续强调这一目标，并提出了在 2030 年达峰时的目标，加速了我国在应对气候变化的工作步伐；12 月 16—18 日，习近平总书记在中央经济工作会议中明确抓紧制定 2030 年前碳达峰行动方案为 2021 年重点任务之一，并支持有条件的地方率先实现达峰。深圳市作为国内首批碳试点和碳排放交易权试点城市，充分发挥示范引领作用，在多方共同努力下争取率先实现碳达峰。以新发展理念为引领，坚持“绿水青山就是金山银山”，大力倡导绿色低碳的生产生活方式，从绿色发展中寻找发展的机遇和动力，采取更加有力的政策和措施，加快调整优化产业结构、能源结构，大力发展新能源，完善能源消费双控制度。继续打好污染防治攻坚战，实现减污降碳协同效应。

（1）实施碳排放总量和强度双控。

利用各种低碳技术、方法和手段推进低碳城区建设。开展碳排放总量达峰路径研究，降低城区总体碳排放量，力争率先实现碳排放总量达峰。践行绿色发展理念，采取以生态环境为导向的城市开发模式推进“三大新引擎”建设，推动全区碳排放总量和强度的降低。以低碳导向完善温室气体清单编制工作机制，建立福田区温室气体排放管理信息系统，用清单报告支撑低碳发展规划或减排行动方案的制定和实施，用数据为决策服务。严格执行温室气体排放目标考核方案，落实责任。持续推进能源结构优化，提高清洁能源消费比重。强化交通低碳发展，推广新能源汽车及其他清洁燃料汽车，鼓励绿色出行和自愿停驶。加快推进“升级版”绿色智能建筑设计，强化建筑节能减排，推动实施更严格的建筑节能标准，推进既有建筑节能改造，引领全市绿色建筑创新发展。

（2）积极应对气候变化。

开展适应气候变化对策研究，加强气候变化评估、影响与风险、城市适应性的基础研究。推污染物与温室气体的协同控制，控制甲烷、氟利昂、氧化亚氮等非 CO_2 温室气体的排放，建立 MRV[监测（M）、报告（R）和核查（V）]体系。推进韧性城区建设，强化适应气候变化的城市规划研究，采用高标准进行城市基础设施设计和建设，增强中心城区适应气候变化能力。实施基于自然的解决方案，通过保护、恢复和改善土地、海洋等资源管理的方式，在提升生态系统的可持续发展能力和生物多样性的同时，推动各类自然碳汇的增长。积极参与应对气候变化的生态环保国际合作。

（3）深入推进气候投融资改革。

积极推进深圳国家气候投融资促进中心落户福田，优化完善应对气候变化国家自主贡献重点项目库，在全国范围内持续遴选气候项目。充分发挥深圳气候投融资促进中心核心作用，发起设立国家级气候投融资基金，更大程度灵活吸引境外长期、低成本资金投资于国家自主贡献重点项目入库项目，助力深圳打造成为我国气候投融资国际窗口。在气候领域持续探索可持续、可推广的投融资模式，充分发挥财政资金的引导作用，优化、完善气候投融资机制。

（4）深化低碳试点示范工作。

持续开展“低碳日”“低碳竞赛”等宣传活动，强化绿色低碳生活方式的宣传教育，增强居民生活中的节能减排意识。积极落实碳普惠制，推动低碳社区与低碳建筑创建试点创建，调动全社会践行绿色低碳行为的积极性，树立低碳、节约、绿色、环保的消费观念和生活理念。积极推进国家绿色金融改革试验区创建工作，探索开展国际绿色金融交流与合作，引导金融资源投向湾区绿色产业领域。深入探索绿色金融服务实体经济的连接方式，开发绿色金融促进绿色产业发展的创新模式。探索推进深港科技创新合作区近零碳排放区建设，建立绿色低碳循环发展的经济体系，助力国际一流湾区绿色发展。

通过实行生态空间均衡发展、产业结构转型，开展绿色建筑、热电联产、海绵城市、节水型社会、绿色港口、无废城市建设，深入实施“科技创新+总部经济”双轮驱动，实现企业绿色低碳转型升级，将生态资源优势转化为绿色发展优势，探索高质量绿色低碳发展路径，打造创新、协调、绿色、开放、共享的经济体系，实现经济发展和生态保护的均衡发展，成为建设可持续发展先锋城市主力军。

9.5.3 突出绿色发展机制，建设福田特色全面创新引领区

通过创新建立决策考核、协调跟踪、监督管理、资金投入等“绿水青山就是金山银山”体制机制体系，优化城市绿色发展评价、生态环境治理、公众参与、生态补偿等制度，积极推动“绿水青山就是金山银山”良性转化，为“绿水青山就是金山银山”实践创新基地建设提供保障，积极建设更高品质、更高标准的全面创新引领区。

9.5.3.1 推行“城市 GEP”核算，强化绿色指挥棒

根据深圳市发布的全国首个城市 GEP 核算地方标准，推动构建福田区城市 GEP 核算体系，实施福田区“自然生态系统价值”和“人居环境生态系统价值”年度核算，推动“城市 GEP”进规划、进项目、进决策、进考核，丰富“绿水青山就是金山银山”发展理论，强化绿色指挥棒作用，探索形成以 GDP 增长为目标、以 GEP 增长为底线的城市发展观，不断满足人民日益增长的优美生态环境需要，

共享福田区发展成果，提升民生幸福感。

9.5.3.2 推行生态文明考评机制，筑牢生态政绩观

优化升级生态文明考评体系，将各项考核指标任务进行分级，落实责任，重点关注 $PM_{2.5}$ 平均浓度、污染减排任务落实情况、空气质量优良率、河流、近岸海域及地下水环境质量、饮用水水源水质达标率、生态资源指数、治污保洁工程 7 项生态文明建设指标，并将其纳入区绩效考核。强化污染减排、治污保洁、海绵建设、绿色建筑、生活垃圾分类减量等工作内容，探索以街道为单位，通报辖区地表水质监测，以及一街一站大气监测数据及任务，用考核机制激励引导生态环保建设工作，形成以考核增压力、以考核提效率、以考核增动力的“绿水青山就是金山银山”建设良好工作机制。全面落实生态环境保护“党政同责，一岗双责”，压实生态环保工作责任。

9.5.3.3 推行“绿水青山就是金山银山”评估机制，创新动态化跟踪

根据福田区“绿水青山就是金山银山”实践创新基地建设过程实施动态跟踪评估，定期总结“绿水青山就是金山银山”实践创新机制，积极挖掘“绿水青山就是金山银山”实践创新特色亮点，总结凝练“绿水青山就是金山银山”建设的“福田模式”，按照“成熟一条、推广一条”原则，依托生态文明建设论坛、绿色论坛、红树林基金会等进行“福田模式”推广，丰富“绿水青山就是金山银山”内涵，树立发达城市中心城区两山建设的标杆和典范，扩大福田在“绿水青山就是金山银山”实践创新建设的知名度与影响力。

9.5.3.4 推行生态产品市场化机制，打造世界绿色金融窗口

推动开展碳达峰与碳中和。按照《深圳市碳排放权交易管理暂行办法》，积极参与实施碳排放管控、碳排放配额管理、碳排放抵消、碳排放监测、履约评价。

以深圳证券交易所、香蜜湖金融中心为依托，争取全球可持续金融中心、深圳国家气候投融资促进中心落户，建设国际绿色金融改革创新试验区，助力深圳打造成为我国气候投融资国际窗口。依托联合国环境规划署绿色金融服务实体经济实验室，探索“绿色项目+绿色信贷+绿色债券+绿色担保（基金）”绿色金融转化有效路径。

以新发展理念为引领，坚持“绿水青山就是金山银山”，大力倡导绿色低碳的生产生活方式，从绿色发展中寻找发展的机遇和动力，优化完善应对气候变化

国家自主贡献重点项目库，在全国范围内持续遴选气候项目。2019 年福田区万元 GDP 能耗为 0.159 t 标准煤/万元，仅为全国平均水平的 28.4%，约为上海的 47%，为北京的 69%，远远领先于全国水平。为力争二氧化碳排放 2030 年前达到峰值，2060 年前实现碳中和，充分发挥深圳气候投融资促进中心核心作用，发起设立国家级气候投融资基金，更大程度灵活吸引境外长期、低成本资金投资于国家自主贡献重点项目入库项目。

积极实施排污许可证管理。优化环境管理，整合、衔接、优化环境影响评价、总量控制、环保标准、排污收费等管理制度，实施排污许可“一证式”更严格、更细化的管理，推进多污染物综合防治和统一管理，强化事中、事后监管，将排污许可建设成为固定点源环境管理的核心制度，根据管理名录，实现排污许可全覆盖，同时逐步将固体废物和环境噪声依法纳入排污许可管理。

9.5.3.5 推行精细环境管理机制，构建多元监管体系

继续推行河长制、湖长制，探索实施海岸线保护“湾长制”。进一步抓好全区水系、水资源和水安全的统筹规划，解决好水系联通、水资源调配利用和水安全保障问题，出台相关行动计划，全面建立和打通河长、湖长、湾长“三长”联动机制，升级“海域—流域—陆域”水环境保护体系，全面提高河湖近岸海域管护水平，切实发挥好各级河长、湖长、湾长的职能作用，全面提升福田区水生态质量。

9.5.3.6 推行生态保护专项补助，守护绿水青山本底

积极落实生态补偿制度。根据实际探索优化对水源保护区重点生态功能区的生态环保专项补助机制，完善相关奖惩机制，在原生态补偿资金之外，2019 年开始每年另行设立 1 000 万元奖励专项资金，鼓励积极配合水源三村三河整治项目的居民，建立健全实施方案奖惩机制，对当年考核结果达到绩优的股份合作公司和社区按照股民人数的比例拨付考核奖励金，考核结果为合格或者不合格的股份合作公司和社区不予发放，其考核奖励金发放给当年考核结果为绩优的其他股份合作公司和社区，鼓励股份合作公司和社区积极做好水源保护区的各项工作。

9.5.3.7 推行“绿水青山就是金山银山”投入机制，提供示范创建保障

充分发挥公共财政在“绿水青山就是金山银山”实践创新基地建设方面的导向作用，开展生态环境保护市场化机制研究，建立吸引社会资本投入生态保护工

作机制，引导民间资本积极参与“绿水青山就是金山银山”实践创新基地建设。加大生态环境领域的财政资金投入，加强对循环经济、清洁生产、节能减排、节地节水节材等相关项目和企业的政策支持，构建财政、金融、民间资本等多种类型资金参与“两山实践”创新基地的发展格局。

9.5.4　共建共治共享生态文化理念，建设粤港澳大湾区文化展示区

通过历史传统文化与现代文化的交融，积极传承非物质文化遗产，从文化创意、生态文化品牌、文化交流、文化教育宣传等方面出发，积极构建和弘扬福田区色彩缤纷、特色丰富的“绿水青山就是金山银山”文化体系，推动藏美于城、增美于心，打造粤港澳大湾区“绿水青山就是金山银山”文化的核心展示区。

9.5.4.1　做强深港文化品牌，弘扬历史文化

共塑粤港澳湾区人文精神。充分挖掘上沙天后宫、新洲简氏宗祠、石厦碉楼及宗祠等历史人文瑰宝和下沙大盆菜宴习俗等广东省非物质文化遗产，推动历史建筑和文物古迹保护、修缮和利用非物质文化遗产传承，打造岭南特色文化小镇，重塑深港文化之根。组织举办各类文化遗产展览、展演活动，保护、宣传、利用好文物古迹、文化遗产和非物质文化遗产，支持弘扬岭南文化，深化福田特色“绿水青山就是金山银山”文化内涵。

强化粤港澳大湾区文化交流。联合港澳文化、体育协会，打造一批国际性、区域性品牌赛事和活动，增强举办全球赛事能力，支持粤港澳大湾区市民广泛参与。举办深港澳青少年交流活动，策划深港澳青少年文化交流季等常态化活动，开展综合性和生态文明建设专题性科普活动，开展青少年研学旅游合作，建设一批研学旅游示范基地，强化港澳青年的传统文化、“绿水青山就是金山银山”文化和爱国主义教育。

9.5.4.2　做强基层环境教育，推进“生态堡垒”

建立“生态堡垒”模式，按照“一中心一特色”的原则，借助党群服务中心阵地，建设“绿水青山就是金山银山”文化教育基地，发挥党群服务中心引领作用，为公众提供生动直观、特色鲜明、功能多样的环境宣传教育场所，通过“大讲堂”“微课堂”“小体验”等形式，开展形式多样、寓教于乐的生态环境宣教活动，全面倡导绿色生活、低碳生活，全面构建全民学习、参与支持生态环境保

护的全社会行动体系。

9.5.4.3　做强立体宣传体系，打造“绿水青山就是金山银山”宣传示范

建立“绿水青山就是金山银山”理论宣传矩阵。依托公交、地铁车载电视、公交站台展板、商场、广场户外大屏等各类宣传媒介构建立体化宣传矩阵，全面打通线上线下生态文明意识宣传同心圆。充分依托内伶仃岛—福田国家级自然保护区、深圳市水情教育基地等环境教育基地，发挥深圳博物馆、深圳市少年宫、深圳太空作物园、深圳国际园林花卉博览园、莲花山公园、深圳赛格观光大厅等载体作用，打造生态文明全民参与的新格局。

打造多类型绿色主题教育载体。将梅林山森林公园、深圳湾公园、环中心公园活力圈打造成集生态科普、生态旅游、生态保护、生态恢复示范等功能于一体的自然生态保护为主题的宣教基地；将内伶仃岛国家级自然保护区打造成全国唯一处于中心城区的国家级自然保护区——福田红树林自然保护区，也是国家级鸟类保护区，是全球濒危物种—黑脸琵鹭的重要栖息地；推动辖区中小学和高等学校建成“绿色学校”，打造成绿色教育典范，建设以生态文明理念为主题的人文教育基地。

探索建立特色生态文明宣教活动品牌。组织开展生态文明、“绿水青山就是金山银山”理论诗词会等居民喜闻乐见的知识竞赛活动，推动机关、企业、学校开展生态文明相关主题教育，提高社会公众生态环保意识，全面普及生态文明相关知识。